DUDEN
Wie formuliert man
im Büro?

Die Duden-Taschenbücher — praxisnahe Helfer zu vielen Themen

Band 1:
Komma, Punkt und alle anderen Satzzeichen
Band 2:
Wie sagt man noch?
Band 3:
Die Regeln der deutschen Rechtschreibung
Band 4:
Lexikon der Vornamen
Band 5:
Satzanweisungen und Korrekturvorschriften
Band 6:
Wann schreibt man groß, wann schreibt man klein?
Band 7:
Wie schreibt man gutes Deutsch?
Band 8:
Wie sagt man in Österreich?
Band 9:
Wie gebraucht man Fremdwörter richtig?
Band 10:
Wie sagt der Arzt?
Band 11:
Wörterbuch der Abkürzungen
Band 13:
mahlen oder malen? Gleichklingende, aber verschieden geschriebene Wörter
Band 14:
Fehlerfreies Deutsch
Grammatische Schwierigkeiten verständlich erklärt
Band 15:
Wie sagt man anderswo?
Landschaftliche Unterschiede im deutschen Wortgebrauch
Band 17:
Leicht verwechselbare Wörter
Band 18:
Wie schreibt man im Büro?
Band 19:
Wie diktiert man im Büro?
Band 20:
Wie formuliert man im Büro?

DUDEN
Wie formuliert man im Büro?

Gedanke und Ausdruck – Aufwand und Wirkung

von Wolfgang Manekeller

Bibliographisches Institut Mannheim/Wien/Zürich
Dudenverlag

Satz: Druckerei Rappold, Speyer
Druck: Zechnersche Buchdruckerei, Speyer
Bindearbeit: Großbuchbinderei G. Lachenmaier, Reutlingen
Printed in Germany
ISBN 3-411-01338-9
A

VORWORT

Lieber Leser,

Sie haben ein Buch aufgeschlagen, das sich mit Sprachfragen befaßt, mit Textarbeit, die im Büro geleistet werden muß: Warum?

Wir haben ständig eine Flut schriftlicher Informationen aufzunehmen, auszuwerten, zu neuen Informationen zu verarbeiten. Das ist unsere Haupttätigkeit. Und davon, wie gut oder schlecht wir sie ausüben, hängt weitgehend unser Erfolg oder Mißerfolg ab.

Einer Aufgabe, die wir täglich in vielfacher und vielfältiger Form zu lösen haben und die über Erfolg und Mißerfolg entscheidet, sollten wir voll gewachsen sein. Sind wir das?

Dagegen spricht: daß sich viele, vom Lehrling bis zum Akademiker, mit dieser Arbeit herumplagen und sie deshalb nicht gern tun; daß zahlreiche Unternehmen Stilschulungen durchführen, offenbar weil sie das, was an Schulung vorhergegangen ist, für nicht ausreichend halten; daß nach umfangreichen Untersuchungen unsere „Bürotexte" in erschrekkendem Ausmaß informationsschwach, schwer verständlich, formal ungenügend, wirkungsarm und aufwendig sind.

Die Folge solcher Untersuchungen mit solchen Ergebnissen? Die Anforderungen wachsen, denn wer wollte . . . könnte . . . dürfte sich mit einem schlechten Zustand zufriedengeben.

Das bedeutet aber auch: Wer sich diesen Anforderungen zu entziehen versucht, wird es schwer haben, seine Position zu behaupten oder auszubauen.

Kurz und gut: Wenn wir nicht den Kopf in den Sand stecken, sehen wir Weiterbildungsarbeit auf uns zukommen. Bei dieser Arbeit kann man auf unsicheren und auf sicheren Wegen gehen; die Sache läßt sich bruchstückhaft oder nach einer durchdachten Konzeption anpacken; das Lesen, Bedenken und Üben kann todlangweilig oder erträglich oder sogar anregend sein.

Dieses Buch soll Ihnen sichere Wege im Rahmen einer durchdachten Konzeption zeigen, und es soll Ihnen das Verstehen und Verarbeiten erleichtern, unter anderem, indem es Langeweile vermeidet.

Ihr Gewinn? Ihre tägliche Formulierarbeit wird Ihnen weniger Mühe bereiten, sie wird Ihnen häufig sogar Spaß machen; und Sie werden außerdem feststellen, daß die Steigerung Ihrer Formulierfähigkeit eine bessere Sachbearbeitung ermöglicht. – Sie entscheiden: Lohnt es sich?

Ihr Wolfgang Manekeller

INHALTSVERZEICHNIS

1 Titelüberlegungen als Sprachübung

Die Tätigkeit des Lesens wirft dann den größten Nutzen ab, wenn wir die Informationsaufnahme immer wieder unterbrechen, um uns eigene Gedanken zu machen. Falls wir nur pausenlos die Ausführungen des Autors in uns hineinschlingen, kommt das der oft beklagten Berieselung durch das Fernsehen gleich.

Der Physiker und Schriftsteller Georg Christoph Lichtenberg (1742 bis 1799) schrieb etwas drastisch, aber treffend: „Nichts erklärt lesen und studieren besser, als essen und verdauen. Der philosophische eigentliche Leser häuft nicht bloß in seinem Gedächtnis an, wie der Fresser im Magen, da hingegen der Gedächtniskopf mehr einen vollen Magen, als einen starken und gesunden Körper bekömmt. Bei jenem wird alles was er liest und brauchbar findet, dem System und dem inneren Körper, wenn ich so sagen darf, zugeführt, dieses hierhin und das andere dorthin, und das Ganze bekommt Stärke." (Zur Zeichensetzung in diesem Zitat: Im 18. Jahrhundert gab es noch keinen „Duden"; Rechtschreibung und Zeichensetzung waren uneinheitlicher als heute: zum Teil galten andere Regeln oder zumindest Gepflogenheiten.)

Was drückt der Titel dieses Buches aus? Sie meinen, das lasse sich nicht mit einem Satz sagen? Richtig. Der Titel „Wie formuliert man im Büro?" ist mehrdeutig. Zufall? Versehen? Nein: Absicht. Was also soll der Titel sagen?

Bevor Sie weiterlesen: Bedenken Sie bitte – in diesem Sinn – den Titel „Wie formuliert man im Büro?"! – Dazu noch eine Anregung:

Karl Kraus hat geschrieben: „Ein Wort gibt das andere." Dieser Satz kommt uns alltäglich vor. Kein Wunder, denn wer hätte ihn nicht schon benutzt oder gehört! Er ist auch als alltägliche Redewendung im Duden-Stilwörterbuch (Großer Duden, Band 2) aufgeführt. Und warum, bitte, sollte eine so gängige Formulierung plötzlich etwas Besonderes sein, wenn ein großer Schriftsteller sie benutzt? –Weil er sich etwas Besonderes dabei gedacht hat. Seine Leistung in diesem Fall beruht auf der unüblichen Betonung: „Ein Wort g i b t das andere." Durch diese kleine Veränderung schiebt Karl Kraus die Bedeutung von „Wort – Widerwort" oder „Rede – Gegenrede" in die Richtung „Ein Wort, das wir haben, hat die Kraft, uns ein anderes Wort und damit einen anderen Gedanken zu geben".

Wenn wir diesen Hinweis aufgreifen: Welchen Anschlußgedanken g i b t die Frage „Wie formuliert man im Büro"? Sie legt die weitere

Frage nahe: Formuliert man denn im Büro anders als „normal"? Gleich fällt uns das oft beklagte „Kaufmannsdeutsch", das „Kanzleideutsch", das „Behördendeutsch", das „Papierdeutsch", das „Fachchinesisch" ein. Damit ist die negative Seite des geschäftlichen und behördlichen Stils angedeutet. Läßt sich auch ein wertneutrales oder sogar positives „Andersformulieren" im Büro entdecken? Bitte beantworten Sie sich diese Frage zweimal: Jetzt – und nachdem Sie dieses Buch gelesen haben.

Nachdem wir zuerst einer Gedankenassoziation gefolgt sind, mag sich jetzt eine Interpretation aufdrängen, in dem Sinn: Was für Formulierungen sind üblich im Büro? Gibt es dort einen Einheitsstil, oder lassen sich mehrere Stilarten erkennen? Welche Stilgewohnheiten sind vorherrschend?

Die ausführliche Beantwortung dieser Frage würden Organisatoren eine Ist-Aufnahme nennen. Wenn man etwas kritisch betrachten, prüfen, nach Möglichkeit verbessern will, muß man sich Einblick und Überblick verschaffen: Was ist stilistisch überhaupt los im Bürobereich? Wir werden es zu klären haben.

Aus der Feststellung eines Ist-Zustandes entwickelt man, damit die Bemühung ein vernünftiges Ziel hat, einen Soll-Vorschlag. Und das entspricht einer weiteren Interpretation unserer Titelfrage: Wie tut man so etwas heute, wie formuliert man zeitgemäß, was für einen Stil s o l l t e man bevorzugen? Eine sinnvolle Stilkonzeption zu erarbeiten und von der Konzeption zur büroalltäglichen Realisierung zu gelangen, das wird unsere Hauptaufgabe sein.

Bestandsaufnahme und Verbesserungsvorschlag lassen sich allerdings nicht reinlich voneinander trennen. Zum Glück! Denn wäre das möglich, so bedeutete dies: Alles, was zur Zeit im Büro formuliert wird, wäre schlecht; alles müßte besser gemacht werden. Tatsächlich aber sind viele Vorschläge, die ich zu bieten habe, an zahlreichen Stellen in der Praxis schon verwirklicht worden. An zahlreichen Stellen, das heißt jedoch, andersherum gesagt: Überwiegend noch nicht. Darum geht es.

Nun kommt einem aber doch wohl die Frage in den Sinn: Warum sieht es denn in dieser Beziehung so miserabel in der Praxis aus? Geschäfts- und Behördenschrifttum gibt es doch bereits sehr lange, und Sprachfreunde hat es schon immer gegeben. Auch an Stilpflegern war nie ein Mangel; die Literaturliste zu diesem Thema ist umfangreich.

Daß erst in den letzten Jahren nennenswert etwas besser geworden ist und Ansätze zu einer allgemeinen Reform sichtbar werden, hat faßbare Gründe.

Erstens: Die Sprachfreunde in den Büros, vor allem auch unter den Führungskräften, hatten meistens keine großen Chancen, sich mit ihren Wünschen bemerkbar zu machen und durchzusetzen. Vielleicht in Einzelfällen! Aber nicht in der notwendigen Breite. Entweder galten sie als kleinliche Nörgler, oder man gab ihnen zwar recht, fügte aber gleich an: „Leider haben wir für solche Dinge zuwenig Zeit, Geschäfte gehen vor."

Zweitens: Die verständliche Überlegung für einen Kaufmann, daß Geschäfte vorgehen, konnte nur deshalb gedeihen, weil zwischen sprachlich guten Texten und Geschäftserfolg kaum ein Zusammenhang zu bestehen schien. „Ob man das nun so oder so sagt: wo ist da groß ein Unterschied? Hauptsache, der andere versteht, was gemeint ist." Dagegen setzten die Sprachfreunde eine oft zitierte „Garten-Unkraut-Philosophie", etwa in dem Sinn: „Unsere Sprache ist unser höchstes Kulturgut. Sie ist wie ein Garten, in dem wir das Unkraut ausrotten und die wertvollen Pflanzen zu pflegen haben. Wir dürfen nicht zulassen, daß unsere Sprache durch Floskeln, Grammatikschnitzer, Fremdwörter, Fachwortkauderwelsch, Unklarheiten, Wiederholungen . . . verdorben, beleidigt, traktiert wird." Hinzu kam die Vorstellung: „Gebildete Menschen haben sich einer gepflegten Sprache zu bedienen." Genau diese Gedankengänge waren der tödliche Fehler der Sprachfreunde. Man winkte geringschätzig ab, oder man sagte: „Sie haben ja so recht. Eigentlich müßte auch im Garten der Geschäfts- und Behördensprache einmal fleißig Unkraut gejätet werden." Aber „eigentlich" war ein beschönigendes Deckwort für „nie".

Offen gesagt: Wer kann Büroberuflern diese Einstellung verdenken, solange sie zwar gegen die angeblichen Bildungsgüter nicht zu revoltieren wagen, aber auch ihren Nutzen nicht sehen!

Wenn heute mehr und mehr qualifizierte Mitarbeiterinnen und Mitarbeiter in unseren Büros anders darüber zu denken beginnen, so liegt das an einem neuen Denkansatz, der allmählich bekannt und akzeptiert wird. Um ihn zu finden, brauchen wir uns nur klarzumachen, was wir mit unseren Texten erreichen wollen und wie sie, den Zielen entsprechend, beschaffen sein müssen.

2 Die Ziele der Textarbeit im Büro

Was bezwecken wir mit den Texten, die wir in unseren Büros in so ungeheurer Menge verfassen?

Ziel 1 heißt: Durch einen Text informieren!

Beispiel: Ein Sachbearbeiter hält ein wichtiges Telefongespräch in einer Aktennotiz fest und schickt diese Aktennotiz an mehrere andere Sachbearbeiter, die den Inhalt des Gesprächs kennenlernen und verarbeiten müssen. Was die anderen Sachbearbeiter mit den Informationen machen, unterliegt ihrer Verantwortung; oft weiß es der Verfasser der Aktennotiz nicht einmal genau. Es geht für ihn also allein darum, sachlich richtig und leicht verständlich zu informieren.

Ziel 2 heißt: Durch einen Text wirken!

Der umfassende Ausdruck „wirken" kann vielerlei bedeuten: überzeugen, anregen, sympathisch erscheinen lassen, verkaufen, beschwichtigen, einen angenehmen Eindruck machen, zu irgendeinem Tun oder Unterlassen bewegen.

Selbstverständlich muß der Verfasser zu diesem Zweck den Partner sinnvoll informieren. Denn wenn der andere falsche Informationen erhält, wird das Vorhaben scheitern. Allerdings reicht die schlichte Information in der Regel nicht aus. Ob der Partner im Sinne der Information handeln wird, hängt davon ab, welchen Gesamteindruck die Information auf ihn macht. Die A r t der Faktendarstellung ist also keineswegs gleichgültig, sondern im Gegenteil mitentscheidend für den Erfolg.

Ziel 3 heißt: Den Text wirtschaftlich produzieren!

Geschäftsbriefe und andere Schriftstücke sind eine Massenware. Damit ist nicht gesagt, daß sie schlecht sein müßten oder dürften, sondern nur, daß es um große Mengen geht. Bei der Herstellung großer Mengen einer „Ware" darf der Einzelpreis nicht zu hoch werden, sonst frißt er den Gewinn auf. Das gilt für Konservendosen, Haarschnitte, Fahrräder und auch für Briefe.

Tatsache ist jedoch, daß der Preis pro Schriftstück in den letzten zehn Jahren erheblich gestiegen ist und auch weiter steigt. Woran liegt das? Vor allem an den Personalkosten, die über 80 % der Schriftstückkosten ausmachen. Der Rest geht für Räumlichkeiten, Geräte und Maschinen drauf.

Deshalb ist es wichtig, daß wir – wie die Handwerker mit ihrem Material – mit unseren Worten sparsam arbeiten.

2.1 Durch einen Text informieren!

Daß Texte informieren sollen – selbstverständlich! Und um es gleich genauer zu sagen: Unsere Texte sollen unsere Leser sogar richtig informieren. Muß man darüber denn überhaupt sprechen? Ich fürchte: ja.

Warum sind so viele Geschäftsbriefe unbefriedigend? Weil sie unklar, mißverständlich oder sogar falsch sind. Und wie kommt das? Der Grund ist oft in ungenügender Vorbereitung zu suchen.

Was muß geschehen, bevor ein Sachbearbeiter mit seinem Diktat beginnen kann? Setzen wir folgende Situation voraus: Der Sachbearbeiter hat eine Kundenanfrage zu beantworten, die drei Sachverhalte anspricht. Einen dieser Sachverhalte kann er ohne Hilfe bearbeiten, zu den beiden anderen braucht er Auskünfte von einem Techniker.

Der Arbeitsablauf

1. Der Sachbearbeiter nimmt die Sachverhalte 1, 2 und 3 durch Lesen des Partnertextes auf. – Ungünstige Darstellung und Flüchtigkeit bei der Informationsaufnahme können bereits hier zu Verständigungsfehlern führen.
2. Der Sachbearbeiter entscheidet über seine Reaktion zu dem Sachverhalt 1.
3. Der Sachbearbeiter entscheidet darüber, welche Zusatzinformationen er sich von wem zu 2 und 3 beschaffen will. – In dieser Arbeitsphase wird vielfach gesündigt. Oft nehmen Sachbearbeiter zu Fragen Stellung, die sie nur ungefähr beurteilen können, zum Beispiel, wenn sie als Urlaubsvertreter eines Kollegen dessen Materie, die sie nur oberflächlich kennen, mit bearbeiten müssen. Sie überschätzen ihre Kenntnisse oder sind zu bequem oder unterschätzen den Kunden.
4. Der Sachbearbeiter stellt die Sachverhalte 2 und 3 für den Techniker, der Informationen geben soll, dar und formuliert dazu Fragen, manchmal schriftlich, meistens nur mündlich. – Wenn seine Darstellung unklar, ungenau oder unvollständig ist, werden es auch die Antworten auf seine Fragen sein.
5. Der Informant nimmt die vom Sachbearbeiter dargestellten Sachverhalte 2 und 3 auf. – Übersieht er etwas oder versteht er etwas falsch, so wird sich das in Fehlern seiner Auskünfte niederschlagen.
6. Der Informant stellt die Informationen zu 2 und 3 dar. – Ungünstige Darstellung kann wiederum falsche Gedanken beim Sachbearbeiter auslösen.
7. Der Sachbearbeiter nimmt die Darstellung der Information zu 2 und 3 auf. Ist er flüchtig oder fehlen ihm spezielle Kenntnisse, so verarbeitet er die Informationen unzureichend: auch dies wird sich auf seinen Brief negativ auswirken.
8. Der Sachbearbeiter entscheidet, nachdem er die Informationen zu 2 und 3 aufgenommen hat, über seine Reaktion.
9. Der Sachbearbeiter konzipiert seinen Brief zu 1, 2 und 3.

Die Arbeitsphasenskizze macht deutlich, wieviel bereits schiefgehen kann, bevor das Diktat beginnt. Und klar ist auch: Was in der Vorbereitung mißlingt, läßt sich im Diktat nicht korrigieren – weil man sich der Fehler, die sich eingeschlichen haben, gar nicht bewußt ist.

Was ist zu tun?

Wir haben uns also zu fragen: Wie lassen sich Vorbereitungsfehler vermeiden? Es kommt darauf an, die Fähigkeit der Textinterpretation zu entwickeln und zu steigern. Dabei ist zu berücksichtigen, daß auch die Texte, die wir lesen – in unserem Beispielfall der Kundenbrief – keineswegs immer vorbildlich sind; sie sind oft weitschweifig, enthalten Schachtelsätze, Gedankensprünge, unscharfe Ausdrücke, gehen von falschen Voraussetzungen aus ... Die wichtigste Arbeit ist also zunächst die treffsichere Analyse eines solchen Textes. Wenn Sie einen umfangreichen Brief zu beantworten haben, der vielleicht außerdem einen schwierigen Inhalt hat und ungünstig formuliert ist, lohnt sich folgende Vorgehensweise.

Schälen Sie Absatz für Absatz, und manchmal Satz für Satz, die wesentlichen Inhalte, die Informationskerne, in Form genauer Stichworte heraus. Schreiben Sie in einer zweiten Stichwortreihe Ihre Antwortabsichten dazu. Merken Sie ferner zu den Antwortstichworten an, welche Zusatzinformationen Sie von wem einholen und wen Sie vielleicht von dem Korrespondenzvorgang oder Teilen davon unterrichten müssen. Legen Sie schließlich durch Numerierung der Stichworte fest, in welcher Reihenfolge Sie die einzelnen Punkte in Ihrem Brief behandeln wollen. (S. Seite 18 – Seite 21)

Dieses Verfahren, das etwas an Textprogrammierung erinnert (s. Kapitel 9.3, Seite 258), läßt sich, je nach Schwierigkeit des Korrespondenzfalles, in unterschiedlicher Ausführlichkeit anwenden: von nicht schriftlich festgehaltenen Überlegungen bis zu der hier beschriebenen Form.

Daß der Brief selbst, wenn bis zu diesem Punkt kein Fehler passiert ist, noch danebengehen kann, ist klar: Der Sachbearbeiter mag seine richtigen Vorstellungen schlecht formulieren – umständlich, mehrdeutig, unlogisch –, und die ganze Vorbereitung war vergeblich. Daß aber die Chance, einen erfolgreichen Brief zu diktieren, durch diese angemessene Vorarbeit wesentlich vergrößert wird, leuchtet ebenso ein.

Entscheidend für zügiges und richtiges Diktieren ist also: Der Sachbearbeiter muß sich vor Diktatbeginn über die zu behandelnden Sachverhalte und über seine Absichten im klaren sein. Nur dann kann er sich voll auf das Formulieren seiner Gedanken und auf eindeutiges, regelgerechtes Ansagen dieser Formulierungen konzentrieren.

Damit sagen wir auch: Das Erarbeiten von Briefen und anderen Schriftstücken im Geschäftsleben beginnt keineswegs mit dem Formulieren. Der erste Schritt ist oft: Eine ankommende Information, sei sie mündlich oder schriftlich, vollständig aufnehmen, das Wesentliche herausarbeiten, sie richtig *interpretieren*! Der zweite Schritt: Aufgrund der festgehaltenen, interpretierten Eingangstatsachen (geistige Textverarbeitung!) eine sinnvolle Antwort, eine sach- und partnergerechte *Informationsabsicht* entwickeln! Erst der dritte Schritt heißt: Die Informationsabsicht in Worte kleiden, sie im System unserer Sprache kodieren!

Wer die Notwendigkeit und den Wert dieser Vorarbeit (Schritt 1 und 2) unterschätzt, wird nie einen guten Brief zustandebringen, selbst dann nicht, wenn er *blendend* formuliert.

„Ein Wort g i b t das andere“: blendend! Während man dieses Wort in unserem Zusammenhang – „blendend formuliert“ – zunächst nur positiv sieht, wird gleich seine negative Seite deutlich, sobald man es mit dem Gedanken der Textinterpretation und der Absichtsentwicklung verbindet. Ein elegant, flüssig, lebendig geschriebener Text ist blendend, er blendet, wenn dem Formulieren nicht die sorgfältige *Sachbearbeitung* vorausgegangen ist.

„Handbuch der Textverarbeitung"
Seminar „Textprogrammierung" und „Textautomatenkunde"

Sehr geehrte Herren,

unter Bezugnahme auf Ihr freundliches Schreiben vom 24. ds. Mts. und Ihre Sendung „Band 3: ‚Textautomaten'" mit separater Post teilen wir Ihnen folgendes mit:

Den bestellten Band „Textautomaten" haben wir pünktlich erhalten und danken Ihnen für Ihre Bemühungen um besonders schnelle Lieferung. Sicherlich wird es uns möglich sein, die bevorstehenden Verhandlungen mit verschiedenen Automatenanbietern aufgrund Ihrer detaillierten Unterlagen zügiger und gezielter abzuwickeln, als es uns ohne die genaue Kenntnis der relevanten technischen Merkmale und ihrer Funktionsbedeutung möglich gewesen wäre. Was wir allerdings vermissen in diesem Zusammenhang, sind Hinweise bzw. Empfehlungen, welche Maschine aus dem umfangreichen Angebot für die Textbaustein-Verarbeitung und fürs Korrekturschreiben am besten geeignet ist oder in welcher Rangfolge man die einzelnen Fabrikate zu sehen hat.

Wir würden es begrüßen, wenn Sie diese Anregung eventuell noch in Ihre Überlegungen zu den Aktualisierungs- und Ergänzungsseiten, die Sie uns regelmäßig liefern werden, aufnehmen wollten.

Hinsichtlich der Seminaranmeldebestätigung für unseren Herrn Günter Möggenburg, der an Ihrer nächsten Veranstaltung „Textprogrammierung und Textautomatenkunde" teilnehmen soll, haben wir noch eine Frage bzw. Bitte bezüglich der Unterkunft. Sie schreiben zwar, daß Sie für eine Hotelreservierung sorgen werden. Es käme uns jedoch darauf an, daß das Hotel für Herrn Möggenburg sich in unmittelbarer Nähe Ihres Schulungszentrums befindet, weil Herr Möggenburg nicht mit dem Wagen anreist und deshalb also auf öffentliche Verkehrsmittel angewiesen sein wird. Wir wären Ihnen dankbar, wenn Sie uns mitteilen würden, daß das in Ordnung geht und wie die genaue Hoteladresse für ihn sein wird.

Außerdem wüßte Herr Möggenburg gern, wann am letzten Tag Seminarschluß ist, weil es davon abhängen wird, ob er noch am selben Tag die Heimreise mit der Bundesbahn schaffen kann oder nicht.

1. Schritt: Informationskerne des Partnerbriefes ermitteln!	3. Schritt: Reihenfolge festlegen!	2. Schritt: Antworten in Stichworten vorbereiten!
HDT – Seminar TP + TA	1	HDT – Seminar – Leistungsangebot
unser Brief 24.1.	2	Ihr Brief 28.1.
Band 3 pünktlich erhalten	3	allgemeiner Satz
Warum keine Automatenbewertung? Beste Maschine für TBV + TB?	4	Allgemeine Bewertung nicht möglich, Aufgabenstellung entscheidend
Hotel für Herrn M. in Seminarnähe erwünscht	7	o.k.
Wann Schluß am letzten Seminartag? Reise!	8	17 h, andere Absprache möglich

Wird in dem Seminarteil „Textautomatenkunde“ auch auf Fragen der Zusammenarbeit mit dem Automatenlieferanten bzw. der Vertragsgestaltung eingegangen?

Im Zusammenhang mit Ihrer Rechnung über den Band „Textautomaten“ ist uns etwas nicht ganz klar. Sie haben für das Grundwerk 87,50 DM + Mehrwertsteuer zuzüglich Versandspesen berechnet, wie vereinbart. In Ihrem bereits erwähnten Schreiben vom 24. ds. Mts. sprechen Sie jedoch von einer Nachberechnung, und zwar für die jetzige Lieferung, welche mit der Berechnung für die nächste Sendung von Aktualisierungs- und Ergänzungsseiten erfolgen soll. Hier dürfte Ihnen wohl ein Irrtum unterlaufen sein, und wir wären Ihnen für Ihre Stellungnahme dankbar. Bei dieser Gelegenheit erlauben wir uns gleichzeitig die Anfrage, wann mit den angekündigten weiteren Bänden zu rechnen ist.

Im Rahmen der jetzt bei uns anlaufenden Reorganisation unserer Textverarbeitung, insbesondere dem weiteren Aufbau und Ausbau unseres Texthandbuchwesens, werden wir voraussichtlich auch externe Unterstützung in Anspruch nehmen, die mit unseren zuständigen Stellen eng zusammenarbeiten soll. Neben den Aufgaben der Textprogrammierung geht es auch um Diktat- und Formulierschulungen, denn wir halten es für unerläßlich, daß die weiterhin individuell zu diktierende und zu formulierende Korrespondenz in rationellen Arbeitsabläufen ebenfalls wenigstens in etwa das Niveau der Texthandbuch- und Automatenkorrespondenz erreicht und hält. Wenn Sie uns unter diesem Aspekt einmal Ihr gesamtes Leistungsangebot unterbreiten wollten, wären wir Ihnen sehr verbunden.

Im voraus für Ihre Bemühungen dankend, empfehlen wir uns Ihnen

mit freundlichen Grüßen

1. Schritt: Informationskerne des Partnerbriefes ermitteln!	3. Schritt: Reihenfolge festlegen!	2. Schritt: Antworten in Stichworten vorbereiten!
Zusammenarbeit Kunde – Automatenlieferant Seminarthema?	9	ja
Band 3 Rechnung o.k. Wieso spätere Nachberechnung?	5	1. Lieferung enthielt schon Ergänzungen. Seitenzahl! (Nach Rücksprache mit Buchhaltung!)
Wann weitere Bände HDT?	6	Im Laufe des Jahres (Nach Rücksprache mit Verlagsplanung)
Gesamtangebot erwünscht, insbesondere TP + TA sowie Diktier- + Formulierschulung	10	Sonderbrief TP + TA (Ressort TP + TA veranlassen!)
	11	Anlagen (2 Seiten Angebot, 1 Artikel „Phonodiktat“, 1 Artikel „Korrespondenz-Rationalisierung“)
	12	Gruß
	13	Anlagen (Kopien: /"" Ablage, kr, fr, fa)

2.2 Durch einen Text wirken!

Während das Stichwort „informieren" auf den Inhalt weist, ist das Stichwort „wirken" mit der Darstellung zu verbinden. Zuerst geht es um das Was, dann um das Wie.

Denken Sie zum Beispiel an so viele „Lieferbedingungen": Der Inhalt mag ja – hoffen wir's! – in Ordnung sein, die Art der Darstellung wirkt abschreckend. Vielleicht ist das im einen oder anderen Fall sogar beabsichtigt. Aber die Absicht, mit „Dschungeltexten" leichte Geschäfte zu machen, scheint mehr und mehr zum Bumerang zu werden. Während die Interessenten diese Textungeheuer lange Zeit klagend als Schicksalsschläge hingenommen haben, beginnen sie nun „das Kleingedruckte" verdächtig zu finden.

Also: Wer einen positiven Eindruck vermitteln will, hat sich intensiv um das Wie seiner Informationen, um ihre Darstellung, zu bemühen. Wenn man etwas besser machen will, muß man wissen, was schlecht ist. Fragen wir: Was wirkt negativ?

Schwerverständlichkeit;

Verstöße gegen die Normen der Rechtschreibung, der Zeichensetzung und der Grammatik;
Verstöße gegen allgemeine Normen der Stilistik;
Verstöße gegen die Schreibnormen.

Ungeschickte Ansprache des Lesers.

Wenn Sie diese negativen Kennzeichen mit unserer Büropraxis in Verbindung bringen, fällt Ihnen sicherlich auf, daß überzeugende Ergebnisse nur durch gute Zusammenarbeit zu erreichen sind. Denn für die genannten Verstöße sind immer mehrere Mitarbeiter verantwortlich.

Leichtverständlichkeit, grammatische Richtigkeit, guter Stil und geschickte Leseransprache: all das hat der diktierende Sachbearbeiter zu verwirklichen.

Für die Rechtschreibung und die Einhaltung der Schreibnormen ist die Typistin zuständig.

Für die korrekte Zeichensetzung muß entweder der Sachbearbeiter oder die Typistin sorgen. Oft zerlegt man diese schwierige Aufgabe in zwei Teilaufgaben: Die Schreiberin hat sich um die Kommasetzung zu kümmern, alle anderen Satzzeichen sind vom Sachbearbeiter – oder von der Sachbearbeiterin selbstverständlich – korrekt zu diktieren.

Schließlich haben auch unterschreibende Vorgesetzte ihre Verantwortung. Bei ihnen liegt die Kontrollfunktion.

Zur Kontrollfunktion ist eine Einschränkung notwendig: Wo schlecht ausgebildete und überhaupt nicht weitergebildete Kräfte am Werk sind, können Vorgesetzte höchstens das Schlimmste verhüten. Wollten sie alles verbessern, was verbesserungswürdig wäre, könnten sie die ganze Arbeit gleich selbst leisten. Da das nicht möglich ist, bleibt ihnen meistens nichts anderes übrig, als zigmal am Tag beide Augen zuzudrücken. Allerdings wäre es dann ihre Pflicht, diese Situation langfristig konsequent zum Besseren zu verändern oder eine solche Veränderung zu veranlassen.

2.3 Den Text wirtschaftlich produzieren!

Überall werden große Anstrengungen unternommen, die Kosten für die Schriftgutproduktion zu senken. Wie hoch sind denn diese Kosten? Wenn man liest, was vielfach in Zeitschriften und Prospekten veröffentlicht wird, kann man zu dem Schluß kommen, diese Frage sei leicht zu beantworten. Mit großer Selbstverständlichkeit werden da genaue Zahlen genannt. Stutzig wird man allerdings, wenn man auf sehr unterschiedliche Werte stößt. Da erklärt ein Fachberater in einem Fachaufsatz, eine Seite nach Phonodiktat geschrieben koste 5,27 DM. Vielleicht hat er recht. Aber ein anderer veröffentlicht, daß die Typistin-Kosten bei Phonodiktat für einen Brief rund 10 DM betragen. Hat er auch recht? Oder hat nur er recht?

Dazu zwei Vorschläge: Lassen wir uns durch solche Angaben weder beruhigen noch schockieren! Und berücksichtigen wir bei der Kostenermittlung für die Schriftgutproduktion nicht immer nur die Schreibkosten. Entscheidend ist doch: Was kostet das Schriftstück? Die Frage „Was kostet die Arbeit der Typistin?“ ist nur eine Teilfrage.

Ehe wir uns um eine Antwort bemühen, sollten wir uns klarmachen, wovon die Herstellungskosten für ein Schriftstück abhängen.

Einige Fragen:

1 Wie lang ist die Diktatvorbereitungszeit?

Um einen Durchschnittswert nennen zu können, müßte man wissen:

1.1 Wie schwierig sind die Schriftstückinhalte?
1.2 Wie teilen sich die verschiedenen Schwierigkeitsgrade quantitativ auf?
1.3 Wie routiniert sind die Sachbearbeiter?

2 Wie schnell diktieren die Sachbearbeiter?

Auch darauf kann man nur mit einem Durchschnittswert antworten, wenn man weiß:

2.1 Wie schwierig sind die Schriftstückinhalte?
2.2 Wie teilen sich die verschiedenen Schwierigkeitsgrade quantitativ auf?
2.3 Welche Diktatformen werden in welchem Umfang angewandt: Stenodiktat, Langschriftvorlagen-Diktat, In-die-Maschine-Diktat, Phonodiktat . . .?
2.4 Wie gewandt formulieren die Sachbearbeiter?
2.5 Wie zügig verstehen die Sachbearbeiter ihre Texte in verarbeitbarer Form anzusagen? (Genormte Diktatsprache!)
2.6 Wie ungestört können die Sachbearbeiter arbeiten?

3 Wie schnell stenografieren die Schreibkräfte, falls Stenodiktat angewandt wird?

4 Wie schnell schreiben die Typistinnen, aufgeteilt nach den verschiedenen Diktatformen?

5 Wie sind die Arbeitsabläufe geregelt?

6 Wie sieht die Schriftstückkontrolle aus? Vor allem: Wer kontrolliert? Zum Beispiel: Schreibkraft, Sachbearbeiter, Vorgesetzter.

7 Was kosten die Nebenarbeiten, wie Schriftguttransport zwischen den Diktier-, Schreib- und Kontrollstellen, wie Postfertigmachen?

8 Wie viele Schriftstücke werden infolge von Diktat- und Schreibfehlern mehrfach diktiert und geschrieben?

Allgemeingültig lassen sich diese Fragen überhaupt nicht beantworten. Und es wäre auch ganz sinnlos, denn was interessiert, sind ja immer nur die Kosten e i n e s Unternehmens, e i n e r Behörde, manchmal e i n e r Abteilung. Aber auch bei einer solchen Beschränkung gibt es noch genug Schwierigkeiten. Halbwegs praxisnahe Werte sind nur durch eine sorgfältige Analyse zu ermitteln.

Nach diesen Vorbehalten wage ich, damit Sie überhaupt eine Vorstellung bekommen, ein paar grobe Erfahrungswerte zu nennen:

In einem Großunternehmen hat man kürzlich ermittelt, daß die Schriftgutproduktion an einem modernen Schreibplatz in einem Zentralen Schreibdienst 53 000 DM/Jahr kostet. Stattlich, nicht wahr? Man darf bei der Kalkulation eben nicht nur ans Gehalt der Schreiberin denken!

Ein einseitiger Brief, ins Stenogramm diktiert und an einem Mischarbeitsplatz geschrieben (Schreiben + andere Tätigkeiten), kostet heute 25 bis 30 DM.

Durch Umstellung von Steno- auf Phonodiktat mit einheitlicher Diktatsprache lassen sich diese Kosten um etwa 30 % senken = 17,50 bis 21 DM.

Eine Umorganisation vom dezentralen zum zentralen Schreiben kann eine weitere Kostensenkung, etwa um 25 %, bringen = 13,12 bis 15,75 DM.

Weitere Einsparungsmöglichkeiten ergeben sich aus dem Einsatz von Textautomaten.

Zu diesen Erfahrungswerten muß man allerdings sagen: Solche Einsparungen sind nur erreichbar, wenn man sehr sorgfältig und fachkundig vorgeht. Und dieses Vorgehen erfordert eine beachtliche Investition – für materielle Anschaffungen, vor allem aber für die geistige Arbeit, die hineingesteckt werden muß. Wer nicht angemessen investiert, bekommt garantiert statt einer Einsparung einen Verlust.

Doch nun zurück zur Sprache! Was hat unsere Sprache mit all dem zu tun? Unsere Sprache ist der entscheidende Punkt. Über lauter Maschinen- und Organisationsgläubigkeit vergessen viele – vielleicht sogar gern – daß der ganze Aufwand ja nicht um seiner selbst willen, sondern um der Texte willen getrieben wird. Auf die Texte, die Gedanken, die Informationen kommt es an. Deshalb ist die Frage berechtigt: Läßt sich denn nicht auch auf der Textseite etwas einsparen?

Zum Glück ist diese Frage zu bejahen. Die Untersuchung Hunderttausender von Schriftstücken hat ergeben, daß unsere Texte im Durchschnitt um 20 bis 30 % zu lang sind. Das Verhältnis zwischen Informationsmenge und Textaufwand ist ausgesprochen schlecht. Den Beweis für die Richtigkeit dieses Untersuchungsresultats treten einige Unternehmen an, die ihre Schriftgutproduktion, ihre Briefe, von allen Überflüssigkeiten befreit haben. Das hört sich einfach an, ist aber nicht einfach. Doch zunächst soll es uns nur um die Tatsache selbst gehen.

Bedenken wir: Während die Umstellung vom Stenogrammdiktat aufs Phonodiktat im wesentlichen nur eine, allerdings beachtliche Einsparung bei der Schreiberin ergibt, ebenso die Zentralisierung der Schreibarbeit, bringt uns der Wegfall von 20 bis 30 % Textaufwand eine Einsparung auf allen Arbeitsstufen:

Der Sachbearbeiter formuliert 20 bis 30 % weniger.
Der Sachbearbeiter sagt 20 bis 30 % weniger an.
Die Schreiberin nimmt 20 bis 30 % weniger auf und schreibt 20 bis 30 % weniger.
Die Schreiberin kontrolliert 20 bis 30 % weniger.
Der Sachbearbeiter kontrolliert 20 bis 30 % weniger.
Unterschreibende Vorgesetzte kontrollieren 20 bis 30 % weniger.

Und nicht zu verachten:

> Auf der Empfängerseite brauchen 20 bis 30 % weniger gelesen zu werden, in der Regel von mehreren Personen.

Während Phonodiktat, Zentralorganisation, Einsatz von Textautomaten immer nur Einsparungen in Teilbereichen der Gesamtarbeit ermöglichen, bringt die Verringerung des Textaufwandes Einsparungen im Gesamtbereich.

Und, von der Geldeinsparung abgesehen, vergessen wir nicht: Jeder einzelne, ob Sachbearbeiter, Schreiberin oder Vorgesetzter, jeder einzelne kann dadurch mehr leisten, ohne sich mehr anzustrengen.

Daß eine drastische Rationalisierung durch Textverkürzung nicht auf Kosten der Textqualität gehen darf und gehen soll, ergibt sich aus den beiden vorangegangenen Kapiteln; wir hätten uns sonst um die Aufgaben „Informieren!" und „Wirken!" nicht zu kümmern brauchen. Damit es über diesen Punkt keinen Zweifel geben kann, gehe ich noch einen Schritt weiter, indem ich sage: Wo die Forderung nach Aufwandseinsparung mit der Forderung „Gut Informieren!" oder der Forderung „Wirkungsvoll darstellen!" zusammenstößt, muß das Bestreben, den Aufwand zu verringern, zurücktreten. Es kommt nicht darauf an, daß wir Briefe schreiben, sondern darauf, daß wir Briefe schreiben, die ihren Zweck erfüllen.

Zusammenfassung zu 2

1 Wir erarbeiten Texte, um mit ihnen zu informieren und zu wirken. Manchmal geht es nur um die Information (Beispiel: Inhaltsangabe eines Telefongesprächs), meistens um Information u n d Wirkung (Beispiel: Verkaufsbrief).

2 Informationsfehler und Informationsschwächen haben ihren Ursprung oft in unzureichender Vorbereitung. Was man nicht genau weiß, kann man auch nicht genau formulieren. Fehler, die in der Vorbereitung einer Textentwicklung begangen werden, lassen sich im weiteren Verlauf der Arbeit nicht mehr korrigieren.

3 Vorausgesetzt, der Inhalt eines Textes ist in Ordnung: Wie muß der Inhalt dargestellt werden, damit er – soweit das sachlich möglich ist – die beabsichtigte Wirkung erzielen kann? Der Text muß leicht verständlich sein; Rechtschreibung, Zeichensetzung und Grammatik müssen stimmen; der Stil muß sachgerecht und flüssig sein; die Aufmachung muß den Regeln entsprechen; die Leserinteressen müssen berücksichtigt sein.

4 Was für einen Produktionsbetrieb oder einen Handwerksbetrieb oder einen Dienstleistungsbetrieb gilt, trifft auch für die Textarbeit zu: wir haben sie wirtschaftlich zu gestalten. Der Aufwand, den wir treiben, um ein Schriftstück zu produzieren, muß in vertretbarem Verhältnis zum Nutzen dieses Schriftstücks stehen.

Beispiel: Eine Routinemitteilung mit dem Kerninhalt „Wir schicken die Bücher morgen an Sie ab" darf weder zu einem 20-Zeilen-Brief ausarten noch zweimal geschrieben werden; ein Werbebrief an 500 Interessenten dagegen erlaubt – und erfordert in der Regel – mehrere Entwürfe und eine tadellose Reinschrift. Mit einem Wort: Der Aufwand muß dem Zweck angemessen sein.

Wie groß der Aufwand für die Schriftgutproduktion ist, läßt sich mit einiger Genauigkeit nur im konkreten Einzelfall aufgrund einer sorgfältigen Analyse sagen. Allgemeine Faustregeln: Eine Briefseite kostet 25 bis 30 DM. Einsparungen lassen sich beim Formulieren und Diktieren, beim Aufnehmen und Schreiben sowie beim Kontrollieren erzielen. Durch Phonodiktat mit einheitlicher Diktatsprache statt Stenodiktat sind rund 30 %, durch Zentralisierung der Schreibarbeit rund 25 % einsparbar. Die größte und zugleich wertvollste Einsparung läßt sich durch besseres Formulieren erreichen; die Texte sind durchschnittlich um 20 bis 30 % zu lang.

5 Rationalisierungen sind nicht durch Beschluß herbeiführbar: sie müssen erarbeitet werden. Ohne angemessenen Aufwand kein Erfolg! Und nicht nur „kein Erfolg", sondern Mißerfolg! Rationalisierungen ohne angemessenen Aufwand erzwingen zu wollen ist unverantwortlich. Abgesehen davon, daß die Erwartungen enttäuscht werden: es geschieht auf Kosten der Mitarbeiter.

3 Beispieltexte aus der Praxis

Bitte sehen Sie sich die folgenden zehn Texte genau an! Welcher Text gefällt Ihnen, welcher nicht?

Prüfen Sie Inhalt, Darstellung und Aufwand! Machen Sie sich bitte Notizen dazu. Sie stellen auf diese Weise fest, wie gut Sie die Forderungen, die wir besprochen haben, schon in Praxis umzusetzen vermögen.

Lassen Sie die großen Buchstaben am Rand einiger dieser Briefe unbeachtet. Was es damit auf sich hat, besprechen wir in einem späteren Kapitel.

Text 1

Herrn
Kurt Behrens
Karlstraße 112

2000 Hamburg 61

Ihr Zeichen	Ihre Nachricht vom	Unser Zeichen	Hausruf Nr.	Tag
		KLA/Gh 11 119	16	18.3.196

A

Betr.
A Ihre Bewerbung vom 20.2.1960

Sehr geehrter Herr Behrens!

A Wir kommen zurück auf die mit Ihnen geführte Besprechung sowie auf die vorliegende Korrespondenz bezüglich Ihrer Bewerbung
P als Texter in unserem Hause.

Nachdem wir die Möglichkeiten einer Einstellung eingehend ge-
AP prüft haben, müssen wir Ihnen zu unserem Bedauern mitteilen, daß besonders die Wohnungsfrage eine Schwierigkeit darstellt, die doch größer ist als wir erwartet haben. Sie werden dafür Verständnis haben, daß wir nur dann in eine vertragliche Bindung mit Ihnen treten können, wenn dieses Problem gelöst ist. Ebenfalls wird es in Ihrem Interesse liegen, nicht auf unbestimmte Zeit von Ihrer Familie getrennt zu wohnen. Aus diesem Grunde haben wir uns entschlossen, einem Bewerber den Vorzug zu geben,
Ü der im Raume Frankfurt bereits ansässig ist. Wir gestatten uns, Ihnen in der Anlage die uns übergebenen Arbeitsunterlagen zu-
P rückzugeben und bitten Sie, uns die Kosten aufzugeben, die mit Ihrer Vorstellung am 4.3. verbunden waren, sofern dies in der Zwischenzeit nicht geschehen ist.

P Ihnen für Ihre Zukunft alles Gute wünschend, verbleiben wir

mit freundlichen Grüßen

Text 2

N Gesellschaft für Rhetorik
und Verkaufsschulung
Kramer & Degenhard
Postfach 3 89 24 11

A

7000 Stuttgart 24

A <u>Verkaufstraining</u>

Sehr geehrter Herr Kramer,

N wir beziehen uns auf das mit Ihnen geführte Telefongespräch in
diesen Tagen.
Wie Sie uns schon in diesem Gespräch mitteilten, bestellen wir
K mit diesem Schreiben den Übungsband 4 "Diskussion".

K Darüber hinaus erbitten wir weitere ausführliche Informationen
Z über Ihre Grundseminare, sowie über Ihre Führungsseminare für
Personal- und Verkaufsleitung.

R Für Ihre Bemühungen danken wir Ihnen im Voraus
P und verbleiben:

Mit freundlichen Grüßen

Text 3

Die Korrespondenz

Hans Holzmann Verlag KG · 8939 Bad Wörishofen · Postfach 460

Frau Ingeborg Noé
Rank Xerox GmbH
Hauptverwaltung
Postfach 6 30

4000 Düsseldorf 11

Zeitschrift für Textverarbeitung in Wirtschaft und Verwaltung
Edith Hallwaß, 7000 Stuttgart 70
Im Asemwald 52/17/735
Tel. (07 11) 72 25 55

Hans Holzmann Verlag KG
8939 Bad Wörishofen · Kirchdorfer Straße/Gewerbestraße · Postfach 460

Ihre Zeichen	Ihre Nachricht vom	Unser Zeichen	Tag
ITV/N/No	11.4.75		18.4.75

Sehr geehrte Frau Noé

Mit "ihrerseits/Ihrerseits" ist es wie mit "ihr/Ihr": Bezieht sich in einem Brief das Wort auf den Empfänger oder seine Firma, wird es groß geschrieben, sonst klein.

Aber wenn wir nun schon mal bei "ihrerseits/Ihrerseits" sind: Ich meinerseits wäre dafür, daß jeder Geschäftsbriefverfasser sich überlegt, wieweit er seinerseits auf "Ihrerseits" angewiesen ist. "Ihrerseits" riecht nach Aktenstaub. Lassen wir es weg? Oft ist es wirklich überflüssig. Oder bestehen Ihrerseits Bedenken?

Nun, ich nehme an, die Bedenken wird es geben. Es ist eben ein Unterschied, ob ich frage:

geschäftssprachlich	umgangssprachlich
Bestehen Ihrerseits Bedenken?	Was meinen Sie dazu?

Umgangssprache ist konkreter, stärker zielgerichtet, sie packt den Briefempfänger am Schlafittchen: So, mein Lieber, und jetzt mal heraus mit der Sprache! Der Geschäftsstil fragt vorsichtig an, wendet sich an den Empfänger und windet sich gleichzeitig an ihm vorbei: "Bestehen irgendwelche Einwände Ihrerseits?" heißt nicht und nicht in erster Linie "Haben Sie selbst irgendwelche Einwände?", gemeint ist damit "Gibt es/hat man in Ihrem Hause irgendwelche Einwände?" Wo "Ihrerseits" ohne "Sie" steht, gehört es zum Wortrepertoire des Vorsichtigen, der sich nicht festlegen möchte. Und weil vorsichtiges, abwartendes Taktieren im Geschäftsleben eine kluge Haltung sein kann, ist so manche wie "Ihrerseits" gerade wegen ihrer Unschärfe von Stil- und Sprachpflegern bekämpfte Wendung nicht totzukriegen.

Jetzt fürchte ich fast, ich habe Ihrem Bürodisput neuen Zündstoff gegeben. Sollten Sie weitere Fragen haben, bitte, genieren Sie sich nicht. Sie sehen, ich antworte gern.

Es grüßt Sie
Ihre Korrespondenz-Redaktion

Edith Hallwaß

Edith Hallwaß

Telefon: (08247) 266, 267, 268
Telex: 05 39331 (hhv bw)

Bankverbindungen:
Kreis- und Stadtsparkasse Bad Wörishofen

Bayerische Hypotheken- und Wechselbank, Filiale Bad Wörishofen
Postscheckkonto: München Nr. 179 30

Text 4

Sehr geehrte Herren.

P Auf Umwegen erhalte ich Ihren obigen Brief. - Der Zahlungsrückstand war mir bisher nicht genau bekannt. Sie werden fragen, wie ist das möglich? Das ist eine schwierige Sache.

Unser Büro in Df. wurde aufgelöst. Die Fa hingegen nicht. Wir haben uns nur sehr klein gemacht. Grund: Folge der Kreditrestriktion, es wurden uns über DM 100.000,- Kredit gestrichen. "Kleine Bremsspur." Die Sache geht aber weiter mit neuem Geld, ohne Bank. Das dauert aber noch ein Weilchen.

Die Restverbindlichkeiten habe ich vorerst übernommen, allerdings nicht als Schuldner, sondern als Darlehnsgeber. Es erfolgt später eine interne Verrechnung.

PL KR ZW Nehmen Sie bitte zur Kenntnis, daß ich einige tausend DM Restschulden zu zahlen übernommen habe und das nicht aufeinmal kann. - Sie stehen aber jetzt in meiner Liste ganz oben. Ich muß Sie allerdings bitten noch etwas zu warten. Ich komme automatisch auf Sie zu. Eines ist sicher, Sie bekommen Ihr Geld.

Re? Mit freundlichen Grüssen

Text 5

A

An die

Gesellschaft für
Werbung und Public Relations
Postfach 32 48 85

5000 Köln 41

A

Betr.: Bestellung des Sonderdrucks (Broschüre)
"Was ist Media-Forschung?"

Bezug: Entsprechende Mitteilung im Informationsdienst der Zentralstelle für Öffentlichkeitsarbeit (ZÖ)

Sehr geehrte Damen und Herren!

A

Auf Grund der Mitteilung im Informationsdienst der Zentralstelle für Öffentlichkeitsarbeit bitten wir um Übersendung von 3 Exemplaren des Sonderdrucks

"Was ist Media-Forschung?".

P

Für Ihre Mühewaltung darf ich mich herzlich bedanken.

Mit vorzüglicher Hochachtung
Im Auftrag
Lohnert
(Stempel) Beglaubigt:
(Name in Handschrift)
Angestellte

Text 6

GRT · Gesellschaft für Rationelle Textverarbeitung mbH

Fachliche Leitung: W. Manekeller, H. Kruse

GRT · Rösrather Straße 746 · 5000 Köln 91

Telefon (0221) 862945 + 862994
Kreissparkasse Köln 314/005571, BLZ 373 502 14

Eilzustellung

11.03.76 kr-sch

Karl F. Richter KG
Herrn Wilfried Dehmel
Postfach 38 02 09

4000 Düsseldorf 34

Textverarbeitung - Ihr Anruf vom 10.03.76

Sehr geehrter Herr Dehmel,

wir danken Ihnen für Ihr Interesse an einer Zusammenarbeit. Hier noch einmal zusammengefaßt die Antworten auf Ihre Fragen:

Formulieren und Diktieren: Sie möchten erreichen, daß die Geschäftsbriefe in Ihrem Haus sachgerecht, verständlicher und wirksamer werden, bei geringerem Diktieraufwand. Unser Angebot:

1tägiges Grundseminar in Ihrem Haus:
"Geschäftsbriefe - sachgerecht, leicht verständlich und wirksam".

In die Seminararbeit werden die Duden-Taschenbücher "Wie formuliert man im Büro?" und "Wie diktiert man im Büro?" von W. Manekeller einbezogen. Die Einzelheiten der Vorbereitung und Durchführung haben wir schon telefonisch besprochen. Honorar: 1 200 DM + 280 DM für die Auswertung Ihrer Unterlagen + Auslagen + MWST.

Texthandbuch: Unser Vorschlag: Wir erarbeiten das erste Texthandbuch - Verkauf A - zusammen mit Ihrem Herrn Kluge. Im Rahmen von 20 vollen Arbeitstagen wird Herr Kluge zugleich so ausgebildet, daß er die Textprogrammierung selbständig weiterführen kann. Honorar: 12 800 DM + Auslagen + MWST.

Textautomatenwahl: Wir beraten Sie anhand Ihrer konkreten Unterlagen. Als Herausgeber des Textautomaten-Handbuchs kennen wir alle Maschinen im Detail. Arbeitsaufwand: zwei Tage in Ihrem Haus. Honorar: 1 280 DM + Auslagen + MWST.

Wir wären Ihnen dankbar, wenn Sie die Termine recht bald telefonisch mit uns abstimmen könnten, damit weder Sie noch wir in Zeitbedrängnis geraten. Auf gute Zusammenarbeit!

Mit freundlichem Gruß

Informationsmaterial
über Textverarbeitung

Handelsregister Köln Nr. HRB 5668, Geschäftsführer Hilmar Kruse

Text 7

Firma
Eberhard DARIUS
Postfach 22 48

7000 Stuttgart

L
P Im Besitze Ihrer Mahnung sowie Fotokopie Ihrer Rechnung
No. 38971 teilen wir Ihnen mit, daß wir diese nicht vorlie-
AK gen haben und auch keinen Eingang der Lieferung ermitteln
können.

Wir haben lediglich im Jahre 1975 einmalig eine Sendung be-
S stellt und erhalten lt. Ihrer Rechnung No. 43871.

AP Weitere Bestellungen wurden von uns nicht durchgeführt, und
Gr bitten Sie deshalb Ihre Rechnung No. 38971 zu stornieren.

Hochachtungsvoll
Dehmel KG

Text 8

Firma
Bergner & Kliemann
Abt. BWK - Herrn Mildner
Postfach 90 05 04

4000 Düsseldorf 80

Ihr Zeichen	Ihre Nachricht vom	Unser Zeichen	5000 Köln 1
		Abt. DM I/bb	Mozartstr. 24

A Betr.: Ihre Best. TD 4-o153-8-oo14-218 - unsere Order
o4o93
Gelieferte Schleifmaschine PI 90 x 100

N Sehr geehrte Herren!

Wir erhielten Ihre Kurzmitteilung v. 9. Aug., mit der Sie an
A die Erledigung Ihrer Anfrage v. 19. Mai erinnern.

S Ausser unserem von Ihnen angeführten Zwischenbescheid v.
25. Mai haben wir Ihnen mit unserem Schreiben v. 15. Juni bestätigt, dass die vereinbarte Garantiezeit von 12 Monaten per
B 18. Mai beginnt.

PZR Wir hoffen, dass damit Ihre Rückfrage erledigt ist und zeichnen

mit freundlichen Grüssen

G E B R. H E R R M A N N
Werkzeugmaschinen GmbH.

Text 9

Institut für
Moderne Personalführung
Postfach 12 48 69

2000 Hamburg 21

A Betr.: Modell ABS
Bezug: Ihr Schreiben vom 28.4.76 - Kd./Fm.

Sehr geehrte Herren!

P Wir danken Ihnen für Ihr o.a. Schreiben. Es ist nicht damit zu rechnen, daß wir uns in absehbarer Zeit mit der Einführung des ABS-Modells befassen werden.
N Sollten wir später einmal die Einsatzmöglichkeit dieses oder eines ähnlichen Führungsmodells in unserem Amt prüfen, werden
PA wir zu gegebener Zeit ggf. auf Ihr Angebot zurückkommen.

Hochachtungsvoll
Im Auftrag

Text 10

DELALANDE
Arzneimittel GmbH

Postanschrift: 5 Köln 1, Postfach 10 05 50

5 Köln 41
Aachener Str. 201–209
Büro: Richard-Strauss-Str. 3

Telefon (0221) 443003
Telex 8882915
Telegramm Delpharme Köln

21. Januar 1974
rz-mo

Liebe Mitarbeiter!

Aus gegebenem Anlaß erlaube ich mir heute, Sie darauf aufmerksam zu machen, daß es unser Wunsch ist, alte Zöpfe auch in der kaufmännischen Korrespondenz abzuschaffen und einen modernen Stil anzuwenden.

Da dieser Stil rationell ist, Zeit spart und zeitgemäßen Auffassungen der fortschrittlichen angewandten Psychologie am besten zu entsprechen scheint, möchten wir Sie bitten, sich möglichst nach den Richtlinien unseres Sprachbüros zu richten.

Jeder Mitarbeiter soll bei Abfassung der Briefe daran denken, daß sie eine Visitenkarte unserer Firma sind und daß Sie auch nach Ihrer Ausdrucksweise von Ihren Vorgesetzten auf dem Beurteilungsbogen beurteilt werden.

Das Konzipieren unserer Korrespondenz soll so aussehen, daß der Leser auch bei flüchtiger Perzeption des Inhaltes diesen eindeutig wahrnimmt und sich mit Ihrer Zielstrebung identifiziert fühlt.

Meine Damen und Herren, haben Sie den Text interessiert gelesen? Gefallen Ihnen die Formulierungen? Würden Sie die Ausdrucksweise dieses Briefes nachahmen? Dann lesen Sie bitte nicht weiter. Es hat keinen Sinn: Sie gehören in eine Amtsstube alten Stils oder in das Sekretariat einer schlechten Werbeagentur.

Aber Sie haben es ja gemerkt: Die Aussage läßt sich in drei Sätzen formulieren. Alles andere sind Versuche, Klares unklar zu beschreiben:

1. Fassen wir uns kurz!
2. Erleichtern wir das Lesen!
3. Stellen wir uns auf unseren Partner ein!

Bitte denken Sie in Zukunft noch mehr daran, und verbessern Sie selbst Ihre Texte. Viel Spaß!

Ihr Rochaz

Postscheck Köln	241 57-508 BLZ 370 100 50
Dresdner Bank	3 732 526 BLZ 370 800 40
BNP Saarbrücken	12 20124 018 BLZ 590 106 00

H.-Reg. Nr. B 2006 Köln
Geschäftsführer: Dr. Milan Rochaz

4 Auf den Inhalt kommt es an

Ein selbständiger Journalist, nennen wir ihn Markus, ärgert sich eines Tages über ein sinnloses „Schreiben", das er von Amts wegen erhalten hat. Er muß es ausführlich beantworten. Das kostet natürlich Zeit, also Geld. Und sein Gewinn dabei? Null. „Wer häufig so arbeitet", sagt er sich, „kann leicht übern Deister gehen." Und weil ihn diese Erkenntnis beeindruckt, ja, sogar ein bißchen erschreckt, beschließt er, eine Woche lang auf ähnliche Fälle zu achten. Was geschieht?

Am Dienstag erhält er von seiner Auto-Reparaturwerkstatt eine Mahnung. Er habe die Rechnung vom 3. März über 49,96 DM für „Zylinderkopfschrauben nachziehen und Ventile einstellen" noch nicht bezahlt. Wirklich nicht? Unser Journalist vertieft sich in seine Abrechnungen und findet heraus: Längst bezahlt! Durch Scheck vom 15. März. Da der Mahner darüber offenbar keine Unterlagen hat oder keine finden kann, ist es am sichersten, ihm gleich genau mitzuteilen, wann das Geld auf welchem Weg wohin überwiesen worden ist.

Die Mahnung bringt Herrn Markus auf einen Gedanken. Hat er nicht vor längerer Zeit für die Fachzeitschrift „Werbe-Report" einen Artikel geschrieben, der vor etwa zwei Monaten veröffentlicht worden ist? Und das Honorar? Die erneute Suche in den Abrechnungsunterlagen ergibt nichts. Also ist es wohl notwendig, selbst auch einmal eine Mahnung zu verschicken – nur mit mehr Berechtigung, als die Reparaturwerkstatt sie in seinem Fall hatte. Gesagt, getan.

Mittwoch: Herrn Markus soll, so teilt man ihm mit, der Strom abgedreht werden. Er habe seine Rechnung nicht bezahlt und auf Mahnungen nicht reagiert. „Ja, muß man denn auf jede Falschmeldung reagieren?" Herr Markus hatte sich gedacht, die würden schon von selbst drauf kommen, daß sie einen Fehler gemacht hätten. Hatte er gedacht. Was nun? Natürlich schnell und gewissenhaft darlegen, daß für das Stromabdrehen kein Grund vorliegt.

Donnerstag: Herr Markus erhält ein Schreiben seiner Bank. Bei Durchsicht der Bücher habe man festgestellt, daß Herr Markus mit seinen Hypotheken-Rückzahlungsraten nicht auf dem laufenden sei. Es fehlten 316,20 DM. Schon mit schlechtem Gewissen, ist der Sünder im Begriff, die Sache zu regulieren. Da fallen ihm aber gerade noch rechtzeitig einige unberechtigte Mahnungen der jüngsten Vergangenheit ein. Also: Schon wieder nachsehen! Und siehe da, eine aufwendige Prüfung zeigt, daß er der Bank nicht 316,20 zuwenig, sondern 316,20 DM zuviel überwiesen hat. „So ungefähr haben die ja das Richtige getroffen", denkt er grimmig. „Aber wie soll man ihnen den kleinen Unterschied klarmachen, und zwar so, daß sie ihn nicht nur für möglich halten, sondern auch in ihren Akten entdecken?"

Immer noch Donnerstag: Herr Markus erhält ein Schreiben seines Rechtsanwalts. Darin steht, er solle detailliert schildern, wie sich der Unfall, bei dem sein Wagen schuldhaft beschädigt worden sei, ereignet habe. Herr Markus erinnert sich, genau das schon einmal der Mitarbeiterin seines Anwalts haarklein auseinandergesetzt zu haben. Hat die vielleicht nur scheinstenografiert? Außerdem liegt ein lückenloser Bericht darüber bei der Polizei. Aber was hilft alles Grübeln und Schimpfen: Wenn man zu seinem Recht kommen will, muß man ja sowas wohl in Kauf nehmen.

Freitag: Herr Markus wird durch einen Brief reichlich ironisch daran erinnert, daß er einen zugesagten Artikel nun doch wieder nicht pünktlich abgeliefert habe. „Wieder"! Herrn Markus steigt das Blut zu Kopf. „Und außerdem", stellt er, ruhiger geworden, fest, „war gar kein fester Termin vereinbart." Was macht man, wenn man angegriffen wird und sich unschuldig fühlt? Man setzt dem anderen auseinander, wie sich die Sache wirklich verhält. Unser Journalist ist keine Ausnahme.

Am Ende der Woche rechnet Herr Markus erschüttert zusammen, daß man seine Arbeits- und Nervenkraft allein in vier Tagen fünfmal wegen nichts und wieder nichts beansprucht hat. Muß man sich das gefallen lassen? Kann man es sich leisten, sich das gefallen zu lassen?

Wie das letzte Beispiel zeigt, muß es bei derlei Irrtümern und Meinungsverschiedenheiten nicht immer unmittelbar um Geld gehen. Unvollständige oder mangelhafte Warenlieferungen, schludrige Handwerkerarbeit, Mietstreitigkeiten usw. bieten ebenfalls ein reichhaltiges Betätigungsfeld. Zu den beliebtesten Anlässen aber gehören diejenigen „Großen Inspektionen", bei denen mindestens 50 % der vorgeschriebenen Arbeiten nicht ausgeführt, aber berechnet werden.

Überlegen Sie bitte einmal: Wie sieht es in Ihrem Haushalt aus, in Ihrem Geschäftsbereich? Wie viele Mißverständnisse entstehen und verursachen ständig unnötige Arbeit?

Wenn viel von Stilistik die Rede ist, vom „guten Stil", vom „flüssigen Stil", von „Sprachpflege" und von „gutem Deutsch", dann ist es meistens an der Zeit, an die Auffassung Schopenhauers zu erinnern, wonach das Wichtigste für den Schriftsteller sei, daß er etwas zu sagen habe. Alle stilistischen Feinheiten und Finessen nützen uns nichts, wenn's am Inhalt hapert. Bevor wir uns erfolgreich um das Wie kümmern können, muß das Was erarbeitet werden.

In der Praxis begegnen einem immer wieder zwei recht unterschiedliche Schreibtypen. Die einen legen Wert auf Stil, schreiben leicht und elegant; aber wenn man genau hinsieht, entdeckt man viel leeres Gerede. Die anderen sind Leute vom Fach und Verächter der Form; was sie formulieren, mag richtig sein, aber man versteht es schwer oder gar nicht, und oft hat man auch gar keine Lust, es zu verstehen.

Beide machen es sich zu einfach, beide haben Unrecht. Ihr Hauptfehler: sie übersehen oder begreifen nicht, daß Inhalt und Darstellung untrennbar sind, daß Gedanke und Sprache zwei Seiten derselben Sache sind. Zugegeben, das ist nicht ganz leicht einzusehen! Aber wer sagt denn auch, daß die Tätigkeit des menschlichen Geistes leicht einzusehen sein müßte! Wir werden uns mit diesem Bereich „Denken – Gedanke – Sprache" noch zu beschäftigen haben, wenn der bekannte Nietzsche-Satz „Den Stil verbessern – das heißt den Gedanken verbessern und nichts weiter" mehr als eine schöne Phrase für uns sein soll.

Zurück zur alltäglichen Realität unserer Korrespondenz! Die nicht aus der Luft gegriffene Geschichte von Herrn Markus weist uns nachdrücklich darauf hin, daß unsere erste Aufgabe bei jeder Formulierarbeit die Inhaltsklärung ist.

Wenn wir formulieren, behandeln wir einen Gegenstand, einen Sachverhalt, ein Geschehen. Der Text ist nicht Selbstzweck; er verweist auf etwas, das außerhalb des Textes liegt. Das mag ein 3,5-Liter-Wagen oder ein Korrespondenzautomat, ein Versicherungsangebot, ein Verstoß gegen eine vertragliche Vereinbarung oder ein Stimmungsvorgang im Sprecher oder Schreiber selbst sein.

Was ist Voraussetzung für sinnvolles Sprechen oder Schreiben über eine Sache? Daß man sie begreift, wie sie ist, daß man sie gedanklich einzuordnen und zu durchdringen weiß.

D i e F a k t e n m ü s s e n s t i m m e n.

Aber ist das nicht selbstverständlich? Sicherlich. Nur vergißt man leicht, daß die Kenntnis der Fakten oft erst erarbeitet werden muß und daß Ungefähr-Wissen nicht ausreicht. Warum enthalten denn so viele Schriftstücke Sachfehler? Doch nicht, weil die Verfasser boshaft oder dumm wären! Sondern, weil sie zu bequem gewesen sind, die Fakten zu beschaffen.

In dem Zusammenhang ist auch die Frage der Genauigkeit anzusprechen. Über einen Korrespondenzautomaten kann man beispielsweise sagen, daß er mit Magnetband arbeite und daß hundert Stellen auf diesem Band – unter den Adressen „00" bis „99" – angesteuert werden können. Die Fakten stimmen. Aber der Leser mag dennoch unzufrieden sein, denn er möchte wissen, w i e diese Stellen angesteuert werden, mit welcher Technik. Zähltechnik, Vergleichertechnik? Die Aussage ist also in diesem Fall zu ungenau.

Die Fakten müssen angemessen genau sein.

Dieses „angemessen“ drückt indirekt zugleich aus, daß man es mit der Genauigkeit auch übertreiben kann. Wenn der Korrespondenzautomaten-Text Fachleute ansprechen soll, ist es bestimmt nicht erforderlich, die notwendige Angabe „Zähltechnik“ oder „Vergleichertechnik“ näher zu erläutern: Was ist Zähltechnik? Was ist Vergleichertechnik? Also nicht in falschem Genauigkeitsstreben stets bei Adam und Eva anfangen! Was will und sollte der Partner erfahren? Wenn wir ihm dauernd Informationen vorsetzen, die er gar nicht braucht oder nicht haben möchte, schießen wir ebenfalls am Ziel vorbei, zwar nur haarscharf, aber „haarscharf“ ist auch daneben. Viele unnötige Aussagen, und wenn sie noch so richtig sind, bereichern den Text nämlich nicht, sondern verschlechtern ihn: weil die Gedanken, auf die es ankommt, nicht mehr klar hervortreten.

Dem Begriff „genau“ benachbart ist hier der Begriff „vollständig“. Der Unterschied: Mit „genau“ meinen wir die Ausführlichkeit, mit der ein Sachverhalt dargestellt wird, die Anzahl der Einzelheiten: „vollständig“ weist dagegen, negativ gesagt, auf Informationslücken hin, auf Fakten, die weder genau noch ungenau, sondern überhaupt nicht genannt werden. So mag ein Text teilweise übergenau und zugleich teilweise unvollständig sein. Zum Beispiel: Man beschreibt bis ins Detail, wie ein „Mottenmittel“ Wolltextilien vor der Zerstörung bewahrt, erwähnt aber überhaupt nicht, daß es Stoffe enthält, die für Haustiere und Kleinkinder gefährlich werden können. Unsere weitere Forderung also:

Die Fakten müssen angemessen vollständig sein.

Auch hier das Beiwort „angemessen“, denn wie mit der Genauigkeit, ebenso kann man es mit der Vollständigkeit übertreiben. Wiederum müssen wir uns fragen: Was gehört in dieser Situation und bei diesem Partner wesentlich zur Sache, was ist nur Beiwerk? Angemessen genaue, angemessen vollständige und vor allem stimmende Fakten sind die Grundlage der Sachgerechtheit eines Textes. Aber sie sind noch nicht alles. Lauter stimmende Fakten bunt zusammengewürfelt überzeugen keineswegs. Erst die sinnvolle Verknüpfung stimmender Fakten ergibt einen einleuchtenden Text. Kurz gesagt:

Die Gedankenführung muß einleuchtend und folgerichtig sein.

Warum folgerichtig und einleuchtend? Leuchtet nicht immer ein, was folgerichtig ist? Hier ist gemeint: Ein Text kann in sich folgerichtig sein, während seine Ausgangsbasis, seine Grundannahme, absurd ist. Wenn ich zum Beispiel in einer Abhandlung von der Möglichkeit oder

Gegebenheit einer reinen freien Marktwirtschaft oder einer perfekten Planwirtschaft ausgehe, so kann alles, was ich in diesem Rahmen ausführe, folgerichtig sein. Dennoch ist es nicht einleuchtend, weil die Thesen zwar logisch sind, aber an vielen Stellen der Wirklichkeit widersprechen, die der Leser aus seinem Erleben kennt.

Die Bezeichnung „einleuchtend" bezieht sich auf das Verhältnis „Wirklichkeit – Aussage", die Bezeichnung „folgerichtig" auf die Logik der Gedankenführung im Text.

Die Überschrift dieses Kapitels heißt „Auf den Inhalt kommt es an". Auf welchen Inhalt: den Inhalt unseres Denkens oder den Textinhalt? Auf den Textinhalt natürlich, denn nur den Text nimmt der Partner wahr; in unseren Kopf kann er nicht hineinsehen, das Denken bleibt ihm verborgen.

Wenn das so ist, haben wir streng darauf zu achten, daß unser Text, den wir formulieren, genau das ausdrückt, was wir denken. Informationsabsicht und Textinhalt müssen übereinstimmen. Ist das nicht wiederum selbstverständlich? Wer wird denn etwas anderes sagen oder schreiben, als er meint?

Vorsicht! Lassen wir uns kluge Erwachsene vorerst einmal aus dem Spiel, denken wir an Kinder! Ein kleiner Junge sagt: „Ich möchte meine Schiebsen haben." Die Mutter gibt ihm gelbe Bausteine. Als die Mutter einmal von ihrer Schwester vertreten wird, führt die Bitte des Jungen zu totaler Ratlosigkeit. Wie soll sie wissen, daß Bausteine Schiebsen heißen?

Das Kind hat sich nicht – noch nicht – an die Konvention gehalten, an die Verabredung der Erwachsenen, daß bestimmte Holzklötze „Bausteine" zu nennen sind.

Wer anderen klar und genau etwas mitteilen will, hat nur dann eine Chance, sein Ziel zu erreichen, wenn er sich an bestimmte Regeln hält. Er muß die treffenden Wörter wählen, sie richtig schreiben, sie grammatisch richtig verbinden, ihren Zusammenhalt durch Satzzeichen sinnvoll gliedern. Bei Verstößen gegen die Regeln verletzen wir entweder „nur" die vorgeschriebene Form – das kann uns um ein Stück Wirkung bringen –, oder wir verschleiern oder verfälschen den Sinn unserer Aussage. Der Partner versteht nicht genau das oder überhaupt nicht das, was wir meinen. Die Kommunikation, der Gedankenaustausch, klappt nicht, oder er klappt – beim Falschverstehen – nur scheinbar.

Was hier schlecht funktioniert, das ist die Kodierung unserer Vorstellungen in Sprache. Wenn wir zum Beispiel meinen „Die Dienstzeiten, die Sie bei unserer Tochterfirma in Brasilien verbracht haben, werden auf die Gesamtdienstzeit angerechnet", aber schreiben „Die Dienstzeiten, die Sie bei unserer Tochterfirma in Brasilien verbracht haben, sind grundsätzlich anrechenbar", so werden wir Rückfragen erhalten. Unter welchen Umständen werden diese Dienstzeiten angerechnet? Muß ich bestimmte Unterlagen einreichen? Die Rückfragen sind uns zunächst unverständlich, denn wir haben doch deutlich gesagt ... Und dann merken wir vielleicht, daß unser Text eben nicht in allen Teilen mit dem übereinstimmt, was wir gemeint haben.

Unsere Sprache ist ein umfangreiches, sehr leistungsfähiges Kodesystem, – wenn wir seine Regeln kennen und befolgen ...

Sehen Sie, schon habe ich gegen die Regeln verstoßen und so einen Gedanken ausgedrückt, den ich gar nicht ausdrücken wollte. Da steht: „Unsere Sprache ist ein ... Kodesystem, – wenn wir seine Regeln kennen und befolgen." Stimmt das? Nein. Ein Kodesystem ist es immer, auch wenn irgendeiner seine Regeln nicht kennt und nicht befolgt. Was ich dagegen meine, ist doch:

Unsere Sprache ist ein Kodesystem. Dieses System erweist sich für uns als umfangreich und sehr leistungsfähig, – wenn wir seine Regeln kennen und befolgen.

Andere Kodesysteme sind die Gebärdensprache oder die sprachlosen Verkehrszeichen oder das Morsealphabet. Wenn zum Beispiel ein ahnungsloser Fußgänger ein rot leuchtendes Männchen als „Gehen!" interpretiert und danach handelt, macht er sich wahrscheinlich in Richtung Krankenhaus auf den Weg.

Vielleicht werden Sie einwenden, bei den Texten, die wir in unseren Büros verfassen, seien Fehlkodierungen oder Fehlinterpretationen weit weniger tragisch; man brauche es damit nun nicht gar so genau zu nehmen; der andere wisse meistens schon, was oder wie's gemeint sei, und wenn nicht, müsse man ihn eben noch einmal aufklären.

Drei Beispiele mögen andeuten, daß diese Einschätzung und Einstellung gefährlich ist.

Bei manchen Waren oder Leistungen, die man kaufen will, schließt man keinen Kaufvertrag, sondern stellt einen Kaufantrag. Wie viele Leichtgläubige mag das Wort „Kaufantrag" schon zu der irrigen Auffassung verführt haben, sie hätten noch gar nichts gekauft, sie könnten noch zurück! Aber warum heißt dieses Schriftstück „Kaufantrag", wenn es doch ein Vertrag ist? Kurz und schlecht: Für den Verkäufer ist es ein Kaufantrag, für den Käufer ein Kaufvertrag. Der Verkäufer kann zurück (Der Vertrag ist abgeschlossen, wenn der Verkäufer die Annahme schriftlich bestätigt oder die Annahme nicht innerhalb dieser Frist abgelehnt hat.), der Käufer kann nicht zurück (Der Käufer ist an seinen Kaufantrag 4 Wochen gebunden.). Vermutlich verwirren diese genannten 4 Wochen. Aber: Der Kaufantrag ist innerhalb dieser 4 Wochen allein durch den Verkäufer aufhebbar oder ablehnbar und nach Ablauf dieser 4 Wochen überhaupt nicht mehr.

In solchen Fällen geht es für den Käufer oder Kaufinteressenten nicht um richtiges Formulieren, sondern um richtiges Interpretieren dessen, was andere formuliert haben. Erinnern Sie sich an die Arbeitsablaufskizze unter „4 Durch einen Text informieren!"? Dort wurde deutlich, daß die Tätigkeiten des Formulierens und Interpretierens ständig in Wechselwirkung stehen, aufeinander angewiesen sind.

Ein Abteilungsleiter eines bedeutenden Unternehmens berichtet: Wir hatten einen faulen Kunden, der 300 000 DM Schulden bei uns hatte. Als die Sache auf Messers Schneide stand, haben wir entgegenkommend vorgeschlagen, er solle 150 000 DM sofort zahlen, über den Rest könnten wir reden. Nahm man die Formulierung, die wir gewählt hatten, wörtlich, so konnte man mit ganz bösem Willen herauslesen: 150 000 DM jetzt, der Rest ist geschenkt. Und genau das hat der Bursche gemacht. Der haarsträubende Fall ging vor den Kadi. Wir haben verloren. Was man schwarz auf weiß besitzt . . .

Schließlich: Denken wir an das Abkommen zwischen der BRD und der UdSSR aus dem Jahr 1970! Wie lange haben Politiker, haben routinierte Fachleute die Vertragsbestimmungen formuliert und redigiert! Und was war das Ende aller Bemühungen? Der Text ließ sich unterschiedlich auslegen. Große Aufregung! Es wurde ein Brief verfaßt, der zum Bestandteil des Vertrages werden sollte. Und dann? Auch dieser Brief bedurfte wieder der erläuternden Interpretation.

Wenn man solche Ereignisse, wie es sie oft in der Weltgeschichte gegeben hat, aufmerksam verfolgt, wird zweierlei klar. Erstens: Es ist nicht gleichgültig, ob wir genau oder etwas weniger genau formulieren. Der Text muß vollständig das ausdrücken, was wir sagen wollen. Zweitens: Es ist schwieriger, als gewöhnlich angenommen wird, zwischen Informationsabsicht und Textinhalt volle Übereinstimmung zu erreichen.

Zusammenfassung zu 4

1. Das erste Ziel, das wir in unserer Textarbeit anzustreben haben, heißt: Die Fakten müssen stimmen. Was wir sagen, muß zutreffen. Das bedeutet für die Praxis zweierlei: Wir müssen unser Fach beherrschen, um sichere Sachbearbeitung leisten zu können, und wir müssen uns die Mühe machen, fehlende Fakten zu beschaffen und sie vor der Weitergabe auf ihre Zuverlässigkeit prüfen.

2. Die Informationen, die wir geben, müssen angemessen genau sein. Wie ist Genauigkeit zu erzielen? Durch geduldige, oft mühsame Kleinarbeit. Siehe 1.! „Angemessen" heißt in diesem Zusammenhang: Wir haben einzuschätzen, was die Situation erfordert. Im Verhältnis zur Situation übertriebene Genauigkeit kann beinahe ebenso schädlich sein wie fehlende Genauigkeit: Der Leser erkennt den Wald vor lauter Bäumen nicht mehr.

3. Unsere Mitteilungen zu einem Korrespondenzgegenstand müssen angemessen vollständig sein. Wir dürfen wesentliche Aspekte einer Sache nicht einfach auslassen. In manchen Texten ist zwar das, was gesagt wird, angemessen genau gesagt, aber – es ist nicht alles gesagt, was gesagt werden müßte. Informationslücken provozieren Verärgerung und vermeidbare Rückfragen.

4. Richtige, angemessen genaue und angemessen vollständige Fakten sind die Grundlage einer sinnvollen Information, die Grundlage im Sinn des Baumaterials. Von einem guten Text können wir erst sprechen, wenn dieses Baumaterial vernünftig verarbeitet worden ist. Erst eine einleuchtende, folgerichtige Gedankenführung läßt uns einen Text als inhaltlich überzeugend erscheinen.

5. Wenn wir die notwendigen Fakten gesammelt und geistig verarbeitet haben, wenn wir die Informationsabsicht aufgrund der verarbeiteten Fakten entwickelt haben, dann geht es darum, die Absicht in die Tat, die Vorstellung in einen Text umzusetzen. Wir müssen die Informationen, die wir geben wollen, sprachlich genau kodieren. Das Ziel: Der Text muß in allen Teilen der Informationsabsicht entsprechen.

6. Der Arbeitsgang läßt sich in Stichworten so fassen: Fakten sammeln, prüfen, verarbeiten – eine einleuchtende und folgerichtige Informationsabsicht entwickeln – die Informationsabsicht durch richtige sprachliche Kodierung in einem Text fixieren.

4.1 Die Fakten müssen stimmen!

„Die gemeinsten (allgemeinen – der Verfasser) Meinungen und was jedermann für ausgemacht hält, verdienen oft am meisten untersucht zu werden . . ." (Georg Christoph Lichtenberg). Deshalb, ehe wir uns mit Texten beschäftigen, die sich durch falsche Faktenangaben auszeichnen, die Frage: Müssen die Fakten wirklich stimmen?

Unsere Ziele in der Textarbeit, so haben wir herausgefunden, heißen: Informieren, wirken (meistens: beeinflussen!) und beides mit möglichst geringem Aufwand schaffen! Davon, daß wir die Wahrheit sagen sollen oder müssen, ist nicht die Rede.

Erste Einschränkung: Unsere Gesetze verhindern im allgemeinen, daß in grob absichtlicher oder grob fahrlässiger Weise die Unwahrheit gesagt wird. Wenn ein Arzneimittel eine unangenehme Nebenwirkung hat, so muß der Hersteller darauf aufmerksam machen. Es ist verboten, die Ware eines Konkurrenten schlechtzumachen. Wer eine Leistung zusagt, zum Beispiel die Motorleistung einer Maschine oder eine Versicherungsleistung in bestimmten Schadensfällen, ist verpflichtet, sein nachweisbares Versprechen einzulösen.

Aber jeder weiß: Die Maschen des Gesetzes können nie so eng gestrickt werden, daß kein Durchschlüpfen möglich wäre. Fälle, in denen glatt und platt gelogen wird, mögen selten sein; Fälle, in denen die Wahrheit listig versteckt oder umgangen wird, sind Alltagserfahrung.

Wie oft hat wohl schon ein Korrespondent oder ein Werbetexter geschrieben, daß eine Hautcreme „gesund" sei, obgleich er genau wußte, daß sie, bestenfalls, keinen Schaden anrichten konnte! Und sinngemäß läßt sich dieses Beispiel auf nahezu alle anderen Waren und Leistungen übertragen.

Der Texter hat die Aufgabe, etwas zu verkaufen, eine Reklamation abzuwehren, einen Beklagten vor Bestrafung zu bewahren, einer politischen Partei zum Sieg zu verhelfen, die Zahlungsfähigkeit seines Auftraggebers nachzuweisen . . . Wie macht er das?

Er sammelt alle zugehörigen Fakten, bringt sie mit der Situation und seiner Aufgabe in Verbindung, schätzt den Partner oder Gegenspieler ein und versucht dann, eine überzeugende Argumentation aufzubauen. Im Sinn seines Auftrags kann es zweckmäßig sein, die Fakten zu manipulieren. Oft würde er gegen seinen Auftrag arbeiten, wenn er richtig, genau und vollständig ausdrückte, was ihm als wahr bekannt ist.

Zwischen Wahrheit und Unwahrheit gibt es eine Grauzone, und diese Zone hat noch Unterzonen in den Schattierungen von hellem Perlgrau bis zu einer Art „Nachtgrau". Wo sich der einzelne aufhalten und zuhaus fühlen will, das kann jeder nur selbst entscheiden. Er muß es allerdings auch entscheiden. Indem er sich die Fragen nie stellt, wird er sie dennoch nicht los.

In einigen Bereichen ist die Gefahr der Faktenmanipulation besonders groß, zum Beispiel in der Werbung und im Journalismus. Hier geht es darum, den Leser auf jeden Fall zu packen; meistens muß das bereits mit dem ersten Satz geschehen. Mißlingt es an dieser Stelle, blättert der „Anleser" schnell weiter oder wirft das Produkt in den Papierkorb.

Ich erinnere mich in diesem Zusammenhang an ein Streitgespräch, das ich einmal in meiner Ausbildungszeit mit einem Starjournalisten geführt habe. Es ging um einen Werkzeitschriftartikel über Umweltschutz.

Mein Vorschlag für eine Überschrift lautete: „Liegt etwas in der Luft?" Der Illustrierten-Starschreiber fand das schon ganz gut, hatte aber noch eine erhebliche Verbesserung parat, nämlich: „Es liegt nichts in der Luft!" Es ist mir nicht gelungen, ihm klarzumachen, daß dieser Titel so eindeutig neben der Wahrheit angesiedelt war, daß er jeden Leser sofort mißtrauisch gemacht hätte. Der Gag war ihm wichtiger als die Tatsachen.

Die andere Seite: Ich kenne Werbetexter, die es ablehnen, Texte für Alkohol oder Zigaretten oder für die eine oder andere politische Partei zu schreiben, und die sogar dann bei ihrer Ablehnung bleiben, wenn es ihnen finanziell dreckig geht.

Von der persönlichen Entscheidung zur Praxis: Die Absicht, die Dinge beim Namen zu nennen, sich an die Wahrheit zu halten, ist noch nicht gleich der Realisierung. Man kann die Tatsachen nämlich nur dann wirklichkeitsgetreu schreiben, wenn man sie kennt. Viele Unwahrheiten werden nicht infolge einer Absicht zur Irreführung, sondern infolge von Unkenntnis in die Welt gesetzt.

Daraus ist zu folgern: Was immer man am Ende sagen will, man sollte stets zuerst versuchen, alle Fakten zusammenzutragen und sich ein klares Bild zu verschaffen. Sonst kann es einem leicht passieren, daß man entweder ganz unnötig Falschinformationen gibt oder aber den darzustellenden Sachverhalt so stümperhaft manipuliert, daß man sofort damit auf die Nase fällt.

Dieses Buch kann nicht Moral transportieren, sondern nur Handwerkszeug liefern. Daher soll's mit diesem kurzen Hinweis genug sein.

4.1.1 Richtigkeit

Die Faktenerarbeitung – und das ist die Grundlage der Sachbearbeitung – kann man im wesentlichen nicht lehren; man kann nur dazu anhalten. Dringend. Denn, wie schon gesagt, mit falschen Fakten lassen sich keine richtigen Texte formulieren. Ein paar Beispiele sollen das Problem anschaulich machen.

Karl Fechtner
Postfach 20 04 03

5090 Leverkusen , den 28. Mai 1976

Tel.: 0 21 72 / 89 46

Herrn
Werner Abendroth
Im Wiesengrund 12

5090 Leverkusen

Betr.: Ihre Kfz-Versicherung Nr. . . .
bei der . . . . Vers.-Köln

–.–

Sehr geehrter Herr Abendroth!
Als Ihr künftiger Versicherungsagent der o.a. Gesellschaft darf ich mich auf diesem Wege vorstellen und Ihnen die Police über das bei . . . . versicherte Fahrzeug –. . .– als Anlage zu Ihrer gefl. Bedienung überreichen. Der Betrag in Höhe von DM 1.137,20 ist der Einfachheit halber sofort nach Köln zu überweisen.
Für Ihre Bemühungen danke ich Ihnen.

Hochachtungsvoll

Ist das gut formuliert? Können wir uns damit zufriedengeben, daß so oder so ähnlich geschrieben wird? Sollen wir diese Art zu formulieren selbst anstreben? Bitte fragen Sie sich: Was würde ich anders machen? Warum? Wie?

Hier soll uns zunächst nur der Inhalt interessieren. Was ist am Inhalt auszusetzen? Gar nichts, solange man die Tatsachen nicht kennt.

Nach diesem Brief hat der Empfänger sofort 1 137,20 DM an die Versicherung in Köln zu überweisen. Der Haken dabei: Er hat diesen Betrag bereits zwei Monate vorher an der Versicherungskasse eingezahlt. Entweder die Versicherung hat das ihrem Agenten nicht mitgeteilt, oder der Agent hat vergessen, sich zu erkundigen, oder die ganze Organisation der Bearbeitung ist schlecht, oder irgendjemand hat schlicht und einfach geschlafen.

Die Folge: Der VN, wie der Versicherungsnehmer genannt wird, muß sich telefonisch oder brieflich – auf seine Kosten, versteht sich – mit dem Agenten oder mit der Versicherung oder mit beiden in Verbindung setzen und den Irrtum aufklären. Ob ihm das Freude macht? In diesem Fall mußte sich der Versicherungsnehmer zusätzlich sagen: Der Agent hat für meinen Versicherungsabschluß eine Prämie kassiert, ohne auch nur einen Handschlag getan zu haben, und zum Dank dafür bringt er die Dinge durcheinander und verursacht mir Zeitaufwand und Kosten.

Fazit: Schlechter kann ein Unternehmen kaum für sich werben. Und eine so miserable Leistung gelingt mit so wenigen Sätzen.

Ein ähnlicher Fall:

Spar- und Darlehens-Casse . . .

Verlag für Organisation
und Personalführung GmbH
Bernauer Straße 842

8000 MÜNCHEN 60

Betrifft: Ihr Schreiben vom 26. März ds.J.

Sehr geehrte Herren!

Wir beziehen uns auf Ihr Schreiben, datiert vom 26.3. ds.J., das jedoch erst am 14.4. bei uns eingetroffen ist.

Die von uns am 11. Februar aufgegebene Bestellung über

Sammelwerk Organisation

ist noch immer in Evidenz. Eine Lieferung ist bis jetzt nicht bei uns eingetroffen.

Wir können daher Ihre Erinnerung nicht zur Kenntnis nehmen und müssen Sie gleichzeitig ersuchen, die noch offen gebliebene Lieferung raschest zu erfüllen.

Mit freundlichen Grüßen

Auch bei diesem Brief lohnt es sich, genauer hinzusehen. Argumentation? Stil? Aufmachung? Was meinen Sie dazu?

Entscheidend aber ist, wie im ersten Beispielfall, der Inhalt. Man will offenbar eine Rechnung nicht begleichen, weil die Ware noch nicht eingetroffen ist, und muß „gleichzeitig ersuchen, die noch offen gebliebene Lieferung raschest zu erfüllen“. Da die Ware jedoch tatsächlich schon Monate vorher vom Auftraggeber empfangen und der Empfang schriftlich bestätigt worden ist, dürfte die Aufforderung kaum Erfolg haben. Wahrscheinlich hat bei dieser Spar- und Darlehens-Casse, wie in der erwähnten Versicherungsorganisation, die Rechte nicht gewußt, was die Linke tat.

Wie gesagt: Mit falschen Fakten läßt sich schlecht richtig operieren.

Wir haben schon festgestellt, daß man sorgfältige Faktenerarbeitung im wesentlichen nicht lehren kann. Das ist vor allem eine Fleißaufgabe des einzelnen. Gar nicht so selten wird die Aufgabe des einzelnen allerdings auch durch eine schwache Organisation der Arbeitsabläufe erschwert.

Wenn man häufig Briefe sieht, die sowohl schlecht formuliert als auch inhaltlich falsch sind, kommt einem jedoch unwillkürlich ein Verdacht: Gibt es zwischen mangelhafter Sachbearbeitung und Organisation auf der einen Seite und mangelhafter Formulierung auf der anderen Seite womöglich doch irgendeine Verbindung? Aller Erfahrung nach gibt es sie. Die Klammer, die beides zusammenhält, heißt: Gedankenlosigkeit.

4.1.2 Angemessene Genauigkeit

In kurzen Werbetexten wird kaum jemand genaue und vollständige Informationen erwarten; solche Kurztexte sollen dazu anregen, anreizen, sich näher mit einer Sache zu beschäftigen. Dennoch, es gibt beträchtliche Unterschiede. Vergleichen Sie die beiden folgenden Werbetextfassungen:

1. Mit unserem Diktiergerät wird die Diktierarbeit zum reinen Vergnügen. Kein aufwendiges Stenografieren mehr! Kinderleichte Bedienung. Die Investition rentiert sich in kürzester Zeit.
2. Durch das Diktiergerät AXB wird die Diktier- und Schreibarbeit um rund 30 % billiger. 250 Briefe – und die Anschaffung hat sich bezahlt gemacht. Bitte prüfen Sie, ob diese Rechnung stimmt.

Ungefähr die gleiche Textmenge. Um wieviel genauer ist die zweite Fassung!

Um Genauigkeit geht es auch in dem nachstehenden Brief, den ein Fachjournalist von einem Auftraggeber nach jahrelanger Zusammenarbeit erhalten hat.

> Mit Ihrem Schreiben vom 24. September richteten Sie an mich die Bitte, in der fraglichen Angelegenheit eine Entscheidung zu treffen, und Sie betonten gleichzeitig, daß Sie diese Entscheidung auch sehr schnell benötigten. Ihre Bitte erscheint mir kennzeichnend für die Situation, in der sich diese Angelegenheit jetzt befindet.
>
> Unter den gegebenen Umständen und in Anbetracht des Zeitdrucks kann ich Ihnen heute leider keine positive Mitteilung

> machen. Was die zukünftige Entwicklung anbetrifft, so muß eine ausführliche Aussprache ergeben, ob eine Zusammenarbeit in der einen oder anderen Form weiterhin möglich sein wird.

Was glauben Sie, wie hat der Empfänger darauf reagiert? Er kam zu dem Schluß, daß es dem Partner mit einer weiteren Zusammenarbeit nicht ernst sei und er diesen Brief als Verzögerungstaktik werten müsse. Die Zusammenarbeit wurde beendet, obgleich nicht nur der Briefempfänger, sondern auch der Schreiber tatsächlich an der Fortführung interessiert gewesen sind.

Wie hätte der Briefverfasser den falschen Eindruck vermeiden können? Durch mehr Genauigkeit:

> Mir scheint, daß wir uns zunächst einmal gründlich aussprechen und erst dann weitere Entscheidungen treffen sollten. Wäre Ihnen eine solche Besprechung am . . . recht?

Anschließend soll ein Beispiel aus der Technik die Problematik der Ungenauigkeit noch einmal deutlich machen. Nehmen wir an, der Anbieter eines Textautomaten sagte in seinem Prospekt: Die Magnetbandkapazität beträgt 100 000 Zeichen. Er verschwiege aber, daß mit 200 Zeichen umfassenden festen Blocklängen gearbeitet wird, die durch einen Wagenrücklauf der Schreibmaschine bei der Eingabe ausgelöst werden. Dies würde bedeuten: Der Leser rechnet für jeden Fall mit einer Zeichenkapazität von 100 000, während er diese Kapazität in den meisten Praxisfällen gar nicht zur Verfügung hat. Zwei Beispiele:
1. Der Anwender speichert normale Briefzeilen von 65 Zeichen Länge, die ja jeweils durch einen Wagenrücklauf beendet werden (und jeder Wagenrücklauf belegt einen 200-Zeichen-Block!). Wie viele Zeichen faßt dann sein Magnetband? 100 000 : 200 x 65 = 32 500 Zeichen.
2. Der Anwender will Artikelbezeichnungen speichern, die durchschnittlich 25 Zeichen lang sind. Seine Speicherkapazität beläuft sich auf 500 x 25 = 12 500 Zeichen. Im ersten Fall ist also nur etwa ein Drittel, im zweiten Fall nur wenig mehr als ein Zehntel der Gesamtkapazität nutzbar.

Natürlich ist hier wieder die Frage nach der Wahrheit in der Werbung zu stellen. Zugleich sollte man aber in solchen Situationen auch öfter einmal über die Nasenspitze hinwegschauen. Warum auf dem Weg der Ungenauigkeit eine Tatsache verschleiern, die später im Verkaufsgespräch doch ans Licht kommt? Wäre es nicht besser, die Tatsache selbst anzusprechen und gleich ins r i c h t i g e Licht zu rücken? Würde man damit der Konkurrenz nicht den Wind aus den Segeln nehmen, statt ihr unfreiwillig Argumente in die Hand zu spielen?

Ähnliches kennen wir von den Benzinverbrauchangaben bei Autos. Da wird ein Kraftstoff-Normverbrauch von 7,5 oder 10,2 Litern angegeben. Man liest dann zwar, daß dieser Normverbrauch keineswegs mit dem Durchschnittsverbrauch identisch sei, aber die Hersteller rechnen wohl dennoch damit, daß der Leser zumindest den Eindruck gewinnt, der tatsächliche Verbrauch könne ja nicht weit entfernt davon liegen. Warum nennt man nicht realistische Zahlen für den Durchschnittsverbrauch, wie sie zum Beispiel vom ADAC ermittelt worden sind? Vielleicht gibt es einleuchtende Gründe dafür. Aber der Kunde kennt sie meistens nicht und reagiert daher mißtrauisch.

Die Beispiele lassen erkennen, daß es in unseren Texten nicht um absolute Genauigkeit geht, sondern um eine der Sachlage angemessene Genauigkeit. Die zu bieten, darum sollten wir uns im Interesse unserer Leser und im eigenen Interesse bemühen.

4.1.3 Angemessene Vollständigkeit

Im Jahr 1971 veranstaltete die Gesellschaft für Rationelle Textverarbeitung (damals noch: Arbeitsgemeinschaft Rationelle Korrespondenz) einen Textautomatentest. Fast alle Hersteller nahmen daran teil. Das Ergebnis wurde in der Fachzeitschrift „bürotechnik" (damals noch: bto), Ausgabe 7/71, veröffentlicht, in Textform und in Tabellenform.

Wer beschreibt das Erstaunen, als sich bald darauf in Hunderten von Verkaufsgesprächen, in Informationsschriften und Prospekten gleich mehrere Firmen zum „Sieger" erklärten – in einem Fall sogar mit hübsch gezeichnetem Siegerkranz! Das konnte doch nicht wahr sein! Wie war das möglich?

Der eine wies auf die niedrigsten Kosten hin, der andere führte die geringste Testzeit ins Feld, wieder ein anderer meinte, die kürzeste Schreibzeit sei maßgebend, und wieder ein anderer konnte sich auf die knappste Zeit für Texteingabe, Schreiben und Korrekturlesen berufen. Alle diese Angaben waren zwar nicht falsch, aber alle Beteiligten wußten, daß sie nur Teilergebnisse darstellten.

Ließen sich die Interessenten das denn gefallen? Viele ja, manche nein. Das Problem war: Die meisten wußten damals noch nicht viel über Textautomaten und hatten vor allem keine Erfahrung mit solchen Maschinen. Auf welche Daten kam es an?

Die Taktik des Verschweigens kann man ständig beobachten. Wer ein wirtschaftliches Auto mit geringem Anschaffungspreis an die Frau oder an den Mann bringen will, spricht gewöhnlich in seinen Anzeigen von der hübschen Form, von der praktischen Heckklappe und vom Geld.

Vom Beschleunigungsvermögen pflegt er nicht zu sprechen. Wer Fremdsprachenkurse, vornehmlich für höhere Töchter, verkaufen möchte, redet von den Berufsaussichten als Auslandskorrespondentin, Übersetzerin, Dolmetscherin. Davon, daß die meisten später Schreibkräfte mit Fremdsprachenkenntnissen werden müssen, weil sonstige Fachkenntnisse fehlen, davon ist nicht die Rede.

Wie bei Faktenrichtigkeit und bei Genauigkeit der Angaben geht es auch hier nicht allein um Trick und Taktik. Unvollständigkeit ist oft ebenfalls nur eine Folge von Unkenntnis und Bequemlichkeit.

Sind Sachbearbeiter denn wirklich so kenntnisarm und bequem, daß dies als Ursache für Fehler in den Faktenangaben erwähnt werden müßte? Manche Sachbearbeiter sind es, die meisten allerdings sind es nicht. Nur kommen sie häufig durch äußere Umstände in die Verlegenheit der Unkenntnis. Nach einem Arbeitsbereichs- oder Firmenwechsel wird man durchaus nicht immer vernünftig eingearbeitet; man muß sich selbst alles mühsam zusammensuchen und zusammenreimen. Oder ein Sachbearbeiter hat einen Kollegen zu vertreten, der Urlaub macht oder krank ist. Meistens kennt er sich in dessen Aufgabenbereich ein bißchen aus, aber ein bißchen ist eben nicht genug. Und schon gibt er Auskünfte, mündlich oder schriftlich, die ungenau, unvollständig oder sogar falsch sind.

Wie kann man sich davor schützen? Vorsichtig sein in solchen Situationen und – fleißig!

4.2 Ist der Text folgerichtig?

Es genügt nicht, mit richtigen Fakten zu operieren, man muß diese Fakten auch sinnvoll verknüpfen. Ein Beispiel:

> Sehr geehrte Herren,
>
> wir danken Ihnen für Ihren Brief vom 17. dieses Monats, bedauern jedoch, Ihnen mitteilen zu müssen, daß wir Ihren Auftrag nicht zu Ihren Bedingungen buchen können. Unsere Preise sind wirklich so eng kalkuliert, daß jeder weitere Nachlaß nur auf Kosten der Qualität möglich wäre, und wir sind sicher, daß dies nicht in Ihrem Interesse läge.
>
> Aus Ihrem Schreiben ersehen wir, daß mehrere unserer Mitbewerber eher geneigt sind, Ihnen entgegenzukommen, als wir. Wenn sie uns unterbieten, so geschieht dies ausschließlich, weil sie um jeden Preis mit Ihnen ins Geschäft kommen wollen. Da wir sehr bestrebt sind, Sie als unseren Kunden zu behalten, haben wir unsere Preiskalkulation noch einmal überprüft. Das Äußerste

was wir tun können, ist allerdings ein Sonderrabatt von 1 3/4 %. Dies können wir auch nur aufgrund des Auftragumfangs und unserer langjährigen guten Geschäftsbeziehungen verantworten. Jede weitere Preisermäßigung ist unmöglich, weil wir dabei zusetzen würden.

In der Hoffnung, daß Sie für unsere Situation Verständnis haben werden, sehen wir Ihrer Auftragsbestätigung entgegen.

Mit freundlichem Gruß

Der Verfasser behauptet erst, jeder weitere Preisnachlaß sei nur auf Kosten der Qualität möglich, gesteht dann aber trotzdem 1 3/4 % Sonderrabatt zu. Der Kunde darf sich jetzt aussuchen, ob er nun schlechtere Waren erwarten muß oder ob das Argument von der wirklich engen Kalkulation nur Gerede war. Wahrscheinlich wird ihm der zweite Gedanke als zutreffend erscheinen. Und damit ist die ganze Argumentation nicht folgerichtig, und das heißt auch: unglaubwürdig.
Die Folgerichtigkeit läßt auch im letzten Teil des zweiten Absatzes zu wünschen übrig. Der Sachbearbeiter hat offenbar doch das „dumme Gefühl", irgendetwas in seinem Text stimme nicht, er müsse den Sinneswandel von „Geht nicht" zu „Geht doch" ein bißchen begründen. Er beschließt, den Auftragsumfang und die gute, alte Geschäftsverbindung ins Feld zu führen. Wirksam? Kaum. Denn der Auftragsumfang war von Anfang an bekannt, und noch so gute Geschäftsbeziehungen würden ein Verlustgeschäft nicht aus der Welt schaffen, also auch nicht rechtfertigen können.

4.3 Übereinstimmung zwischen Informationsabsicht und Text

Unter „4. Auf den Inhalt kommt es an" stand das Nietzsche-Zitat „Den Stil verbessern – das heißt den Gedanken verbessern und nichts weiter". Ist dieses oft gebrauchte Wort mehr als ein Wunschtraum engagierter Deutschlehrer? Wenn ja: wieso?

Es ist notwendig, dieses Problem zu beleuchten, die Auffassungen dazu darzustellen, zum Nach- und Weiterdenken anzuregen. Wie hängen Denken und Sprachgebrauch zusammen? Die Beschäftigung damit gibt den Beispielen und Übungen unter 4.3.1 bis 4.3.24 zusätzliche Bedeutung.

Es gibt zwei Hauptmeinungen, die man so zusammenfassen kann:

1. Wir haben es mit zwei Tätigkeiten zu tun, mit dem Denken und dem Sprachgebrauch. Das „reine", sprachlose Denken ist die Grundaktivität, der Sprachgebrauch eine Folgeaktivität, die notwendig ist, um Gedachtes festhalten und weitergeben zu können. Die Sprache dient also nur dazu, schon Gedachtes in Worte zu fassen.

2. Der Sprachgebrauch ist vom Denken nicht trennbar. Denken ohne Sprachgebrauch gibt es nicht. Denken und Sprachgebrauch sind zwei Seiten derselben Sache.

Die erste Vorstellung ist die übliche. Aber das sagt nichts über ihre Richtigkeit. Einige Zitate mögen Zweifel wecken:

Johann Gottfried Herder (1744 - 1803): „Die menschliche Seele denkt mit Worten" – „Wir denken in der Sprache."

Friedrich Nietzsche: „Wir hören auf zu denken, wenn wir es nicht in dem sprachlichen Zwange tun wollen."

Benjamin Lee Whorf (1897 - 1941) wendet sich gegen die „Irrmeinung von der Beziehungslosigkeit zwischen Sprache und Denken": Die bestrittene Auffassung: „Das Sprechen sei nur ein beiläufiger Vorgang, der ausschließlich mit der Formulierung der Gedanken zu tun habe. Im Sprechen, beim Gebrauch der Sprache wird angeblich nur 'ausgedrückt', was im wesentlichen bereits nichtsprachlich formuliert war." Whorfs Überzeugung: „Man fand, daß das linguistische System (mit anderen Worten, die Grammatik) jeder Sprache nicht nur ein reproduktives Instrument zum Ausdruck von Gedanken ist, sondern vielmehr selbst die Gedanken formt . . ."

Ludwig Wittgenstein (1889 - 1951): „Irreführende Parallele: Der Schrei, ein Ausdruck des Schmerzes – der Satz, ein Ausdruck des Gedankens!" – „Wenn ich in der Sprache denke, so schweben mir nicht neben dem sprachlichen Ausdruck noch ‚Bedeutungen' vor." – „Wenn man nun fragte ‚Hast du den Gedanken, ehe du den Ausdruck hast?' – was müßte man da antworten? Und was auf die Frage: ‚Worin bestand der Gedanke, wie er vor dem Ausdruck vorhanden war?' " – „Die Grenzen meiner Sprache bedeuten die Grenzen meiner Welt."

Walter R. Fuchs in „Knaurs Buch der Denkmaschinen" über die moderne Sprachwissenschaft: „Ihre bemerkenswerteste ‚Entdeckung': Das Denken geschieht in der Sprache."

L. Wygotskij in „Denken und Sprechen": „Der Gedanke drückt sich nicht im Wort aus, sondern vollzieht sich darin. Man könnte deshalb vom Entstehen des Gedankens im Wort sprechen."

Zu denken geben mag auch dies: Untersuchungen an taubblind geborenen, aber sonst normalen Kindern haben erwiesen, daß ohne Spracherwerb auch keine geistige Entwicklung möglich ist. Das Problem bei diesen Kindern: Wie kann man ihnen ohne Laute und Schriftzeichen Sprachkenntnis vermitteln? Ein schwieriger Weg führt über den Tastsinn. Man muß ihnen beibringen, sich Wortbilder in der Form von Tastvorstellungen einzuprägen. Das im übertragenen Sinn gebräuchliche Wort „begreifen" gewinnt hier seine ursprüngliche Bedeutung zurück, ohne die übertragene Bedeutung zu verlieren: begreifen = tastend erkennen.

Adam Schaff in „Sprache und Erkenntnis“: „Denken und Gebrauch der Sprache muß man auffassen als zwei Seiten eines einzigen, einheitlichen Prozesses der menschlichen Welterkenntnis, der Reflexion über die Erkenntnis und auch die Selbsterkenntnis und der Mitteilung der Ergebnisse dieser Erkenntnis an andere. Indem man den Vergleich DE SAUSSURES zu Hilfe nimmt, der sich auf die Einheit von Laut und Bedeutung im Wort bezieht, könnte man sagen, daß der Gebrauch der Sprache und das Denken gleichsam die zwei Seiten eines Blattes Papieres sind: Man kann nicht die eine Seite abschneiden, ohne gleichzeitig die andere zu beschädigen.“

Zurück zum Ausgangspunkt! Wenn das Denken ohne Sprachgebrauch, eine Art „reinen“ Denkens, ein isolierbarer Grundvorgang und der Sprachvorgang nur ein Folgevorgang zum Ausdrücken, zum Festhalten und Weitergeben der Gedanken wäre, dann dürfte man den Nietzsche-Satz höchstens so verstehen: Die Arbeit am Ausdruck der bereits vorher gedachten Gedanken kann rückwirkend auch noch ein wenig die inhaltliche Seite beeinflussen. Aber, erinnern wir uns, das hat Nietzsche nicht behauptet. Seine These lautete ja: „Den Stil verbessern – das heißt den Gedanken verbessern und n i c h t s w e i t e r.“ Dies wäre zutreffend, wenn Denken und Sprachgebrauch e i n e n Vorgang bildeten. Es spricht viel dafür, daß das so ist.

Gehen wir einen Schritt weiter!

Der Logiker J. M. Bochenski schreibt in seinem Buch „Wege zum philosophischen Denken“: „Was ist das Denken? Ganz allgemein nennt man Denken jede Bewegung in unseren Vorstellungen, Begriffen undsoweiter. Zum Beispiel wenn mich jemand fragt: ‚Woran denkst du?‘, so antworte ich etwa: ‚Ich denke an mein Elternhaus.‘ Das heißt aber, daß mir in meinem Bewußtsein Bilder, Erinnerungen und ähnliches in irgendeiner Weise vorschweben und nacheinander folgen. Die allgemeinste Definition des Denkens lautet also: eine Bewegung der Vorstellungen und Begriffe.“

In seinem Buch „Logisch denken“ verspricht A. B. Roels: „Denken ist Ordnen der Wirklichkeit.“

Beim Vergleich dieser beiden Aussagen drängt sich die Frage auf: Sollte jenes Vorschweben von Bildern, Erinnerungen und ähnlichem, das Bochenski beschreibt, die Wirklichkeit ordnen können?

Daß dies nicht der Fall sein kann, dessen ist sich auch Bochenski bewußt, und er fügt daher seiner Definition des Denkens hinzu: „Das wissenschaftliche Denken ist aber nicht irgendein Denken. Es ist ein ernstes Denken. Dadurch meinen wir erstens, daß es diszipliniert ist, daß ein ernst denkender Mensch seinen Begriffen und Vorstellungen nicht die Freiheit läßt, ihm vorzuschweben, sondern sie streng zu seinem Ziele führt. Und zweitens meinen wir, daß das Ziel ein Wissen ist. Das wissenschaftliche, ernste Denken ist ein diszipliniertes, auf Wissen gerichtetes Denken."

Man möchte dem Autor zustimmen, wird aber das Gefühl nicht los, daß die Unterscheidung, die er trifft (irgendein Denken – wissenschaftliches Denken) sehr vage bleibt. Vielleicht kommen wir der Sache von einer anderen Seite näher.

Wissenschaftliches Denken kommt nicht ohne Fixierung dieses Denkens aus. Was einer denkt, muß für ihn selbst und andere in genauer Weise wiederholbar sein; erst dann wird es ja diskutierbar, verwertbar.

Nun sind aber Fixierungen von Denkvorgängen keine Tätigkeiten mehr, sondern „Gegenstände", nämlich einerseits sprachliche Gebilde, Gedanken andererseits. (Ludwig Wittgenstein: „Der Gedanke ist der sinnvolle Satz".)

Hier scheidet sich also Denken vom Gedanken. Jenes kann vorschwebend, undeutlich, sprunghaft bleiben: dieser ist klar und genau. Jenes entsteht unwillkürlich, fortwährend, in uns: dieser willkürlich, ausnahmsweise, außer uns. Jenes ist ein organischer Vorgang, dieser – ein „Ding", wie Hausbauen eine menschliche Tätigkeit, das gebaute Haus aber ein außermenschliches Gebilde ist, das von der Tätigkeit, durch die es wurde, gelöst existiert.

Nun ist einzuwenden, daß auch Gedanken, festgehaltene Sätze also, oft unlogisch seien, ebenso wie es das Denken ist. Stimmen Denken und Gedanke hier nicht wiederum überein?

Jemand schreibt: „Da diese Broschüre restlos vergriffen ist, können wir Ihnen nur fünf Exemplare zur Verfügung stellen." Wenn wir einen solchen Satz lesen, sind wir mit dem Urteil schnell bei der Hand: Der Schreiber kann nicht logisch denken. Wir erklären das, obgleich wir sonst die Meinung betonen, logisch denken könne jeder vernünftige Mensch. Falls wir uns die Sache mit der Broschüre genauer überlegen, werden wir unser Urteil mildern, indem wir sagen: Der Schreiber ist in diesem Fall nicht fähig gewesen, logisch zu denken. Das aber glauben wir beweisen zu können. Die beiden in dem zitierten Satz enthaltenen Aussagen stehen im Widerspruch zueinander, denn wenn man fünf Exemplare zur Verfügung stellt, kann die Broschüre nicht restlos vergriffen sein, und wenn die Broschüre restlos vergriffen ist, kann man nicht fünf Exemplare zur Verfügung stellen. Eins schließt das andere aus.

Hat der Schreiber wirklich unlogisch gedacht? Sicher ist, daß er die Unlogik des Satzes schnell einsähe, wenn wir ihn darauf aufmerksam machten. Fragen wir deshalb zunächst: Wie kommt es, daß der Schreiber einen Satz formuliert hat, dessen Unlogik er leicht selbst erkennen kann? Es ist zum Beispiel so erklärbar:

Man bittet den Schreiber, eine gewisse Anzahl von Exemplaren der Broschüre zur Verfügung zu stellen, zum Beispiel zehn. Da er nur fünfzehn Exemplare hat, von denen zehn schon für einen anderen Zweck bestimmt sind, kann er nicht mehr als fünf abgeben. Seine Absicht und sein Wunsch ist es nun, den Bittenden von seinem guten Willen und von dem unübersteigbaren Hindernis zu überzeugen. Der Bittende soll nicht den Eindruck gewinnen, der Gebetene wolle ihm das Gewünschte nicht geben, sondern er soll ohne Zweifel glauben, daß man ihm das Gewünschte aus sachlichen Gründen nicht geben kann. Das Streben, dies glaubhaft zu machen, verführt den Schreiber zu einer Formulierung, die jeden Zweifel daran, daß die Übermittlung von zehn Exemplaren unmöglich ist, ausschließt: „Da diese Broschüre restlos vergriffen ist . . ."
Gedacht hat der Schreiber ungefähr: Ich kann dem Bittenden bei bestem Willen nicht mehr als fünf Exemplare geben. Und weiter: Ich muß ihn davon wirklich überzeugen. Aus diesen Überlegungen heraus formuliert er den zitierten Satz, aber – und das ist entscheidend – ohne ihn in seiner tatsächlichen Aussage zu denken, das heißt, ohne ihn überhaupt zu denken. Er denkt diesen Satz zum ersten Mal dann, wenn ihn ein anderer auf dessen Unlogik aufmerksam macht. Nein, er versucht es nur, und indem er es versucht, erkennt er die Unlogik und stellt er fest, daß dieser Satz, eben wegen seiner Unlogik, überhaupt nicht denkbar ist.
Es hat demnach den Anschein, daß unlogische Sätze nicht dadurch entstehen, daß ihre Urheber sie denken, sondern dadurch, daß sie Sätze aussprechen oder schreiben, die sie nicht gedacht haben, die etwas anderes sind als das, was sie gedacht haben.

Wenn der Schreiber, wie wir annehmen dürfen etwa gedacht hat: „Ich kann dem Bittenden höchstens fünf Exemplare geben", und: „Ich muß ihn davon überzeugen", so ist sein Denken logisch gewesen. Was dennoch einen unlogischen Satz hervorgerufen hat, ist, daß das Spinnen des Denkfadens beendet wurde, bevor der Faden lang genug war, das Ziel zu erreichen. E i n Gedanke hat noch gefehlt, und an dessen Stelle hat der Schreiber eine ungefähr in die Gegend des Sachverhalts zielende sprachliche Wendung gesetzt, ohne sie zu denken.

Prüfen wir diese Erkenntnis nun an einer zweiten Aussage, die wesentlich anders geartet ist als die erste. Sie stammt aus einer Abendzeitung und lautet: „Ein Italiener war es, Tazio Nuvolari, der den Spruch geprägt hat: 'Einmal erwischt es uns alle!' Und in Italien wurde nun diese aus einer echten Leidenschaft für diesen harten Männersport zu erklärende Prognose nun auch für Wolfgang Graf Berghe von Trips zum tödlichen Verhängnis." Wir sehen von allen sprachlichen Mängeln ab und konzentrieren uns auf einen bestimmten Punkt, nämlich darauf, daß eine Prognose zur Ursache für den Tod eines Rennfahrers gestempelt wird. Verkürzen wir den Satz, um das deutlicher zu machen: Diese Prognose wurde von Trips zum tödlichen Verhängnis.

Man darf davon überzeugt sein, daß sich der tödliche Unfall nicht als Folge der Prognose, sondern als Folge ungünstiger Umstände ereignet hat. Die Aussage ist also unwahr, denn sie ist keine Darstellung des wirklichen Sachverhalts. Sachverhalt und Aussage stimmen nicht überein.

Ist die Aussage aber auch unlogisch? Nein. Es ist denkbar, daß jemand glaubt, es sei etwas der Aussage Entsprechendes eingetreten, weil irgendjemand irgendetwas ausgesprochen habe. Wir kennen diese Auffassung aus den Redewendungen, daß man den Teufel nicht an die Wand malen und daß man ein Unglück nicht heraufbeschwören solle, denn wenn man es tue, könne es gut sein, daß es eben deshalb geschehe. Die Feststellung, daß die Prognose den Unfall verursacht habe, ist also nicht unlogisch, sie ist nur unserer und wahrscheinlich auch des Schreibers Meinung nach nicht wahr.

Wieder fragen wir uns: Warum hat der Journalist einen Satz geschrieben, der nicht seiner Meinung entspricht, einen Satz, der diesmal zwar in sich logisch, aber wie beim ersten Beispiel unwahr ist? Den Fall, daß er uns etwas glauben machen wollte, was nicht zutrifft, dürfen wir ausschließen. Den Grund finden wir an anderer Stelle. Als der Journalist von dem Unfall gehört hat, ist ihm vermutlich schlagartig der Ausspruch Tazio Nuvolaris eingefallen: „Einmal erwischt es uns alle!" Er hat nun zweierlei gedacht: von Trips tödlich verunglückt – einmal erwischt es uns alle. Es hätte jetzt ein Gedanke folgen müssen, der die Art des Zusammenhangs zwischen den beiden ersten Gedanken darstellt, nämlich: An dem Unfalltod des Grafen Berghe von Trips hat sich Tazio Nuvolaris Ausspruch wieder einmal bewahrheitet. Leider hat der Berichterstatter diesen Schlußgedanken nicht gedacht, denn sonst hätte er in dieser oder ähnlicher Form in der Zeitung gestanden. Er hat sich vielmehr damit begnügt, den Zusammenhang zwischen Ausspruch und Unfalltod ohne Klärung der Art des Zusammenhangs zu denken. Hätte er geschrieben, was er wirklich gedacht hat, so wäre alles in Ordnung gewesen. Es hätte dann etwa geheißen: „Als ich die Nachricht vom Tode Wolfgang Graf Berghe von Trips erhielt, durchzuckte es mich: ‚Einmal erwischt es uns alle!' – Tazio Nuvolari!" Zum Schaden des Berichts hat der Journalist jedoch sprachlich die Art des Zusammenhangs zwischen Ausspruch und Unfall definiert, während er es gedanklich nicht getan hat. Er hätte diese Definition ja auch gar nicht denken können, denn sie widerspricht seiner Meinung. Nur deshalb, weil er zu der Art des Zusammenhangs zwischen zwei Ereignissen überhaupt keinen Gedanken gehabt hat, hat er einen Satz schreiben können, der von seiner Meinung wesentlich abweicht.

Die Beispiele weisen darauf hin, daß nur eine sinnvolle Aussage gedacht werden kann, daß also eine sinnwidrige Aussage nicht gedacht, sondern durch mechanischen Wortgebrauch gemacht wird. Daher Ludwig Wittgensteins These: „Der Gedanke ist der sinnvolle Satz." Das heißt: Gedanke und sinnvoller Satz sind identisch. Und daraus folgt: Sinnwidriger Satz und Gedanke sind nicht identisch, sie schließen einander aus.

Ein unlogischer Satz oder ein Satz, der nicht ausdrückt, was er ausdrücken soll, ist zwar im Sinn des Denkens als eines Vorschwebens, nicht aber im Sinn des Wortdenkens, im Sinne der Wittgensteinschen These gedacht, nach welcher der Gedanke nicht nur Satz, sondern sinnvoller Satz ist.

Die Kluft zwischen dem Denken und dem Gedanken, wie anfangs erkannt, wird dadurch verändert: Es gibt, ausnahmsweise, Denkakte, die dem Gedanken als einem sinnvollen Satz entsprechen; es gibt aber auch Gedanken, die zwar als Satz, nicht aber als sinnvoller Satz formuliert sind. Der Unterschied zwischen dem eigentlich gedachten und als sinnvoller Satz formulierten Gedanken einerseits und dem scheinbar gedachten, wirklich aber nur vorschwebenden und als Satz formulierten Gedanken andererseits verlangt neue Begriffe: den des Satzgedankens und den des Vor-Satzgedankens, dementsprechend, auf die Quellen weisend, den des Satzdenkens und den des Vor-Satzdenkens.

Der Vor-Satzgedanke ist im Sinne des Satzgedankens – „Der Gedanke ist der sinnvolle Satz" – nicht denkbar, er ist, nach der gegebenen Definition lediglich vorsatzdenkbar.

Sicherlich werden sich diese Begriffe – Satzgedanke, Vor-Satzgedanke, Satzdenken, Vor-Satzdenken – nicht in unserer Alltagssprache einführen lassen, sondern wir werden weiterhin nur vom Gedanken und vom Denken sprechen. Aber, wer denkt – satzdenkt! –, wird sich unter verschiedenen Umständen bei diesen einfachen Begriffen des Gedankens und des Denkens Verschiedenes denken. Der Satz „Denken und Denken ist zweierlei" wird ihm keine Phrase und auch kein vordergründiger Hinweis auf kluges und weniger kluges Denken mehr sein, sondern – ein Allgemeinplatz, dessen Pflaster er aufgerissen hat und von dem daher weiß, daß er es in sich hat.

Vor dem Hintergrund der aufgespaltenen Begriffe des Denkens und des Gedankens gewinnt eine Stelle aus „Heine und die Folgen" von Karl

Kraus erweiterte Bedeutung. Die Stelle lautet: „Denn wie eigene Gedanken nicht immer neu sein müssen, so kann, wer einen neuen Gedanken hat, ihn leicht von einem andern haben." Der Satz „Denken und Denken ist zweierlei" mag zur Erläuterung dienen, denn er erlaubt die Frage, wer der Autor sei: der ihn zuerst formuliert und dem dabei vorgeschwebt hat, es gebe kluges und weniger kluges Denken, oder der ihn wiederholt und ihm, seinen Wortsinn denkend, die Unterscheidung zwischen Satz- und Vor-Satzdenken entlockt hat? Karl Kraus selbst hat für solches Wort- und Satzdenken Beispiele über Beispiele gegeben: „Umgangssprache entsteht, wenn sie mit der Sprache nur so umgehn; wenn sie sie wie das Gesetz umgehen; wie den Feind umgehen; wenn sie umgehend antworten, ohne gefragt zu sein. Ich möchte mit ihr nicht Umgang haben; ich möchte von ihr Umgang nehmen; die mir tags wie ein Rad im Kopf umgeht; und nachts als Gespenst umgeht."

Den Schritt vom Denken zur Schaffung des Gedankens als eines für andere greifbaren und nachdenkbaren Gebildes nennt man häufig „Kodierung". Das Sprachsystem mit seinen Zeichen und Verknüpfungsregeln ist der Kode, den die Partner benutzen, um sich zu verständigen. Natürlich kann diese Verständigung nur einwandfrei funktionieren, soweit die Partner den Kode beherrschen und richtig kodieren. Fehlkodierungen haben negative Folgen. Wie negativ die Folgen sind, hängt von der Art der Fehlkodierungen ab. Man kann verschiedene Kodierungsebenen unterscheiden.

1. Phonologisch-morphologische Kodierung – Aussprache und Schreiben.

   Beispiel: Jemand spricht das Wort „Feedback" falsch aus oder schreibt „Die Hüpotek ist kündbar".

   Folge: Ungünstiger Eindruck. Man hält den Sprecher oder Schreiber für unwissend, ungebildet.

2. Syntaktische Kodierung – Satzbildung

   Beispiel: „Angefüllt mit edlem Rheinwein, überreiche ich Euer Exzellenz diesen Becher."

   Infolge des falschen Bezugs von „Angefüllt" auf „ich" drückt der Satz etwas aus, was nicht gemeint war. Lacherfolg.

3. Semantische Kodierung – Bedeutungswahl.

   Beispiel: „Diese Dienstzeiten sind grundsätzlich anrechenbar." (Gemeinter Inhalt: Diese Dienstzeiten werden angerechnet.)

   Folge: Unsicherheit, Mißverständnisse.

Zusammengefaßt: Kodierungsfehler können Formfehler sein, sie können aber auch die Verständlichkeit erschweren oder sogar zu Texten führen, die etwas anderes ausdrücken, als gemeint ist.

Diesen Konsequenzen entsprechend läßt sich das Thema „Kodierung" sowohl unter „Inhalt" als auch unter „Darstellung" („Verständlichkeit" und „Normgerechtheit") behandeln. Da der Inhalt das Wichtigste ist, habe ich mich in dieser Richtung entschieden.

Die folgenden Fehlerbesprechungen sollen als Denk- und Nachdenkübungen verstanden werden. Zugleich finden Sie das Typische eines Fehlers betont, so daß Sie das Wesentliche des Fehlers erkennen und ihn, über den Einzelfall hinaus, in einer Art offenen Systems einordnen können. „Offenes System" deshalb, weil es kaum möglich ist, alle denkbaren Fehler zusammenzutragen, und schon gar nicht möglich ist, sie auf den hier verfügbaren Seiten unterzubringen. „Offenes System" auch deshalb, weil Sie mit dieser Grundlage leicht imstande sind, das System mit eigenen „Funden" zu bereichern und zu vervollständigen.

Die Übungstexte zu 4.3 geben Ihnen Gelegenheit, Ihr Verständnis für solche Kodierungsfehler und Ihre Korrigierfähigkeiten zu testen.

4.3.1 Anschluß suchen und finden

Anschlüsse zu verpassen ist nicht das Vorrecht eiliger Reisender. Auch Sprachbenutzer nehmen an dieser unfreiwilligen Praxis teil, nur daß sie es, im Gegensatz zu ihren trauernd am Bahnsteigrand zurückgelassenen Mitbürgern, meistens nicht merken.

Ein Journalist schrieb über „Das Dreigestirn der deutschen Chemie":

> „Die Vergleichbarkeit der Gewinn- und Verlustrechnungen wird ferner dadurch wesentlich eingeschränkt, als die BASF sich weigert, die Steueraufwendungen aufzuschlüsseln."

Der Vergleich läßt sich weiterführen: Während die Reiselustigen eilen, weil sie den richtigen Zug erreichen müssen, erreichen die Sprachlustigen das falsche Wort, weil sie eilen müssen. Jedenfalls behaupten manche von ihnen gern und immer wieder, daß all ihr Sprachübel von der gebotenen Eile herrühre. Um dieser Entschuldigung vorzubeugen, hat denn auch der Heilige Vater eine Vielzahl von Journalisten, die über ein Konzil berichten wollten, einmal ermahnt, die Wahrheit gegenüber der Eile nicht zu kurz kommen zu lassen.

Vom Allgemeinen zurück zum Besonderen. Natürlich muß es in dem zitierten Satz heißen: „. . . dadurch wesentlich eingeschränkt, daß . . ."

Oder, wenn einem das belehrende „als" lieber als das konstatierende „daß" gewesen sein sollte: „... insofern wesentlich eingeschränkt, als die ..."

Ähnliche Schwierigkeiten hatte jemand, als er in seinem Artikel „Marktforschung und Unternehmensführung" schrieb: „In diesem Zusammenhang sei darauf hingewiesen, wie oft man zu berücksichtigen hat, daß ein Unterschied zwischen dem Käufer und dem eigentlichen Verwender einer Ware besteht." Allerdings können wir zu seinen Gunsten unterstellen, d a ß er gemerkt hat, d a ß bei korrekter Ausdrucksweise zwei durch „daß" eingeleitete Sätze einander gefolgt wären. Sein Irrtum lag dann nur darin, anzunehmen, das eine „daß" lasse sich mühe- und reibungslos durch irgendeine andere Konjunktion ersetzen, zum Beispiel durch „wie". Wenn wenigstens das scharfe, ein „daß" wie magnetisch anziehende „darauf hingewiesen" nicht gewesen wäre! So hätte er schreiben können:

„In diesem Zusammenhang sei daran erinnert, wie oft man zu berücksichtigen hat, daß ein Unterschied zwischen dem Käufer und dem eigentlichen Verwender einer Ware besteht."

Der Bruch zwischen dem Tätigkeits- und dem zugehörigen Bindewort wäre minimal gewesen.

Will man den genannten Satz korrigieren, so geht man am besten nicht vom Wortlaut, sondern vom Gedanken aus. Die eigentliche Aussage steckt in dem durch „daß" angeschlossenen Objektsatz. Der Rest ist Beiwerk, das auch so anfügbar wäre:

„Zwischen dem Käufer und dem eigentlichen Verwender einer Ware besteht ein Unterschied. Darauf sei in diesem Zusammenhang hingewiesen, denn man hat das oft zu berücksichtigen."

Gerade dieser Fassung merkt man an, wie wenig die Nebenaussagen hergeben, die in der Originalformulierung den Hauptsatz und den ersten Nebensatz füllen. Und wir entdecken auch, daß das „oft" des ursprünglichen wie-Satzes gar nichts in ihm zu suchen hat. Oder besteht zwischen dem Käufer und dem eigentlichen Verwender einer Ware grundsätzlich ein Unterschied? Klarer gefragt: Ist der Käufer einer Ware immer auch der Verwender? Doch wohl nicht. Sondern – er ist es nur oft.

Auch diese Übersetzung des daß-Satzes macht deutlich, wie ungenau hier alles gedacht ist. Wenn nämlich gesagt wird, zwischen dem Käufer und dem eigentlichen Verwender einer Ware bestehe ein Unterschied, so drückt man doch aus: Der Käufer einer Ware unterscheidet sich von ihrem Verwender. Die beabsichtigte Aussage war jedoch: Der Käufer einer Ware ist nicht immer der eigentliche Verwender. Es geht darum, ob Käufer und Verwender einer Ware identisch sind, nicht aber darum, ob sich nicht-identische Käufer und Verwender einer Ware voneinander unterscheiden.

Sobald das, was ein Satz ausdrückt, und das, was er ausdrücken soll, geklärt ist, fällt das Korrigieren leicht. Ein Vorschlag für diesen Fall: „In diesem Zusammenhang sei darauf hingewiesen, daß oft der Käufer einer Ware nicht ihr Verwender ist."

Zu betonen, daß man diesen Sachverhalt zu berücksichtigen habe, ist überflüssig.

Eine Tageszeitung, stolz auf ihren Sportteil, verpaßte dennoch einmal sportlich den Anschluß, indem sie von Toni Turek, dem „Torwart mit der aufreizenden Bierruhe aus Düsseldorf" berichtete. Sicherlich wollte sie nicht behaupten, daß Düsseldorf die Stadt der aufreizenden Bierruhe sei, sondern lediglich, daß Toni Turek, der Mann mit der aufreizenden Bierruhe, aus Düsseldorf komme. Demnach wäre richtig gewesen: „Toni Turek aus Düsseldorf, der Torwart mit der aufreizenden Bierruhe . . ."

Oder spannender: „Der Torwart mit der aufreizenden Bierruhe – Toni Turek aus Düsseldorf . . ."

Der beinahe typischen Schludrigkeit von Fernkurs-Instituten, die Schriftsteller ausbilden möchten, begegnen wir in dem Prospekt eines Münchener Versandhauses. Dort heißt es:

„Aber diese Eigenschaften müssen Sie im Übermaß besitzen, und sie sind selten: Ausdauer, Klugheit, ein Ziel und Zeit."

Natürlich ist es auch diesen Könnern nicht genug, daß jemand Eigenschaften hat: er muß sie besitzen. Aber, das Wichtigere: S i n d denn ein Ziel und Zeit Eigenschaften? Falsche Begriffszuordnungen also. Hoffen wir, daß es die Schriftsteller, die aus dieser Ausbildung hervorgehen, o b w o h l sie daraus hervorgehen, besser machen.

4.3.2 Kleine Verwechslungen

Werbetexte sollen meistens glatt, verblüffend, überzeugend und zugleich sehr einfach sein. Hier ist eine solche einfache Aussage über ein Auto:

„Der neue XY ist schöner denn je!"

Lösen wir die schlagwortartige Form in einen Satz auf: Der neue XY ist schöner denn je. Oder: Der neue XY ist schöner, als er je war. Stärker erweitert: Der neue XY, der jetzt geliefert werden kann, ist schöner, als er je war.

Die Aussage enthält zwei Behauptungen: Wir bieten einen neuen XY an, und dieser neue XY ist schöner, als er je war. Darin liegt ein Widerspruch, denn wenn der angepriesene XY wirklich neu ist, kann er nicht schöner denn je, sondern nur schöner als der alte, als das vorher angebotene Modell sein. Dadurch daß sich „schöner denn je" hier auf den neuen XY bezieht, während es den neuen und den alten XY vergleichen müßte, dadurch wird die Aussage unlogisch.

Zur Beseitigung der Unlogik hat man zwei Möglichkeiten. Erstens: „Der neue XY – schöner als der alte!" Zweitens: „Der XY – schöner denn je!" Sie erkennen sofort, daß die zweite Fassung vorzuziehen ist. Die erste hat wenig werbenden Klang und erinnert daran, daß die alten XY-Modelle Mängel gehabt haben müssen, die in dem neuen Modell überwunden sind. Überwunden sein sollen! Denn der skeptische Interessent fragt sich, wenn er eine solche Formulierung liest: Den alten XY hat man ja auch in den Himmel gelobt, und jetzt stellt sich heraus, daß doch so manches hätte besser sein können; ob die Leute nicht diesmal wieder übertreiben? Die zweite Fassung ist dagegen nicht nur logisch, sondern auch werbend. Man sagt: Der XY! Und das heißt: Der XY ist eben ein Begriff. Und aus „schöner denn je" geht eindeutig hervor, daß man das bekannte Modell noch verbessert hat.

In einem Bericht ist von kompletter Zusammenstellung der Werbeaktionen die Rede. Es ist also zusammengestellt worden, aber was? Können die Werbeaktionen Objekt der Handlung, Objekt des Zusammenstellens sein? Natürlich nicht. Gemeint ist, daß man Unterlagen über die Werbeaktionen zusammengestellt hat. Diese Unterlagen sagen, welche Werbeaktionen unternommen worden sind, und dadurch, daß man diese Werbeaktionen nebeneinander dargestellt sieht, gewinnt man einen Eindruck der gesamten Werbebemühungen und Werbeleistungen. Auch hier ist der eigentliche Gegenstand der Handlung, das Aktenmaterial, verwechselt worden, diesmal mit dem, worüber das Aktenmaterial berichtet, mit Aktionen, Tätigkeiten. Wie könnte man Tätigkeiten zusammenstellen?

Zusammenstellungen scheinen des öfteren zu Bequemlichkeit im Denken zu verlocken. Wir lesen: „In der vorliegenden Musterkarte veranschaulichen wir eine umfangreiche Zusammenstellung von Modetönen." Diesmal wird zwar nicht zusammengestellt, sondern veranschaulicht, dafür aber eine Zusammenstellung veranschaulicht. Läßt sich eine Zusammenstellung veranschaulichen? Ja: Indem in geschickter Weise, zum Beispiel graphisch, die Form einer komplizierten Zusammenstellung verdeutlicht wird. Doch das war nicht gemeint, und deshalb ist die Aussage schief. Nicht eine Zusammenstellung, sondern Modetöne hat man veranschaulicht, wahrscheinlich durch Muster. Der Satz hätte demnach heißen sollen: „In der vorliegenden Musterkarte haben wir viele Modetöne veranschaulicht.“ Oder: „Die vorliegende Musterkarte enthält eine umfangreiche Zusammenstellung von Modetönen.“

Schwerer zu durchschauen ist der folgende Fall: „Allgemein soll die Flottentemperatur jeweils um etwa 1 Grad Celsius pro Minute bis unterhalb 50 ° C gesenkt werden, was durch vorsichtigen Zulauf an kaltem Spülwasser unter stetiger, wechselseitiger Flottenzirkulation durchzuführen ist.“ Nehmen wir zwei kleine Schwächen vorweg. In einer Beschreibung technischen Inhalts sollte man nicht einmal „Grad Celsius“ und einmal „° C“ schreiben, schon gar nicht in ein und demselben Satz. Für „Zulauf an kaltem Spülwasser“ schreibt man „Zulauf kalten Spülwassers“ oder, weil dies ein wenig gespreizt klingt, „Zulauf von kaltem Spülwasser“.

Doch nun zur Logik. Es wird von vorsichtigem Zulauf von kaltem Spülwasser gesprochen, und das geht nicht. Vorsichtig kann der deutsche Bundeskanzler im Gespräch mit anderen Staatsmännern sein, Sie können vorsichtig sein, ich kann es sein, nicht aber ein Ding und noch weniger ein Vorgang. „Vorsichtig sein“ heißt achtsam sein, sich vorsehen bedeutet: sich in acht nehmen, sich vor Schaden hüten. Und das setzt immer ein denkendes Wesen voraus.

Auszudrücken war, daß man vorsichtig kaltes Spülwasser zulaufen lassen solle, und zwar „vorsichtig“ im Sinne von „langsam“. Aber anstatt dieses „vorsichtig“ auf eine Person zu beziehen, band man es an ein Geschehen, indem man die Person versteckte und das zu ihrer Satzaussage „zulaufenlassen“ gehörende Umstandswort „vorsichtig“ als Eigenschaftswort mit dem Zulauf verknüpfte.

Korrigieren wir: „Im allgemeinen soll die Flottentemperatur durch langsames Zugeben von kaltem Spülwasser bei stetiger, wechselseitiger Flottenzirkulation um etwa 1 °C/min bis auf weniger als 50 °C gesenkt werden.“

Gehen wir in unserem Streben nach Genauigkeit noch einen Schritt weiter. In einem Aufsatz über Feinstahl- und Drahtwalzwerke steht: „Weitere Forderungen der Verbraucher waren kürzere Verlustzeiten und wesentlich engere Maßabweichungen.“ Haben die Verbraucher Verlustzeiten und Maßabweichungen gefordert? Wer würde das fordern! Und doch wird es gesagt. Man fordert Verlustzeiten und Maßabweichungen, wozu nur ergänzt wird, wie sie beschaffen sein sollen. Die Objekte der Forderung sind Verlustzeiten und Maßabweichungen; sie sollten sein: Kürzung (der Verlustzeiten) und wesentliche Verminderung (der Maßabweichungen).

Ganz ähnlich ist diese Aussage: „Um das Drehmoment in möglichst tragbaren Grenzen zu halten, wird die Entfernung der Messerschneiden an der Seite klein ausgeführt, an der sich die Schneiden näher gegenüberstehen. Dadurch ergibt sich bei geöffneter Schere einseitig eine begrenzte Bewegungsfreiheit der durchzuschiebenden Bleche. Bei nicht eben liegenden Blechen stößt dann leicht das nach oben gerichtete Ende gegen das Obermesser.“

Was ergibt sich? Bewegungsfreiheit, also genau das, was man gebrauchen könnte, denn man möchte durch sie vermeiden, daß die durchzuschiebenden Bleche an das Obermesser stoßen. Selbst wenn sich nur eine begrenzte Bewegungsfreiheit erzielen ließe, wäre das vielleicht schon wertvoll, denn möglicherweise würde sie ausreichen. Daß sie das nicht tut, sagt uns der letzte Satz, und wir merken, daß aus der geringen Entfernung der Messerschneiden voneinander nicht – was gut wäre – eine begrenzte (wenn auch begrenzte) Bewegungsfreiheit, sondern – leider – eine Begrenzung der Bewegungsfreiheit resultiert. Der Satzaussage „ergibt sich“ ist mit „Bewegungsfreiheit“ ein falscher Gegenstand zugeordnet; der richtige wäre „Begrenzung“ gewesen.

Beim Berichtigen der Aussage wollen wir gleich einige andere Schwächen mit berücksichtigen. Grenzen trägt man nicht, also sind sie auch nicht tragbar, wie ein Eimer Wasser: sie sind erträglich und man wünscht sie sich nicht möglichst erträglich, sondern einfach erträglich.

Statt „die Entfernung der Messerschneiden klein auszuführen“ sagen wir lieber „die Messerschneiden in geringem Abstand voneinander anordnen.“ Der Nebensatz „an der sich die Schneiden näher gegenüberstehen“ bezieht sich auf Seite, wird aber durch „klein ausgeführt“ davon getrennt. Wir fügen ihn ein und ersetzen in ihm „näher“ durch „nah“. Daß uneben liegende Bleche nicht mit dem nach unten gerichteten Ende gegen das Obermesser stoßen, ist selbstverständlich, also der Hinweis, daß es mit dem nach oben gerichteten Ende geschehe, überflüssig. So verändert lautet die ganze Aussage: „Um das Drehmoment in erträglichen Grenzen zu halten, werden die Messerschneiden an der Seite, wo sie sich nah gegenüberstehen, in geringem Abstand voneinander angeordnet. Daraus ergibt sich allerdings bei geöffneter Schere einseitig eine Begrenzung der Bewegungsfreiheit für die durchzuschiebenden Bleche (oder: Dadurch wird die Bewegungsfreiheit der durchzuschiebenden Bleche bei Öffnung der Schere einseitig begrenzt). Nicht eben liegende Bleche stoßen dann leicht gegen das Obermesser.“

4.3.3 Wenn eins nicht zum andern paßt . . .

Mancher Ehepartner brauchte eine andere Ergänzung, als er hat, und mancher bliebe besser ganz allein. Mit vielen Aussagen ist es ähnlich. Was halten Sie von den folgenden Sätzen von Djuna Barnes: „Andere wiederum waren der festen Meinung, daß die Fürstin viel zu geizig sei, um die Hälfte ihres Bettes mit jemand zu teilen. Der Rest behauptete, daß sich beide in ihrer Jugend geliebt hatten und jetzt so gut wie Mann und Frau wären." Ich meine, es gehört kein besonderer Geiz dazu, gegen die Teilung der Hälfte des eigenen Bettes zu sein. Zwar stellt man sich alte Fürstinnen merkwürdigerweise gern als schlanke Gespenster vor, die nur aus Haut und Knochen bestehen, aber selbst bei solcher Konstitution dürfte ein Viertelbett etwas knapp bemessen sein.

Wie ist es passiert? Der Autor hat, was ihm aufs Papier geraten ist, nicht gedacht. Alle Gedankenteile, die er uns anbietet, sind verwendbar, nur nicht so, wie er sie zusammenfügt. Vermutlich ist er von seinem witzigen Einfall des Bett-Teilens derart entzückt gewesen, daß er sich zu einer Überspitzung hat hinreißen lassen. Der Witz wäre geglückt, wenn er ihn uns wie folgt dargestellt hätte: „Andere wiederum waren der festen Meinung, daß die Fürstin viel zu geizig sei, ihr Bett mit jemandem zu teilen." Oder in dieser Form: „Andere wiederum waren der festen Meinung, daß die Fürstin viel zu geizig sei, jemandem die Hälfte ihres Bettes abzutreten." Entweder die Dame hätte ihr Bett teilen oder die Hälfte ihres Bettes abgeben müssen. Das Ansinnen des Autors, beides zu tun, stößt auf berechtigten Widerstand.

Auch der angeschlossene zweite Satz drückt nicht aus, was ausgedrückt werden sollte. „Der Rest behauptete, daß sich beide in ihrer Jugend geliebt hatten": das heißt: sie hatten einander geliebt, und das wurde auch behauptet. Der Zusammenhang und auch der folgende Konjunktiv lassen dagegen vermuten, daß die ehemalige Liebe nicht als gesicherte Tatsache, sondern lediglich als Behauptung hingestellt werden sollte, was durch ein „geliebt hätten" zu bewerkstelligen gewesen wäre; „geliebt hätten" allerdings nur, weil der Konjunktiv „geliebt haben" mit dem Indikativ zusammenfällt, also nicht als Konjunktiv erkennbar ist. Anders verhält es sich wieder am Ende dieses Mustersatzes, denn der Konjunktiv des Imperfekts „wären" muß durch „seien" ersetzt werden: nicht allein, weil eine Regel den Konjunktiv des Präsens überall dort vorschreibt, wo er sich vom Indikativ des Präsens unterscheidet, sondern auch, weil der Konjunktiv des Imperfekts das Inhaltliche verschiebt.

Zu der Fürstin, ihrem Bett und ihrem Jugendgeliebten sei noch erwähnt, daß in der vorgelegten Fassung „sich beide" auch als Satzgegenstand für „so gut wie Mann und Frau wären" herhalten soll. Nachdem wir alles zurechtgerückt haben, sieht die Stelle so aus: „Andere wiederum waren der festen Meinung, daß die Fürstin viel zu geizig sei, ihr Bett mit jemandem zu teilen. Der Rest behauptete, daß sich die beiden in ihrer Jugend geliebt hätten und daß sie jetzt so gut wie Mann und Frau seien."

Lustig machen möchte sich eine Tageszeitung über eine Ansicht des vatikanischen Blattes „L'osservatore della Domenica". Sie berichtet: „Der Weihnachtsmann ist dem Leitartikel des Blattes zufolge eine unangebrachte Form der ‚entchristlichung des Weihnachtsfestes' und dürfe von Christen nicht geduldet werden." Die klein geschriebene Entchristlichung verzeiht der Leser als kleinsten Fehler gern. Weniger gern läßt er sich schon den falschen Konjunktiv „dürfe" vorsetzen; er verträgt sich nicht mit „dem Leitartikel des Blattes zufolge", dem ja auch ganz richtig der Indikativ „ist" vorausgeht. Ungehalten aber wird der treue Abonnent, wenn er denkt, was seine Lieblingsredakteure, die ihn täglich mit Kulturgütern versorgen, nicht gedacht haben: daß eine unangebrachte Form der Entchristlichung des Weihnachtsfestes nicht geduldet werden dürfe. Gibt es eine Form der Entchristlichung des Weihnachtsfestes, die angebracht ist? Gewiß soll das Weihnachtsfest mit Hilfe des Weihnachtsmannes – wer immer er auch sei – nicht entchristlicht werden, und gewiß ist es verdienstvoll, sich gegen unangebrachte Formen des Weihnachtsfestes zu wenden, die gerade darauf hinauslaufen, aber – von unangebrachten Formen der Entchristlichung des Weihnachtsfestes zu sprechen und weiß der Weihnachtsmann was damit zu meinen, das bringt nicht so leicht jeder fertig. Oder – sollte der Gedanke womöglich schon in dem zitierten Kirchenblatt enthalten gewesen sein? Das wäre unangebracht.
Und weiter: „Ist es denn überhaupt der Rede wert, um ein paar Schadensfälle so viel Aufhebens zu machen?" So geht es, der eine übertreibt in dieser, der andere in jener Richtung. Was gedacht worden war, können wir uns ausmalen: überhaupt der Rede wert – Schadensfälle – so viel Aufhebens. Das ist ein Gedankenansatz, aber noch kein Gedanke. Wer nicht zu Ende denkt, klebt die Teile säuberlich zusammen und erhält – natürlich – etwas nicht Gedachtes. Helfen wir ihm: „Sind ein paar Schadensfälle überhaupt der Rede wert, muß man so viel Aufhebens von ihnen machen?"

„Antworten auf Lebensfragen" erteilen die Hefte für praktische Psychologie folgendermaßen: „Es gibt Stellenbewerber, die an Hand laienhaft in Erfahrung gebrachter Merkmale Änderungen an ihrer Handschrift vornehmen." Zu viele Köche verderben den Brei, zu viele Hände den Satz. Wenn jemand in Erfahrung bringt, daß gewisse Merkmale der Handschrift nach Ansicht der Graphologen auf gewisse Charaktereigenschaften deuten, hat er diese Fakten dann laienhaft in Erfahrung gebracht? Vielleicht weil er kein Graphologe, sondern in diesem Sinn ein Laie ist? Wie bringt man etwas laienhaft in Erfahrung und wie „expertenmäßig"? Laienhaft in Erfahrung bringen könnte man solche Details höchstens aus einem Graphologie-Buch, das sie laienhaft bietet. Doch dergleichen ist ja wohl nicht zu befürchten. Also?

Ich vermute, es gibt Stellenbewerber, die auf ganz normalem Wege die Bedeutung einiger Handschriftmerkmale in Erfahrung bringen und dann, weil sie den Zusammenhang nicht kennen, laienhaft Änderungen an ihrer Handschrift vornehmen. Übrigens, sie tun das nicht an Hand der ausgekundschafteten Merkmale, sondern indem sie aus ihren frisch erbeuteten Kenntnissen Kapital zu schlagen versuchen.

Die Hefte für praktische Psychologie schenken uns zu diesem Thema noch ein Beispiel: „Im vorliegenden Fall handelt es sich, wie wir gesehen haben, um einen gehobenen Posten, für den nur ein Anwärter in Frage kommt, an den die Unternehmensleitung verhältnismäßig hohe Anforderungen stellt." Die armen Bewerber! Was helfen ihnen ihre Fähigkeiten, wenn die Firma mit solcher Willkür aussucht! Wer weiß, an wen sie nun gerade hohe Anforderungen zu stellen beliebt. Zählt sie's an den Knöpfen ab? Wie es auch sei, der, an den sie hohe Anforderungen stellt, ist der Glückliche. Ob er den Anforderungen gewachsen sein wird, das ist eine Frage, die nicht zur Diskussion steht.

Solche Sätze nähren die Vermutung, daß es in den Köpfen mancher Auch-Psychologen nicht klarer aussieht als in den Köpfen derer, denen sie raten und helfen möchten. Im vorliegenden Fall handelt es sich – ja, um was handelt es sich wirklich? Die Leiter des Unternehmens werden an den neuen Mann hohe Anforderungen stellen, soviel ist sicher.

Und als Anwärter für den Posten kommt nur jemand in Frage, der hohen Anforderungen gewachsen ist, das ist selbstverständlich. Die zweite Aussage ist schon in der ersten enthalten, und deshalb muß man sich mit einer von beiden begnügen. Entweder: „Im vorliegenden Fall handelt es sich, wie wir gesehen haben, um einen Posten, für den nur ein Anwärter in Frage kommt, der hohen Anforderungen gewachsen ist." Oder: „Im vorliegenden Fall stellt die Unternehmensleitung hohe Anforderungen." So einfach ist das, und so einfach läßt es sich sagen.

Die „Antworter auf Lebensfragen" fahren fort: „Infolge dessen bleiben nach den bisherigen Erfahrungen nur wenige Bewerber für die engere Wahl übrig. Derjenige unter ihnen, den der Schriftexperte bei Anlegen eines scharfen Maßstabes als den geeignetsten Anwärter ermittelt und der Geschäftsleitung in Vorschlag bringt, wird mit ziemlicher Sicherheit in der Lage sein, den Posten zur Zufriedenheit seiner Auftraggeber auszufüllen."

Daß infolge dessen nach den bisherigen Erfahrungen nur wenige Bewerber für die engere Wahl übrig bleiben, ist keine gar so große Entdeckung: in die sogenannte engere Wahl kann man sozusagen und im übrigen gerade immer nur wenige Bewerber hineinnehmen bzw. einbeziehen – weil es sonst keine engere, sondern eine weitere Wahl wäre.

Was nun denjenigen angeht, den der Schriftexperte bei Anlegen eines scharfen Maßstabes als den geeignetsten Anwärter ermittelt und der Geschäftsleitung in Vorschlag bringt, so muß ich zugeben, der Mann hat's nicht leicht. Wäre ich jener Schriftexperte, ich würde mich damit begnügen, den geeignetsten Anwärter zu ermitteln und ganz einfach – vorzuschlagen. Denn der geeignetste wird wohl auch der geeignetste bei Anlegen eines scharfen Maßstabes sein. Nein, ich wäre sogar mit weniger zufrieden: Ich würde einen scharfen Maßstab anlegen und dadurch einen geeigneten Anwärter ermitteln. Ich sagte mir: Falls er, ohne ein Supermann zu sein, geeignet ist, wird er die Sache schon schaffen. Ob ich, selbst wenn ich ein guter Graphologe wäre, stets den geeignetsten, vielleicht den allerallergeeignetsten Bewerber aus der Schar der Anwärter ans Licht zöge: das würde ich, trotz gesunden Selbstvertrauens, bezweifeln.

Damit wir uns von den Vorstellungen gewisser Psychologen erholen können, betrachten wir jetzt einen schlichten, kurzen Satz, der in der einen oder anderen Form häufig vorkommt und mit dem wir uns meistens nicht recht wohl fühlen: „Wir schlagen Ihnen den anliegenden Text vor, mit dem wir Sie einverstanden hoffen." Nichts würde uns Sorgen bereiten, hieße es: „Wir schlagen Ihnen den anliegenden Text vor, mit dem Sie unserer Meinung nach einverstanden sein können (weil er, wie wir glauben, Ihren Absichten entspricht)." Oder: „Wir hoffen, daß Sie mit dem anliegenden Text einverstanden sind." Aber: mit dem wir . . . hoffen – mit dem wir Sie . . . hoffen – mit dem wir Sie einverstanden hoffen?

Die eine Seite hofft, die andere soll einverstanden sein. Das will nicht gern zu eng verschmolzen werden. Soll aber beides zum Ausdruck kommen, dann schreiben Sie bitte: „Wir schlagen Ihnen den anliegenden Text vor und hoffen, daß Sie mit ihm einverstanden sind."

Zwei Kleinigkeiten mögen Sie in diesem Zusammenhang interessieren. Ich habe geschrieben: „Soll aber beides zum Ausdruck kommen." Das ist eine jener Streckkonstruktionen, die zu meiden sind. Warum nicht statt „zum Ausdruck kommen" das einfache „ausgedrückt werden"? Richtig, das wäre schöner; aber manchmal wird eine Passage dadurch häßlich, daß man sich gar zu unbekümmert an eine an sich gute Regel klammert. Wer Streckkonstruktionen wie „zum Ausdruck kommen" um jeden Preis ausschließt, handelt dafür gelegentlich etwas ein, was auch kein Ohrenschmaus ist. Diesmal wären zwei „werden" dicht hintereinandergeraten. – Hätte man den besprochenen Satz nicht so formulieren können: „Wir schlagen Ihnen den anliegenden Text vor und hoffen, daß sie damit einverstanden sind."? Klingt „damit" nicht flüssiger als „mit ihm". Flüssiger klingt es schon, nur würde es der Aussage einen anderen Sinn geben. Dieses „damit" bezöge sich nicht auf den anliegenden Text, sondern auf den ganzen Satz; es bedeutete: Wir hoffen, Sie sind damit einverstanden, daß wir Ihnen den anliegenden Text vorschlagen.

4.3.4 Bedingungen, die nicht zu stellen sind!

Das beliebte Wort „bedingen", häufig in der Form „bedingt" gebraucht, ist gefährlich. Da heißt es: „Soweit es bei den einzelnen Farbtönen möglich war, wurde diese Kombination bei der Rezepturausarbeitung verwendet. Dies bedingt eine vereinfachte Lagerhaltung." Was heißt das?

Interpretation A: . . . Dies setzt eine vereinfachte Lagerhaltung voraus.

Interpretation B: . . . Dies erlaubt eine vereinfachte Lagerhaltung.

Im Fall A haben wir es mit einer Erschwerung zu tun, die aber gerechtfertigt sein mag, weil „diese Rezepturausarbeitung verwendet" werden konnte. Im Fall B haben wir es mit einer Erleichterung zu tun. Was trifft zu?

Der Generalschlüssel „bedingen" soll heute die Einzelschlüssel „ermöglichen", „erlauben", „verursachen", „bewirken", „verpflichten", „fordern", „erzeugen", „zur Folge haben", „voraussetzen", „herbeiführen" und schließlich auch noch „zur Bedingung haben", „zur Bedingung machen" ersetzen. Das läßt sich zwar praktizieren, aber am Ende weiß keiner mehr genau, was Ursache und was Wirkung ist. Die Eindeutigkeit der Aussage ist dahin, und das bedingt in manchen Fällen ein gar nicht lustiges Rätselraten.

Aus dem Buch „der überempfindliche Mensch" von Dr. Erwin Pulay: „Niemals ist die Form etwas Zufälliges und Willkürliches. Sie paßt sich den Leistungen an, die ein Organ zu erfüllen hat. Nicht das Formale bestimmt die Leistungsfähigkeit, den Inhalt; sondern die Funktion, das Inhaltliche bedingt die Form." Wenn das Inhaltliche aber die Form zur Bedingung hat, also voraussetzt, so bestimmt diese eben doch die Leistungsfähigkeit, den Inhalt, was gerade bestritten wurde. Warum konnte der Autor nicht bei der Vokabel „bestimmen" bleiben? Alles wäre in schöner Ordnung gewesen, hätte er nur geschrieben: „Nicht das Formale bestimmt die Leistungsfähigkeit, den Inhalt; sondern die Funktion, das Inhaltliche, bestimmt die Form." Aber da ist ihm vermutlich eingefallen, was so vielen ehemaligen braven Schülern einfällt, daß man nämlich keine „fehlerhafte Wiederholung" begehen dürfe. Und schnell greift man nach dem ersten vermeintlichen Ersatzwort, das man für solche Fälle bereit hält: bedingen.

Und doch: Leuchtet es nicht ohne weiteres ein, daß „bedingen" nicht gleichermaßen „voraussetzen" und „zur Folge haben", also Entgegengesetztes, bedeuten kann? Warum richtet man sich nicht einfach nach dem Wortsinn, der offen vor Augen liegt? Warum erkennt man in „bedingen" nicht das Hauptwort „Bedingung" wieder? Wer es tut, ist vor Schnitzern sicher.

Stellen wir noch einmal gegenüber. Richtig: „Pünktliche Ausführung dieses Auftrages bedingt Überstunden." – „Die vorgesehenen Werbeaktionen bedingen die Mitarbeit einer Agentur." – „Kürzere Arbeitszeit bedingt eine Erhöhung der Leistung jedes einzelnen." Zweifelhaft: „Dieser Wechsel in der Stimmung ist aber nur die Folge einer Unausgeglichenheit der ganzen Persönlichkeit und diese wieder bedingt durch eine Unausgeglichenheit der Blutdrüsen." – „Ständige Überlastung bedingt vorzeitige Invalidität." – „Ein großes Angebot bedingt niedrige Preise."

Sollten Sie aber trotzdem einmal in Zweifel geraten, ob Sie das Wort „bedingen" verwenden dürfen oder nicht: Lassen Sie „bedingen" fallen, und wählen Sie dafür ein anderes Wort, das eindeutig sagt, was Sie sagen wollen.

4.3.5 Gedankenmischung

Was den Kühen recht ist (Milch von glücklichen Kühen), sollte der Haut billig sein, denkt der Werbetexter und schreibt: „Heiter ist das Bad und glücklich die Haut . . ." Eine kühne Formulierung? Nein. Denn derlei Kühnheit gestattet sich heute fast jeder. Das Badetuch ist liegefreudig, das Haar jung, die Seife voller Temperament. Aber wenn die unlogische Formulierung außerdem alltäglich ist, welchen Vorzug könnte sie dann noch bieten?

Logik hin, Logik her – Werbetexter dürfen etwas mehr wagen als zum Beispiel Fachschriftsteller. Auch sprachlich. Sie müssen es. Nur dürfen sie es nicht leichtfertig, nicht bedenkenlos tun. Das Wagnis muß in Grenzen, muß Ausnahme bleiben. Auf unsere Beispiele bezogen: Junges Haar, das mag hingehen, zumal hier ein Teil der Person, das Haar, für die ganze Person steht; temperamentvolle Seife, liegefreudige Badetücher, glückliche Haut und heitere Bäder aber widersprechen nicht nur dem, was wir den gesunden Menschenverstand nennen, sondern sind dazu auch weder originell noch selten. Wer glaubt, nur auf solche Weise noch schwungvoll, treffend, ansprechend schreiben zu können, überschätzt den Wert zweifelhafter Gags und unterschätzt seine eigenen Möglichkeiten.

Kehren wir zu dem heiteren Bad zurück, das glückliche Haut macht. Wie ist der Sachverhalt wirklich? Der Mensch atmet nicht nur durch seine Lunge, sondern ebenfalls mit Hilfe seiner Haut. Man weiß von Kindern, die gestorben sind, weil man sie golden angestrichen hatte. Die Poren waren verschlossen. In übertragenem Sinn dürfen wir sagen: Unsere Lunge, unsere Haut atmet. Ist die Atmung tief und gut, der Kreislauf also „in Form", so fühlen wir uns wohl, heiter gestimmt. Wie bringt man seine Haut dazu, tief zu atmen? Zum Beispiel durch ein reinigendes Bad mit einem anregenden Badezusatzmittel. Das Ganze verkürzt: Das Bad macht heiter, weil die Haut wieder gut atmet. Zugespitzt: Heiter im Bad und heiter danach, denn die Haut atmet wieder.

Die Begründung ist noch schwach, auch nicht ganz den Tatsachen entsprechend, weil die Haut zwar gut oder schlecht, jedoch nie gar nicht atmet. – Was tut man, wenn einem ein Stein vom Herzen fällt? Man atmet leichter, man atmet auf. Diese Wendung, auf unseren Zusammenhang übertragen, läßt uns zweierlei gewinnen. Erstens: Mit dem Begriff der Hautatmung bleiben wir im Rahmen der Logik. Zweitens: Indem wir das Atmen zum Aufatmen erweitern, springen wir zugleich, auf ungewöhnliche Weise und doch mit einfachen Worten, zum menschlichen Wohlbefinden hinüber. Also:

Heiter im Bad und heiter danach –
denn die Haut atmet auf.
(XY so gesund für die Haut)

Auch der kritische Leser von Werbetexten atmete auf, wenn er statt gespreizter Verwechslungen mehr klare Gedanken vorgesetzt bekäme.

4.3.6 Schlechte Zeiten

„Die nachstehend aufgeführten Kunststoffe werden ab 1.1.1976 umbenannt." Ich glaube, dem Umbenenner würden bald die Namen ausgehen. Da ein Tag als Anfang der Aktion gesetzt ist, erwarten wir, daß der Tag die Zeiteinheit für das Umbenennen sein soll, das heißt, die Kunststoffe bekämen jeden Tag einen neuen Namen. Denn – so steht es schwarz auf weiß – ab 1.1.1976, also vom 1.1.1976 an, wird umbenannt.

Unser „ab" oder das korrektere „vom ... an" bezeichnet einen Start. Entweder eine Handlung wird zum ersten Male vorgenommen und in der Folge immer wiederholt – „vom 1.1.1976 an fahre ich mit einem eigenen Wagen zum Dienst" –, oder es wird ein Zustand eingeleitet – „vom 1.1.1976 an bin ich Abteilungsleiter".

Auch unser Beispielsatz soll die Einleitung eines Zustandes darstellen, aber dazu brauchte er ein Zeitwort, das einen Zustand ausdrückt, nicht eins, das eine einmalige Handlung wiedergibt. Wenn ich etwas umbenenne, dann wird die Umbenennung in einem bestimmten Augenblick vollzogen, und hinterher existiert das Neue. Es geht weder um eine Handlung, die sich in Abständen wiederholt, noch um die Bezeichnung eines Zustandes, der von einem gewissen Zeitpunkt an besteht. Es geht um eine einmalige Aktion, und nach einer solchen Aktion fragen wir: wann?

Also: Wann werden die nachstehend aufgeführten Kunststoffe umbenannt? Am 1.1.1976. Nicht „ab", sondern „am". Dagegen: Wie ist die Lage ab 1.1.1976? Ab 1.1.1976 heißen die AB-Kunststoffe TZ-Kunststoffe.

Wagen wir uns an einen schwierigeren Fall: „Nunmehr wird der mit den Garnen beschickte Materialträger sorgfältigst in die ruhende Färbeflotte eingebracht, wobei nach 5 Minuten die Schrumpfung des Garnes beendet ist." Zunächst: „nunmehr" ist sinnlos gebraucht. Was soll es heißen? Was kann es hier mehr heißen als „nun"? Das etwas undurchsichtige „nunmehr" bleibt anderen Situationen vorbehalten, Situationen wie dieser: Jemand bezieht eine Rente von monatlich 800 DM. Eines Tages wird die Rente um 80 DM gekürzt. Der Empfänger erhält jetzt nur noch 720 DM. Nunmehr muß er mit 720 DM auskommen. Ein früherer Zustand hat sich also verändert, und „nunmehr" weist dem neuen Zustand seinen Platz in der Zukunft an.

Die zweite Zeitbestimmung – „wobei" – ist nicht nur sinnlos, überflüssig, sie ist unlogisch. Ein „wobei" läßt uns doch Gleichzeitigkeit erkennen: „Der Artist balancierte ohne Netz über das Seil, wobei ich die ganze Zeit fürchterliche Angst hatte." Geschehen aber in unserem Satz die durch „wobei" verknüpften Vorgänge gleichzeitig? Das würde bedeuten, die Schrumpfung des Garnes wäre nach fünf Minuten sorgfältigen Einbringens des mit den Garnen beschickten Materialträgers in die Färbeflotte beendet. Ist das der Fall? Nein. Der mit den Garnen beschickte Materialträger wird sorgfältig in die Färbeflotte eingebracht, dann läßt man ihn fünf Minuten darin, und nach diesen fünf Minuten ist die Schrumpfung des Garnes beendet.

4.3.7 Falsche Verkürzungen

Die falsche Verkürzung ist nicht immer leicht durchschaubar. Nähern wir uns ihr behutsam, über ein harmloses Beispiel, das aus den Mitteilungen eines Werbeunternehmens stammt.

„... die Straße ist nicht ausschließlich zur Fortbewegung da, sondern sie hat auch den Verkehrsbedürfnissen zu genügen, die aus dem geschäftlichen Verkehr der Anlieger erwachsen."

Ist die Straße zur Fortbewegung da? Benutzt man nicht, wenn man einen Ortswechsel anstrebt, die Beine oder ein Fahrrad oder ein Auto oder eine Straßenbahn oder ein Pferd? Was läßt sich also, streng genommen, in diesem Zusammenhang über die Straße sagen? Die Straße ist dazu da, daß man sich mit Hilfe seiner Beine oder Fahrzeuge auf ihr fortbewegt. Nicht die Straße ist das Mittel zur Fortbewegung, sondern Beine oder Fahrzeuge sind es. Dank ihrer Leistung kann man sich auch in vielen straßenlosen Gegenden fortbewegen.

Allerdings wäre die genaue Fassung recht umständlich gewesen; die kleine Verschiebung des Sachverhalts erleichtert die Aussage. Aber was ist dabei eigentlich gewonnen? Sehen wir uns den Satz an. Ist er nicht trotz der problematischen Verkürzung noch lang und schwerfällig? Die ganze Fortbewegung ist überflüssig. Und wie wesentlich sind die erwachsenden Verkehrsbedürfnisse? Im übrigen: Dient die Straße nur dem geschäftlichen oder auch dem privaten Anliegerverkehr? Ich schlage vor: „... die Straße ist nicht nur für den Durchgangs-, sondern auch für den Anliegerverkehr da."

„Antworten auf Lebensfragen":

„Sie geht oft mit viel Hoffnung und Zuversicht an eine Aufgabe heran, bekommt dann aber bald Angst, ob sie diese Aufgabe auch gut vollenden wird."

Hat man Angst, ob ...? Oder Angst, daß ...? Gesagt werden sollte: Sie geht oft mit viel Hoffnung und Zuversicht an eine Aufgabe heran, bekommt dann aber bald Angst, weil sie sich fragt, ob sie diese Aufgabe auch gut vollenden werde. Indem man die Frage ausließ, brachte man „ob" an die Angst heran; die Verkürzung rief einen Fehler ins Leben.

Am Rande bemerkt: Das „auch" und das „dann" sind hier Füllwörter; statt eine Aufgabe zu vollenden, sollte man sie lösen; vollenden kann man eine Arbeit.

Das ergibt: „Sie geht mit viel Hoffnung und Zuversicht an eine Aufgabe heran, bekommt aber bald Angst, weil sie sich fragt, ob sie die Aufgabe gut lösen werde." Oder: „Sie geht mit viel Hoffnung und Zuversicht an eine Aufgabe heran, fragt aber bald ängstlich, ob sie ihr überhaupt gewachsen sei."

Anfang eines politischen Leitartikels: „Es ist ein Unterschied, wann man Gespenstergeschichten erzählt."

Wirklich? Wann man Gespenstergeschichten erzählt, ist ein Unterschied? Wir können uns vorstellen, daß es nicht gleichgültig ist, wann man anderen Gruselmärchen einflüstert, die Zeit mag sogar wichtig, ja entscheidend sein. Aber ein Unterschied?

Es ist ein Unterschied, ob man einen Satz richtig oder falsch formuliert; es ist ein Unterschied, ob man einen Satz nur schreibt oder auch denkt; es ist ein Unterschied, ob ein nur geschriebener, aber nicht gedachter Satz von einem Volontär oder vom Chefredakteur einer großen Tageszeitung stammt.

Da die mit einem „Kurzschluß" begonnene Gespenstergeschichte über Gespenstergeschichten allzu dunkel bliebe, wenn man nicht, nachdem der Unfall passiert ist, wenigstens eine Kerze herantrüge, fährt der Autor fort: „Ob es am Mittag geschieht, wenn die Sonne hoch am Himmel steht, oder ob in der Dunkelheit, wenn es auf Mitternacht geht." Na also! Aber selbst die Kerze hält er noch ungeschickt: die gegenübergestellten Paare – Mittag und Dunkelheit, Sonne und Mitternacht – sind schlecht aneinandergehängt. Richtig wäre: „Ob es am Mittag geschieht, wenn die Sonne hoch am Himmel steht, oder tief in der Nacht, wenn alles im Dunkeln liegt:" Zeitbestimmung – Ausmalung; Zeitbestimmung – Ausmalung.

Und damit nach soviel Ungenauigkeit und Phrasenhaftigkeit nicht doch noch jemand glaubt, hier würden Gedanken geboten, heißt es im Anschluß an den Mittag-Sonne-Dunkelheit-Mitternacht-Satz: „Es ist dunkel geworden in der Welt, und die Stunde ist spät." In den folgenden drei Sätzen lesen wir zu unserer Überraschung, die Stunde sei fortgeschritten, es könne sein, daß es auf Mitternacht gehe, Gespenstergeschichten seien um Mittag unrealistisch, aber um Mitternacht real.

Darauf läßt sich sagen: Es ist nicht gleichgültig, wohin man einen unlogischen Satz schreibt; es ist ein Unterschied, ob er in einer geistreichen oder geistlosen Umgebung blüht.

4.3.8 Falsche Begründungen

Der falschen Begründung sind wir schon zweimal im Einleitungskapitel 4.3 begegnet. Erinnern wir uns der Beispiele!

„Da unsere Hauszeitschrift restlos vergriffen ist, können wir Ihnen nur fünf Exemplare zur Verfügung stellen."

„Ein Italiener war es, Tazio Nuvolari, der den Spruch geprägt hat: ‚Einmal erwischt es uns alle!' Und in Italien wurde nun diese aus einer echten Leidenschaft für diesen harten Männersport zu erklärende Prognose nun auch für Wolfgang Graf Berghe von Trips zum tödlichen Verhängnis."

Und erinnern wir uns auch daran, daß wir den ersten Satz als unlogisch in sich, den zweiten als unlogisch, weil irreführend, erkannt haben. Prüfen wir einige weitere Fälle!

Da wird im Rundfunk berichtet: „Die Bochumer Stadtverwaltung erklärte, daß sie die Freibäder auf Grund der warmen Witterung nicht mehr öffnen könne.“ Ist das nicht merkwürdig? Während wir sonst immer erfahren, daß Freibäder auf Grund warmer Witterung geöffnet werden, was uns einleuchtet, hören wir nun, daß sie auf Grund warmer Witterung nicht geöffnet werden, was uns nicht einleuchtet. Sicher ist, daß die Stadtverwaltung wissen lassen wollte: Die Freibäder bleiben geschlossen. Also muß an der Begründung etwas nicht stimmen. Wir können uns denken, daß das Personal bereits in den Saisonurlaub geschickt worden ist oder daß Handwerker schon mit dem Ausbessern von Schäden begonnen haben. Aber daß die warme Witterung die Schuld tragen soll? Die Verwirrung verliert sich, sobald wir erwägen, daß man in diesem Satz vielleicht gar keine Begründung geben wollte, daß man nur zwei falsche Wörter erwischt hat: auf Grund. Ersetzen wir sie durch „trotz“, so ist im Nu alles in Ordnung: „Die Bochumer Stadtverwaltung erklärte, daß sie die Freibäder trotz der warmen Witterung nicht mehr öffnen könne.“ Man wollte hier keine Begründung ausdrücken, sondern eine Gegenbegründung, die nicht ausreicht, ihren Einfluß geltend zu machen: die Bäder bleiben trotzdem geschlossen.

Was ist geschehen? Haben die Verwaltungsbeamten unlogisch gedacht? Nein, sie haben das Richtige gemeint, aber das Falsche geschrieben: weil ihnen bei ihrer Erklärung nicht gegenwärtig gewesen ist, was „auf Grund“ heißt. Hätten sie „auf Grund“ im Stillen definiert, der Fehler wäre unterblieben.

Aus einem Aufsatz über Produkte, die den Weißton eines Stoffes verbessern: „Der mit ACP auf Acrylfaser erzeugte Weißton besitzt allerdings nur eine mäßige Lichtbeständigkeit, da unter intensiver Belichtung eine Verbräunung auftritt.“ Daß ein Weißton Besitzer von etwas ist, wollen wir für einen Scherz halten, aber daß ein Produkt deshalb nur mäßig lichtbeständig ist, weil die mit ihm behandelte Faser bei intensiver Belichtung bräunlich wird, das glauben wir einfach nicht.

Wenn wir den Zusammenhang auf einen alltäglichen Sachverhalt übertragen, erhalten wir etwa: Albert ist nur ein mäßiger Rechner, da er sich, wenn er rechnet, immer etwas verrechnet. Damit ist der gelehrt anmutende Satz als Gedankenlosigkeit entlarvt. So wie die Erfahrung, daß sich jemand, wenn er rechnet, immer etwas verrechnet, nicht der Grund dafür sein kann, daß er ein mäßiger Rechner ist, so kann die Tatsache, daß eine mit ACP behandelte Faser bei Belichtung braun wird, statt weiß zu bleiben, nicht der Grund dafür sein, daß die Lichtbeständigkeit des Weißtons gering ist: es kann nur ein Beweis dafür sein.

Der Autor hätte seinen Lesern einen logischen Gedanken übermittelt, wenn ihm eingefallen wäre: „Der mit ACP auf einer Acrylfaser erzeugte Weißton ist nur mäßig lichtbeständig; bei intensiver Belichtung wird die Faser bräunlich."

In demselben Aufsatz lesen wir: „Durch die Möglichkeit, Rohware unter Zusatz von Klotzhilfsmittel FK ohne jede Vorbehandlung direkt klotzen und färben zu können, werden die Veredlungskosten um einen wesentlichen Betrag gesenkt."
Die Möglichkeit zu können?

Ohne jede Vorbehandlung direkt: noch eine Verdoppelung!

Aber was ist sonst falsch? Denken wir genau! Durch eine bestimmte Möglichkeit werden Kosten gesenkt: stimmt das? Wenn ich die Möglichkeit habe, durch harte Arbeit viel Geld zu verdienen, verdiene ich dann viel Geld? Es hängt davon ab, ob ich die harte Arbeit leiste. Ohne Leistung kein Geld; ich muß die Chance nutzen, sonst ist sie wertlos; die Möglichkeit bleibt Möglichkeit.

Also: „Unter Zusatz von Klotzhilfsmittel FK läßt sich Rohware ohne jede Vorbehandlung klotzen und färben; damit hat man die Möglichkeit, die Veredlungskosten wesentlich zu senken."

Schlechte oder falsche Begründungen unterlaufen einem nicht nur, wenn man das Verhältnis zwischen Haupt- und Nebensatz ungenau einschätzt oder den präzisen Sinn einer Wortgruppe verkennt: sie passieren auch schon, wenn man die Bedeutung eines einzelnen Wortes, eines Verhältniswortes zum Beispiel, übersieht. „Durch Beschäftigung mit Messearbeiten kommen wir leider erst heute dazu, Ihren Brief zu beantworten."
Das Verhältniswort „durch" weist auf ein Mittel hin, es begründet nicht, wie es das in dem zitierten Satz tun soll. Wollte man diese Mitteilung dem Inhalt des Verhältniswortes „durch" gemäß interpretieren, so müßte man leider feststellen: Die Schreiber haben sich mit Hilfe von Messearbeiten davon abgelenkt, davor gedrückt, den Brief des Korrespondenzpartners zu beantworten. Das wollte man gewiß nicht sagen. Vielmehr wollte man entweder sagen: „Infolge Beschäftigung mit Messearbeiten kommen wir leider erst heute dazu, Ihren Brief zu beantworten." Oder: „Wegen Beschäftigung mit Messearbeiten kommen wir leider erst heute dazu, Ihren Brief zu beantworten." Was nun: „infolge" oder „wegen"? Oder ist das gleichgültig? Ist beides richtig? Je nachdem.

Die Wörter „wegen" und „infolge" liegen ihrer Bedeutung nach dicht nebeneinander, aber sie sind keine Synonyme, wenn auch Grenzfälle zu dieser Ansicht verleiten mögen. Untersuchen wir.

„Wegen seiner Zurückhaltung bekommt er keine Gehaltserhöhung." Hier ist „wegen" falsch. Der Satz würde ausdrücken: Man gibt ihm deshalb keine Gehaltserhöhung, weil man es als Mangel wertet, daß er so zurückhaltend ist. Seine Zurückhaltung ist für den Arbeitgeber der Grund, weshalb er keine Aufbesserung beschließt. Richtig wäre: „Infolge seiner Zurückhaltung bekommt er keine Gehaltserhöhung "

Und die Kehrseite? „Infolge der schlechten Beleuchtung höre ich auf zu lesen." Hier ist „wegen" angebracht, denn „infolge" würde bedeuten, daß die schlechte Beleuchtung zwangsläufig zum Lesestopp führt, während man doch tatsächlich bei schlechter Beleuchtung noch weiterlesen kann.

Der Unterschied ist deutlich. Das Verhältniswort „wegen" steht dort, wo eine begründete Entscheidung gemeint ist, „infolge" dagegen, wo sich mit Notwendigkeit eins aus dem andern, als seine Folge ergibt. „Infolge des Regens ist der Sportplatz aufgeweicht." – „Wegen des aufgeweichten Sportplatzes wurde das Meisterschaftsspiel abgeblasen."

Und hier einer der möglichen Grenzfälle: „Infolge seines unverschämten Aufschneidens wird er gemieden." – „Wegen seines unverschämten Aufschneidens wird er gemieden." Aus dem ersten Satz geht hervor, daß jemand durch sein unverschämtes Aufschneiden die abweisende Haltung seiner Umgebung verursacht. Dieses folgt natürlicherweise aus jenem, wobei sich die Beteiligten des Vorganges gar nicht recht bewußt sind. Es wirkt sich einfach das psychologische Gesetz aus: Wie man in den Wald hineinruft, so schallt es heraus. Anders im zweiten Satz. Man weiß genau, warum man diesen Burschen ablehnt. Er ist unverschämt, und mit unverschämten Leuten will man nichts zu tun haben. Man hat seinen guten Grund.

Also: „infolge" weist auf eine Ursache hin, „wegen" auf einen Grund, ein Motiv.

Heißt es also: „Infolge dieser Einschränkung wird die Methode kaum noch angewandt" – ? Nein, denn hier ist deutlich, daß sich Menschen bewußt von einer Methode abwenden, sie tun es wegen einer Einschränkung. Und heißt es demnach: „Wegen der geschlossenen Bauart der Abspritzvorrichtung tritt keine Dampfentwicklung auf" – ? Nein, denn hier findet kein menschliches Abwägen und motiviertes Entscheiden statt, sondern ein Vorgang vollzieht sich, so wie er sich vollziehen muß, eins ergibt sich aus dem andern, infolge des anderen.

Nun läßt sich auch im Fall unseres ersten Beispielsatzes entscheiden, den wir mit „durch" vorgefunden haben und bei dem wir uns als Ersatz für das falsche „durch" sowohl „infolge" als auch „wegen" denken konnten. Jetzt wissen wir, daß beide Verhältniswörter wirklich in diesem Zusammenhang verwendbar sind. Infolge Beschäftigung mit Messearbeiten kommen wir leider erst heute dazu, Ihren Brief zu beantworten: Dies bedeutet, daß man als Folge der Beschäftigung mit Messearbeiten einfach nicht dazu gekommen ist, den Brief zu beantworten, ja, die Sache ist einem nicht einmal eingefallen – so sehr hatte man sich auf die vordringlichen Aufgaben konzentriert. Wegen Beschäftigung mit Messearbeiten kommen wir leider erst heute dazu, Ihren Brief zu beantworten: Diese Formulierung sagt aus, daß man zwar an die notwendige Beantwortung des Briefes gedacht hat, daß man sie aber bewußt verschieben mußte; das Motiv wird genannt.

Wegen der unterschiedlichen Bedeutung von „wegen" und „infolge" gebrauchen Sie diese beiden Verhältniswörter nun nicht mehr wahllos. Infolge des richtigen Gebrauchs werden Ihre Sätze in dieser Beziehung unmißverständlich sein.

4.3.9 Behaupten ist leicht, beweisen schwer!

Verwickelt geht es bei Leuten zu, die Brüder und zugleich Pferdeliebhaber und Tierfreunde sind: „Beide Brüder sind Pferdeliebhaber und Tierfreunde. Sie haben auch die Zucht englischer Vollblüter auf deutschem Boden eingeschränkt." Man hat, wie so oft, Richtiges gemeint und Falsches geschrieben. In der vorliegenden Form sind die beiden Aussagen widersprüchlich, denn wenn jemand Pferdeliebhaber ist, erwartet man von ihm, daß er die Pferdezucht fördert, nicht daß er sie einschränkt. Aus dem Einschränken würde man gerade folgern, daß er nicht an Pferden interessiert sei. Also?

Bedenken wir, daß es Leute gibt, die zwar national „ausgerichtet" sind, aber mit der Sprache ihrer Nation auf Kriegsfuß leben. Helfen wir ihnen. Sie meinten: „Beide Brüder waren Pferdeliebhaber und Tierfreunde. Um die vernachlässigte Zucht deutscher Pferde zu fördern, haben sie die Zucht englischer Vollblüter auf deutschem Boden vorübergehend eingeschränkt." So ließe sich die Sache verstehen. Daß jemand englischen Pferden, die ohnehin auf der Höhe sind, in Deutschland den Hafer aus der Krippe nimmt, damit erst einmal die mageren deutschen Pferde wieder aufgepäppelt werden, kann man zur Not als Beweis von Pferdeliebhaberei ansehen. Zumindest weiß man, wie die Sache gedacht war.

Im übrigen haben wir hier ein Beispiel dafür, daß sich die Sprache hin und wieder selbständig macht, indem sie ihrem Benutzer dient und ihn, ohne daß er es merkt, zugleich verspottet. Wenn wir annehmen, die zitierte Aussage stamme aus einem gelenkten Zeitungsartikel, so würden die beiden Brüder, dem Sinne nach, über sich selbst sagen: Ja, das sind wirkliche Pferdeliebhaber und Tierfreunde – natürlich lieben sie nur deutsche Pferde.

Setzen wir dagegen den Fall, der Artikel stamme zwar nicht von den erwähnten Brüdern selbst, sondern von einem gleichgesinnten Journalisten, so käme das auf dasselbe hinaus. Es könnte allerdings auch sein, daß der Journalist nicht gleichgesinnt gewesen ist und daß er – ebenso ahnungslos oder aber ganz bewußt – die Wahrheit getroffen hätte. Wie es auch sei: für den schönen Satz sind wir ihm dankbar.

4.3.10 Sinn am seidenen Faden

In der Grammatik-Ausgabe des Duden ist an vielen Beispielen erläutert, wann das bestimmte Geschlechtswort zu setzen oder nicht zu setzen ist. Wie reichhaltig und zugleich wie schwierig die deutsche Sprache ist, mögen Sie zum Beispiel daraus ersehen, daß nicht einmal dort alle Fälle erfaßt werden konnten, in denen Zweifel denkbar oder angebracht sind. Aber – so ließe sich fragen – ist es denn wirklich immer so wichtig, ob man einen bestimmten, einen unbestimmten oder gar keinen Artikel setzt? Gewiß, in der einen oder anderen Wendung mag dieses oder jenes etwas korrekter oder flüssiger oder schöner sein, aber solche Feinheiten kann man auch überschätzen: entscheidend ist ja der Sinn.

Ganz richtig, der Sinn, darauf kommt es vordringlich an. Und genau deshalb soll hier einmal von jenen winzigen Wörtern „der, die, das" die Rede sein, denen man für den Sinn einer Aussage kaum eine besondere Rolle zuzugestehen geneigt ist. Da heißt es: „Das alles – nicht etwa die Schwerfälligkeit oder der fehlende Wille der Industrie – war ausschlaggebend." Und was heißt das?

Fragen wir lieber zunächst, was es, nach dem leicht zu vermutenden Wunsch des Verfassers, heißen s o l l t e , nämlich: Das alles, was hier aufgezählt worden ist, war ausschlaggebend. Es stimmt also nicht, daß die Industrie schwerfällig gewesen wäre oder daß ihr der gute Wille gefehlt hätte, wie von manchen Seiten behauptet wird.

Wird die Absicht, das auszudrücken, durch den angeführten Satz verwirklicht? Keineswegs. Die Benutzung der Artikel „die" und „der" vor „Schwerfälligkeit" und „fehlende Wille" bringt es zuwege, daß folgender Sinn entsteht: Das alles war ausschlaggebend, nicht etwa die Schwerfälligkeit oder der fehlende Wille der Industrie. Deutlicher: Die Industrie war zwar schwerfällig, und es fehlte ihr an gutem Willen, doch diese Tatsachen waren gar nicht ausschlaggebend. Ausschlaggebend war etwas anderes.

Die Erklärung dafür ist leicht einzusehen. Man braucht nur an den Anfang einer Erzählung zu denken: „Friedrich hatte einen Hund. Als Friedrich einmal in den Schulferien verreist war, wollte der Hund nicht mehr fressen." Zuerst wird der Hund vorgestellt: ein Hund. Nach dieser Vorstellung weiß der Leser von ihm, und auf dieses Wissen beruft sich der Erzähler, indem er nur noch von d e m Hund spricht. Der Artikel weist auf etwas Bekanntes hin.

Ebenso ist es in unserem Satz mit dem, was ausschlaggebend war. „D i e Schwerfälligkeit“ und „D e r fehlende Wille“ darf man hier allein dann sagen, wenn beides tatsächlich gegeben ist. Da jedoch nicht anzunehmen ist, daß man – wenn auch nur in Parenthese – das Vorhandensein solcher Negativa behaupten wollte, müssen wir dem Schreiber vorwerfen, daß er durch Unachtsamkeit den Sinn seiner Aussage grob verschoben hat, ja daß er – am Rande – das Gegenteil von dem gesagt hat, was er gern geglaubt wissen wollte.

Und wie hätte er schreiben sollen? Ganz einfach: Das alles – nicht etwa Schwerfälligkeit oder fehlender Wille der Industrie – war ausschlaggebend. Wirklich ganz einfach? Oder nicht vielmehr ein weiterer Beweis dafür, wie schwer es manchmal sein kann, sich in unserer Sprache so auszudrücken, daß Absicht und mündlich oder schriftlich fixierter Gedanke übereinstimmen?

4.3.11 Überlegung, die vielfach abwesend ist

Wenn auch die meisten Verstöße gegen sprachliche Logik aus schlechtem oder unzulässigem Satzbau resultieren, so muß doch, wer sauber schreiben will, auch schon bei der Wortwahl aufmerksam sein. Eine Unsitte, die sich mehr und mehr ausbreitet, ist der gedankenlose Gebrauch des Modewortes „vielfach“. Was für eine Bedeutung hat „vielfach“? 6 ist das Dreifache, 8 das Vierfache von 2; 6 und 8 sind Vielfache von 2. Ein „Vielfaches“ und „vielfach“ drücken also, allgemein gesprochen, eine Häufung aus. Dieser allgemeine Sinn hat zu der Gleichsetzung von „vielfach“ und „oft“ geführt, aber nur in einem bestimmten Zusammenhang. Wir sagen: „Der Deutsche Fußballmeister ist nach seinem Sieg im Endspiel vielfach geschlagen worden.“ Und wir meinen damit, er ist oft geschlagen worden, er hat nicht nur eine Niederlage, er hat viele Niederlagen, ein Vielfaches an Niederlagen einstecken müssen.

Heute aber schreiben viele Leute vielfach, also oft, Sätze wie den folgenden, der in einem Werbefernkurs zu lesen war: „Der Beruf des Werbefachmanns ist verhältnismäßig jung. Personen, die dem wirtschaftlichen Leben fernstehen, ist diese Berufsbezeichnung vielfach fremd.“ Nein, er ist ihnen nicht vielfach, sondern nur einfach, einmal fremd. Was gesagt werden sollte, war: „Der Beruf des Werbefachmanns ist verhältnismäßig jung. Vielen Menschen, die dem wirtschaftlichen Leben fernstehen, ist diese Berufsbezeichnung fremd.“ Durch unsere Korrektur wird auch der vorher unkenntliche vierte Fall von „Personen“ kenntlich.

Nicht nur falsch, sondern irreführend dazu ist „vielfach" in diesem Satz: „Da es sich gezeigt hat, daß die Klotzfärbungen, besonders wenn sie durch Kondensation fixiert wurden, sich (Stellung!) in der Bleichechtheit, vor allem in der Hypochlorit-Bleichechtheit (Komma fehlt!) vielfach ungünstiger verhalten, haben wir die Hypochlorit-Bleichechtheit der XY-Farbstoffe auch in Klotzfärbungen überprüft." Gemeint war, daß sich Klotzfärbungen in verschiedener Hinsicht oder aber oft, jetzt im Sinne von: an vielen Stellen, in vielen Fällen, ungünstiger verhalten. Ausgedrückt ist jedoch – zumindest kann man es herauslesen –, daß sich Klotzfärbungen um ein Vielfaches ungünstiger, also viel ungünstiger verhalten.

Verwenden Sie, schon um solche Zweideutigkeiten auszuschließen, „vielfach" nur dort, wo Sie an seiner Stelle „dreifach", „vierfach" oder „hundertfach" einsetzen können. Also: „Die neuartigen Bremsen haben sich vielfach bewährt." (Die neuartigen Bremsen haben sich hundertfach bewährt.) Aber nicht: „Wir sind vielfach in der Lage, den Schaden zu reparieren." (Wir sind fünffach in der Lage, den Schaden zu reparieren. (?))

Auch in unserer Überschrift ist „vielfach" falsch gebraucht. Der ASV Köln kann zwar bei den deutschen Leichtathletikmeisterschaften vielfach vertreten sein, durch fünf oder zehn oder zwanzig Sportler. Überlegung dagegen ist entweder anwesend oder abwesend, sie ist nicht dreifach oder vierfach an- oder abwesend. Deshalb schreiben wir besser: „Überlegung, die oft abwesend ist."

4.3.12 Der scheinbare Nachteil

Der Arzt und Psychologe Alfred Adler ist es gewesen, dem auffiel, daß viele Maler schlechte Augen hatten, zum Beispiel Dürer, von Menzel und Manet. Warum ausgerechnet Maler, Leute, die von ihren Augen leben? Er forschte nach und fand, daß diese Menschen, sich ihrer Sehschwäche bewußt, dem Sehen mehr Aufmerksamkeit gewidmet hatten als andere mit normalen Augen. Sie hatten konzentrierter, bewußter beobachtet, um den Mangel auszugleichen, und dabei waren sie weit über das Ziel hinausgeschossen, indem sie sich angewöhnt hatten, mehr und genauer wahrzunehmen als der Durchschnitt. Ihr wirklicher Augenschaden war nur scheinbar ein Nachteil gewesen; im Endergebnis hatte er sich als Vorteil erwiesen.

Allerdings, bevor man darauf gekommen war, hätte wohl fast jeder auf Befragen behauptet, daß es sich um einen augenscheinlichen, offenkundigen, klar zu Tage liegenden Nachteil handele. Höchstens ein paar eingefleischte Skeptiker würden vorsichtigerweise einschränkend gesagt haben, daß diese Leute anscheinend benachteiligt seien, daß man die

Frage aber doch besser untersuchen solle, bevor man sich mit seinem Urteil festlege.

Die Stellungnahmen der Leichtgläubigen und der Vorsichtigen zeigen, worauf es sprachlich ankommt, wenn man etwas als sicher, als noch nicht entschieden oder als irreführend darstellen will. „Der Verdächtige ist augenscheinlich nicht zu Hause." Es gibt keinen Zweifel, der Augenschein, die Durchsuchung beweist, daß der Vogel ausgeflogen ist. „Der Verdächtige ist anscheinend nicht zu Hause." Man hat geklingelt, aber niemand hat daraufhin geöffnet; es scheint so, als sei der Gesuchte nicht anwesend; allerdings kann man nicht sicher sein, denn vielleicht ist er hellhörig und verhält sich absichtlich still. „Der Verdächtige ist scheinbar nicht zu Hause." Man weiß genau, er ist drinnen, aber er tut so, als sei er es nicht; er gibt vor, abwesend zu sein; der Schein trügt, und man durchschaut den Täuschungsversuch.

4.3.13 Wenn es irgend „anmutet" . . .

Ein anderer Schriftsteller, L. Kroeber-Keneth, schreibt in seinem Buch „Wie findet man qualifizierte Mitarbeiter?" den Satz: „Das heißt, der Bewerbungseingang war eben ein wirres Kunterbunt von Vertriebsleuten, die sich durch die bombastischen Versprechungen irgend ‚angemutet' fühlten und auf gut Glück ihr Glück versuchen wollten."

So etwas zu denken, ist unmöglich: man kann es nur schreiben. Wie soll ein Bewerbungseingang ein wirres Kunterbunt von Vertriebsleuten sein? Nicht etwa die Bewerbungen waren ein wirres Kunterbunt von Vertriebsleuten – eine Formulierung, die schon falsch genug gewesen wäre –, nein: der Bewerbungseingang war es. Was hat der Eingang der Bewerbungen hier mit ihrem Inhalt zu schaffen? Dabei ist die Sache nun wirklich nicht so kompliziert gewesen! Der Autor hat sagen wollen: Das heißt, es hatte sich ein wirres Kunterbunt von Vertriebsleuten beworben . . . die sich durch die bombastischen Versprechungen irgend ‚angemutet' fühlten . . . ? Auch das trifft den Nagel auf den Daumen. Nach Richard Pekrun („Das deutsche Wort") bedeutet anmuten, intransitiv gebraucht: sinnliches Wohlgefallen erwecken, das Gemüt gefällig berühren; und transitiv gebraucht: (einem etwas) zumuten, ansinnen, etwas von jemandem verlangen. Wie ist es hier gebraucht? Transitiv, denn nur von transitiven, zielenden, Tätigkeitswörtern können wir eine persönliche Leideform bilden, wie es in diesem Falle geschehen ist. Was mag man also fühlen, wenn man sich „angemutet" fühlt? Auch die Anführungszeichen klären den Nebel nicht; sie lassen nur vermuten, daß der Autor „irgend" gefühlt hat: ich habe mir mit „anmuten" zuviel zugemutet und den Lesern zu wenig zugetraut. Aber weil er es bloß „irgend" und nicht richtig gefühlt hat, ließ er eben „angemutet" stehen.

4.3.14 Vergleiche, die zu nichts führen

Sprachliches Selbsttor

Gerd Krämer äußert in seinem Buch „im dress der elf besten" die Ansicht: „Sportlicher Erfolg läßt sich nicht stabilisieren wie der Soldatenkönig Friedrich Wilhelm I. die Souveränität seines Staates in einem ‚Felsen von Bronze'." Wo soll man mit dem Korrigieren anfangen? Der Autor schreibt „stabilisieren" und meint „konservieren", er schreibt „sportlicher Erfolg" und meint „sportliche Leistungsfähigkeit". Und dann konstruiert er einen Vergleich, bei dem einem die Haare zu Berge stehen. Läßt sich sportlicher Erfolg stabilisieren wie der Soldatenkönig Friedrich Wilhelm I.? Bestimmt nicht.

Vergleichen kann man auf dem Wege eines einfachen „wie" (Seid klug wie die Schlangen und ohne Falsch wie die Tauben) und auf dem Wege eines Nebensatzes (Ich habe gehandelt, wie du es mir geraten hast.). Der einfache Vergleich kommt mit einer Satzaussage aus; die mit Hilfe eines Nebensatzes herbeigeführte Vergleichsaussage verlangt je eine Satzaussage im Hauptsatz und im Nebensatz.

Herr Krämer hätte schreiben können: Sportliche Leistungsfähigkeit läßt sich nicht konservieren wie, durch Friedrich Wilhelm I., die Staatssouveränität in einem ‚Felsen von Bronze'. Oder besser: Sportliche Leistungsfähigkeit läßt sich nicht konservieren, wie es der Soldatenkönig Friedrich Wilhelm I. mit der Souveränität seines Staates in einem ‚Felsen von Bronze' gemacht hat.

Aus der Chemie

Sehen wir uns einige leicht durchschaubare Fälle aus der Fachliteratur an. Wenn man mehrere Faktoren gleichsetzen will, kann man das am einfachsten durch Gleichheitsstriche tun. Aber – aufgepaßt:

Im Durchschnitt sind erforderlich bei einem Farbstoffverbrauch von

unter 0,1 % = 2,5 % Egalisierungsmittel
0,1 – 0,5 % = 2,5 – 2 %
0,5 – 1 % = 2 – 1,5 %

Soll hier wirklich gleichgesetzt werden? Keineswegs! Man will sagen: „Bei einem Farbstoffverbrauch von weniger als 0,1 % sind im Durchschnitt 2,5 % Egalisierungsmittel erforderlich; bei einem Verbrauch von 0,1 bis 0,5 % Farbstoff 2,5 bis 2 % usw." Die Absicht war, diesen Satz durch tabellenartige Formulierung übersichtlicher zu machen, und dabei verfiel man auf das Gleichheitszeichen, das nicht hierher gehört.

Wie muß geändert werden, wenn man die Tabellenform beibehalten will?

Im Durchschnitt erfordert ein Farbstoffverbrauch von unter 0,1 % : 2,5 % Egalisierungsmittel

...

An die Stelle des mathematischen Zeichens für „ist gleich" kann hier der Doppelpunkt treten.

Noch besser wäre es, dieses Gebilde, das halb Satz und halb Tabelle ist, ganz in eine Tabelle aufzulösen:

Durchschnittswerte für das Verhältnis
zwischen Farbstoff- und Egalisiermittelverbrauch

Farbstoff	Egalisiermittel

Nur ein Schritt vom Weg

Mit Flüchtigkeitsfehlern haben wir es in den folgenden Sätzen zu tun: „Diese Marke hat den Vorteil einer noch größeren Lichtechtheit als *die von* XY." – „In der Farbstärke liegen wir jedoch mit Produkt A 20 bis 25 % unter *der von* Produkt B."

Ohne Fehler und normalisiert heißt das: „Diese Marke ist noch lichtechter als XY." – „Produkt A ist jedoch 20 bis 25 % farbstärker als Produkt B."

Wer es, jetzt im Vergleichen geübt, genau nimmt, wird auch die nachstehenden Aussagen beanstanden: „Anstelle dieses Produktes empfehlen wir den Einsatz von XY. Die Vorteile dieser Kombinationen liegen gegenüber der Alleinverwendung von Butadienbindern in einer verbesserten Lichtechtheit."

Ist es richtig gedacht, wenn man anstelle eines Produktes einen Einsatz von etwas empfiehlt? Muß man nicht vielmehr anstelle des einen Produktes ein anderes Produkt empfehlen?

Und kann man eine Kombination mit einer Alleinverwendung vergleichen? Oder muß man nicht auch hier die beiden Substanzen selbst einander gegenüberstellen?

Dann bekommt man: „Anstelle dieses Produktes empfehlen wir XY." (Was sonst, wenn nicht den Einsatz?)

Und: „Die Vorteile dieser Kombination gegenüber den Butadienbindern liegen in einer verbesserten Lichtechtheit."

Der letzte Satz ist noch an zwei anderen Stellen unbefriedigend. Man kündigt Vorteile an, hat aber in Wirklichkeit nur einen einzigen Vorteil vorzuweisen: eine verbesserte Lichtechtheit. Und, ist es eine verbesserte Lichtechtheit? Nein, es ist verbesserte Lichtechtheit schlechthin. Aus der Kritik ergibt sich:

„Der Vorteil dieser Kombinationen gegenüber den Butadienbindern liegt in verbesserter Lichtechtheit."

Oder „Diese Kombinationen sind lichtechter als die Butadienbinder allein."

Von Niederhaltern und Anpreßdruck

Bitte nicht erschrecken, das sind ganz harmlose Fachvokabeln des Maschinenbauers. Lassen Sie sich durch ihre Fremdartigkeit nicht ins Boxhorn jagen, sondern versuchen Sie sich einmal guten Mutes an einer kleinen Denksportaufgabe, die auch ohne Fachkenntnisse zu lösen ist.

In einem Text über Torscheren zum Schneiden von Walzgut findet sich folgende Stelle:

> „Damit bei allen Schneidgutdicken der gleiche Niederhalterdruck bestehen bleibt, wird der Niederhalter über einen hydraulisch-pneumatischen Druckübersetzer betätigt. Der gewünschte Anpreßdruck ist, im Gegensatz zum federbetätigten Niederhalter, auch zu Beginn des Schneidens vorhanden."

Es geht hier offenbar um die Vor- und Nachteile von zwei verschieden konstruierten Niederhaltern, also in die Torschere eingebauter Vorrichtungen, die das Walzgut, während es geschnitten wird, festhalten sollen, damit ein sauberer Schnitt entsteht.

Der zweite Satz enthält in seinem Aufbau einen Mißgriff. Es wird vom gewünschten Anpreßdruck im Gegensatz zum federbetätigten Niederhalter gesprochen und damit ein Vergleich herbeigeführt, der zu nichts führt, denn man kann nicht Heringe mit Zahlungsbefehlen oder Skatkarten mit Langstreckenläufen auf eine Stufe setzen. Wie häufig in Sprachfragen, so ist es auch in diesem Falle leichter, den Fehler festzustellen, als ihn zu ändern. Versuchen wir's!

„Der gewünschte Anpreßdruck ist, im Gegensatz zur Arbeitsweise beim federbetätigten Niederhalter, auch zu Beginn des Schneidens vorhanden.“

Der Irrtum des Originals ist nicht überwunden, nur verwischt, denn jetzt werden unerlaubterweise Anpreßdruck und Arbeitsweise verglichen. Vielleicht so:

„Der gewünschte Anpreßdruck ist, im Gegensatz zu dem des federbetätigten Niederhalters, auch zu Beginn des Schneidens vorhanden.“

Das ist auf den ersten Blick richtig. Und auf den zweiten? Der Satz drückt – wie gefordert – einen Vergleich zwischen vergleichbaren Größen aus: zwischen Anpreßdruck und Anpreßdruck. Das Problem ist also gelöst? – Nicht ganz! Um das zu verstehen muß man sich die Absicht der Aussage vergegenwärtigen. Soll tatsächlich zwischen zwei Anpreßdrücken verglichen werden? Nein, zwischen zwei verschieden gebauten Niederhaltern! Und um das zu erreichen, muß man einen tieferen Eingriff vornehmen:

„Damit bei allen Schneidgutdicken der gleiche Niederhalterdruck bestehen bleibt, wird der Niederhalter über einen hydraulisch-pneumatischen Druckübersetzer betätigt. Dadurch hat er, im Gegensatz zum federbetätigten Niederhalter, den gewünschten Anpreßdruck schon zu Beginn des Schneidens.“

Nachtrag: Dr. R.Th., Eisleben schlug folgende „einfachste“ Fassung vor: „. . . . Der Anpreßdruck ist, anders als beim federbetätigten Niederhalter, auch zu Beginn des Schneidens vorhanden.“ Ein guter Gedanke. Allerdings wird hier, wie bei Korrektur 2, der Anpreßdruck stärker betont als der Niederhalter, wenn auch in flüssigerer Form. Trotzdem, wer in der Praxis arbeitet, weiß, daß es oft darauf ankommt, eine Schwäche in einem schon gesetzten Text durch minimale Änderungen zu beseitigen. In der zitierten Fassung von Dr. R.Th. ist das gelungen.

Wenn‘s ums Geld geht

Um dieses schwierige Kapitel nicht ganz so „maschinell“ zu beenden, führe ich noch einen Satz aus der „Werbe-Rundschau“, Heft 50, an:

„Während der Anteil der Arbeitseinkommen Unselbständiger am Gesamteinkommen dauernd steigt, ging der Anteil der Einkommen aus der Unternehmertätigkeit von 39,4 % auf 37,7 % zurück und erreichte damit den niedrigsten Stand seit Kriegsende.“

Ob absichtlich oder zufällig: eine Ungenauigkeit beim Vergleichen lenkt die Gedanken des Lesers auf ein Vorurteil zu. Über die Unternehmergewinne wird eine sachliche Aussage gemacht; wir erfahren, was geschehen ist (ging der Anteil . . . zurück). Von dem Arbeitseinkommen der Unselbständigen wird dagegen gesagt, daß es „dauernd steigt". Wer diesen Satz liest, ohne ihn scharf zu bedenken, bekommt leicht das Gefühl: Die Einkommen der Unselbständigen steigen, und das geht immer so weiter. Aber – wer weiß denn das? Warum nicht auch hier die objektive, kontrollierbare Rückschau? Warum nicht: Während der Anteil der Arbeitseinkommen Unselbständiger am Gesamteinkommen dauernd stieg, ging der Anteil . . . .

Wie leicht hörte es sich doch in der Schule an, als uns beim Rechnen gesagt wurde, daß man nicht Äpfel und Birnen zusammenzählen, voneinander abziehen und miteinander vergleichen kann! Und wie schwer ist es doch im späteren Berufsleben, sich an diese Regel zu halten, wenn es nicht mehr um Äpfel und Birnen, sondern um so komplizierte Dinge wie federbetätigte Niederhalter und Einkommensverhältnisse geht! Ja, die „eingekleideten Aufgaben" haben's in sich.

4.3.15 Ergiebig – ausgiebig

Ist es gleichgültig, ob wir „ergiebig" oder „ausgiebig" schreiben, „Ergiebigkeit" oder „Ausgiebigkeit"? Viele scheinen das anzunehmen, denn man findet diese Wörter wild durcheinander benutzt für denselben Sachverhalt. Ein häufig auftretender Fall als Beispiel: „Die Ausgiebigkeit dieses Farbstoffes ist hervorragend." Richtig? Falsch? Zulässig? Unzulässig?

Rücken wir der Frage mit Hilfe alltäglicher Sätze zu Leibe:

„Auf Kegeltouren wird manchmal ausgiebig gezecht."

„Die Freunde waren der Ansicht, daß sie ergiebig gezecht hätten."

Geben wir den Sinn der beiden Aussagen mit anderen Worten wieder. Satz 1: Hier wird zweifellos die Ansicht geäußert, daß Kegelbrüder hin und wieder kräftig einen hinter die Binde gießen. Satz 2: Etwas ganz anderes, denn die erwähnten Freunde meinen, daß sie mit geringem Aufwand (an Geld zum Beispiel) zu einem guten Schluck gekommen sind. In diesem Sinne sagt auch die Hausfrau, daß ein Kaffee-Extrakt ergiebig sei, womit sie behaupten will, daß zwischen den Extraktmengen und den sich daraus ergebenden Mengen fertigen Kaffees ein günstiges Verhältnis besteht.

Neben dem gedanklichen Unterschied stellte sich uns jedoch, wollten wir „ergiebig" und „ausgiebig" als sinngleiche Wörter, als Synonyme, ansehen, auch ein grammatisches Hindernis in den Weg. Die folgenden Beispiele machen das deutlich:

„Der Kaffee-Extrakt ist ergiebig.“
„Die Freunde waren der Ansicht, daß sie ergiebig gezecht hätten.“

„Der Kaffee-Extrakt ist ausgiebig.“ (?)
„Auf Kegeltouren wird manchmal ausgiebig gezecht.“

Wir erkennen, daß „ergiebig“ als Eigenschaftswort und als Umstandswort benutzt werden kann, „ausgiebig“ dagegen nur als Umstandswort.

Damit haben wir gegen den eingangs angeführten Satz: „Die Ausgiebigkeit dieses Farbstoffes ist hervorragend.“ zwei wesentliche Einwände entdeckt: 1. Die Wörter „ergiebig“ und „ausgiebig“ bezeichnen verschiedenen Sachverhalte. 2. Das strittige „ausgiebig“ läßt sich nicht als artangebendes Eigenschaftswort, das heißt als selbständiges Satzglied verwenden, und daher ist auch das Hauptwort „Ausgiebigkeit“ als Artangabe zu einer Person oder einem Ding nicht möglich.

Zu Punkt 2 noch eine Anmerkung: Die „Ausgiebigkeit dieses Farbstoffes“, das ist zweifellos nicht nur gedanklich, sondern auch grammatisch falsch. Wie steht es jedoch damit: „Ausgiebigkeit unseres Arbeitens“ oder „Ausgiebigkeit unserer Zecherei“? Man hat das Gefühl, hier könnte man ein Auge zudrücken, weil „Arbeiten“ und „Zecherei“ Hauptwörter sind, die Tätigkeiten ausdrücken, so daß in diesen Wendungen etwas von der ursprünglichen Verbindung „Umstandwort + Tätigkeitswort“ erhalten geblieben ist.

4.3.16 Hin und her

Es ist schon so: Wenn uns etwas sehr Schwieriges ordentlich erklärt worden ist und wir es richtig begriffen haben, behalten wir es oft bis ans Ende unserer Tage. Auf ganz einfache Dinge trifft dagegen manchmal das Gegenteil zu. Unsere Vergeßlichkeit rührt wohl daher, daß wir sie zu leicht und zu schnell aufnehmen, die Beschäftigung unseres Verstandes mit ihnen zu kurz ist, unser Gehirn keine Zeit hat, den Eindruck zu verankern. Die Folge? Das flink Kapierte, das Problemchen, versetzt uns immer wieder in Unsicherheit, und wir leisten uns diesen und jenen Ausrutscher, über den wir später selbst den Kopf schütteln.

Zu derlei Geringfügigkeiten zählt die Unterscheidung zwischen „hin‘ und „her“. Diese beiden Wegweiser lassen sich selten allein sehen; sie ziehen es vor, untergehakt mit anderen Wörtern durch die Sprachlandschaft zu streunen: hingehen, herkommen, hinausklettern, herunterblicken, hinübertragen, heranpfeifen. Wann wählen wir „hin“ und wann „her“?

„Hin“ bezeichnet die Bewegung von jemandem oder von etwas weg, „her“ die Bewegung auf jemanden oder auf etwas zu. Wenn jemand seine Arbeit hinwirft, trennt er sich von ihr. Wird aber ein Angestellter von seinem Chef herbeizitiert, so muß er sich ihm, guten oder schlechten Gewissens, nähern.

Schlimmstenfalls schmeißt ihn der nach kurzer, einseitiger Unterredung hinaus, dann nämlich, wenn der Untergebene eine verkorkste Sache nicht wieder hinbiegen kann. Er ist in dem Falle hineingerasselt, vielleicht auch – ohne eigene Schuld – hineingeschliddert. Vergeblich versucht mancher Hinausgefeuerte in kummervollem Grübeln herauszukriegen, was er eigentlich angerichtet hat, wobei er zu dem fatalen Schluß kommt, daß er den Bogen mit hohen Tieren nicht heraus hat. Es haut einfach nicht hin. Dabei: er nimmt sich nie etwas heraus, was ihm nicht zusteht; dennoch muß er immer den Kopf hinhalten. Seinen Kollegen berichtet er treuherzig: „Wenn ich euch erzähle, wie ich wieder mal hineingesegelt bin, ihr schlagt lang hin.“ Zu allem Überfluß wird der Arme womöglich abends aus lauter Gram in eine Kneipe hineingeraten und so lange bechern, bis er völlig hinüber ist.

Einige Ausnahmen von der Regel dürfen uns nicht irremachen. Ein Verlag, der Bücher herausgibt, müßte sie, genau genommen, hinausgeben. Aber er ist eigensinnig und besteht auf der Herausgabe. Mit Erfolg. Sein Fachausdruck für die Veröffentlichung von Büchern setzt sich durch, wird anerkannt. Auch Leute, die andere herablassend zu behandeln pflegen, sind gegen jedes Argument gefeit. Sie sind und bleiben herablassend. Mit ihnen können es nur ganz Heruntergekommene aufnehmen, indem sie für sich gleiches Ausnahmerecht beanspruchen wie jene, welche wirklich oder scheinbar ganz oben thronen.

Nicht verschweigen wollen wir, daß sich die Sprache dort, wo ein „hin“ bei aller Richtigkeit zu förmlich klingt, einen Trick erlaubt. Wer redet, wie ihm der Schnabel gewachsen ist, wird kaum sagen: „Der Alte hat mich hinausgeworfen!“ Er sagt: „rausgeworfen“. Merken Sie die Pfiffigkeit? Nicht „herausgeworfen“, was falsch, mit Sicherheit falsch wäre und sich, fast ebenso wie „hinausgeworfen“, in sehr unbekümmerter Umgangssprache etwas steif ausnähme, sondern „rausgeworfen“. So wird dem Korrekten ausgewichen und das Falsche gemildert und verschleiert.

Allerdings – das müssen wir betonen –, solch frivoles Vorgehen ist der Umgangssprache angemessener als der Schriftsprache. Dort wollen wir „hin“ und „her“ auseinanderhalten und es nicht jenem Redakteur einer Berufslehrzeitschrift gleichtun, der ein Kapitel „Gutes Deutsch“ mit der Mahnung schließt: „Du fällst hier niemals mehr h e r e i n, prägst du die Regel fest dir ein!“ Sitzt er selbst denn schon drin?

4.3.17 Das tückische „wenn“

Bedingung – Gegenbegründung

Das bedingende und das zeitliche „wenn“ wird häufig in seiner Bedeutung nicht ernst genommen. Es liegt einem so gut auf der Zunge, daß man es stets gern benutzt, zumal es vielseitige „Fähigkeiten“ zu haben scheint. Vielseitige Fähigkeiten hat es wirklich, aber man darf sie nicht überschätzen; „wenn“ ist kein Mädchen für alles.

„Wenn ich bisher nachsichtig gewesen bin, so werde ich jetzt streng sein.“ Richtig wäre der Gedanke: Wenn Nachsicht nicht hilft, so hilft vielleicht Strenge. Das ließe sich hören. Aber „Wenn ich bisher nachsichtig gewesen bin, so werde ich jetzt streng sein“, diese Beziehung zwischen Gewohnheit und Absicht ist verschwommen und muß geklärt werden.

Das „wenn“ kann hier nicht zeitlich aufgefaßt werden, denn das, worauf es sich bezieht, ist vergangen, wie wir an „gewesen bin“ erkennen. Demnach muß „wenn“ bedingend, also durch „falls“ ersetzbar sein. Bilden wir den Satz: „Falls ich bisher nachsichtig gewesen bin, werde ich jetzt streng sein.“ Kann das der beabsichtigte Sinn der Aussage sein? Gewiß nicht. Der Schreiber wollte etwas ganz anderes mitteilen, nämlich: Ich bin zwar bisher nachsichtig gewesen, zweifellos (deshalb kein „wenn“), aber man denke nicht, daß ich nicht auch streng sein kann. In Dialogform aufgelöst: „Ich werde jetzt streng sein.“ – „Aber Sie sind doch bisher immer nachsichtig gewesen.“ – „Ja, das stimmt, und ich ändere meine Haltung auch nicht gern. Aber die Umstände erfordern es: Obwohl ich bisher nachsichtig gewesen bin, werde ich in Zukunft streng sein.“

Der Vordersatz soll also keine Bedingung ausdrücken, er soll einen Gegengrund zu dem im Nachsatz angekündigten Verhalten nennen einen Gegengrund, der allerdings nicht ausreicht, die Absicht zu blockieren. Wenn auch etwas dagegen spricht: trotzdem soll nun Strenge walten.

Und damit kommen wir dem Ursprung des falschen „wenn“ auf die Spur. Der Gedanke ist anfangs gewesen: „Wenn ich auch (wenngleich ich) bisher nachsichtig gewesen bin, so werde ich jetzt doch streng sein.“ Man strich das „auch“ oder „gleich“ und machte dadurch aus einer Gegenbegründung eine Bedingung.

Korrigiert: Obwohl ich bisher nachsichtig gewesen bin, werde ich jetzt streng sein. Und wem das zu stark ist, der mag schreiben: Während ich bisher nachsichtig gewesen bin, werde ich jetzt streng sein. Die erste Fassung weist auf den Gegengrund hin, der aber nicht ausreicht, das im

Nachsatz Angekündigte zu verhindern; die zweite Fassung betont das gegensätzliche Verhalten in Vergangenheit und Zukunft.

Wenn Sie also genau ausdrücken wollen, was Sie meinen, merken Sie sich bitte: Obwohl „wenn“ den einräumenden Bindewörtern „obgleich“, „obwohl“, „obschon“ über die Brücke „wenn auch“, „wenngleich“, „wennschon“ verwandt ist, dürfen Sie es nicht benutzen, wo Sie einen nicht genügenden Gegengrund zu dem im Hauptsatz Gesagten vorbringen oder einen Gegensatz darstellen möchten. Während „wenn“ eine Bedingung einleitet, dienen „obwohl“ (mit seinen Varianten) und „während“ der Bezeichnung des Gegengrundes und des Gegensatzes.

Bedingung – Gleichsetzung

Auch in Nebensätzen, die Identität ausdrücken sollen, begegnen wir dem unterordnenden Bindewort „wenn“. Leider, denn auch hier hat es nichts zu suchen. In einem Aufsatz „Die Meinungsbilder und die Werbung“ eines Marktforschers lesen wir: „Wenn die Theorie stimmt, dann hat Domitzlaff sicher recht, wenn er betont, man müsse die ‚Leithammel‘ als erste durch Werbung beeinflussen.“

Eigentlich hätte schon die häßliche Wiederholung den Autor davor bewahren müssen, auch im zweiten Fall „wenn“ zu wählen: aber er hat sie offenbar nicht wahrgenommen.

„Wenn die Theorie stimmt“: eine Bedingung wird gestellt, es wird etwas vorausgesetzt, „wenn“ leitet ein hypothetisches Urteil ein. Wir erwarten nun entweder eine versichernde Aussage wie: dann wirken aktive Menschen meinungsbildend – oder eine fordernde Aussage wie: dann muß man die „Leithammel“ als erste durch Werbung beeinflussen. Der Autor will die fordernde Aussage formulieren, zugleich aber sagen: dann hat Domitzlaff recht. Denn Domitzlaff ist es, der diese Forderung, daß man zuerst die „Leithammel“ beeinflussen müsse, aufgestellt hat.

Also: dann hat Domitzlaff recht. Womit? Mit seiner Behauptung, daß man die „Leithammel“ als erste beeinflussen müsse. Er hat recht, indem er dies behauptet, betont. Indem er es betont, spricht er eine Wahrheit aus. Vorausgesetzt, daß eine gewisse Theorie stimmt.

Indem man „indem“ mit „wenn“ vertauscht, fügt man der ersten Bedingung (Wenn die Theorie stimmt) eine zweite hinzu (dann hat Domitzlaff sicher recht, wenn er betont). Recht hat sicherlich der Leser mit seinen Gedanken, daß Domitzlaffs Behauptung nicht zweifelhaft ist, also nicht durch ein „wenn“ in Frage gestellt werden darf. Auch ein zeitliches „wenn“ kann nicht gemeint sein (Domitzlaff hat mit seiner Behauptung recht; indem er dies betont, hat er recht.) Das Rechthaben ist nicht an einen Zeitpunkt gebunden; die Aussage ist richtig an sich.

Anders ausgedrückt: Domitzlaff hat betont, man müsse die „Leithammel" als erste durch Werbung beeinflussen. Damit – indem er dies sagt – hat er sicher recht. Allerdings nur, wenn eine gewisse Theorie stimmt.

Welchen Fehler enthält der folgende Satz?

> Insbesondere bin ich nach diesem Experiment nicht mehr so fest davon überzeugt, daß wir so gänzlich schuldlos sind daran, wenn wir uns in drohendes Verhängnis immer ohnmächtiger zu verstricken scheinen.

Wenn der Satz ausdrückte, was der Autor denkt, so würden wir sagen: Indem er dem „wenn" noch ein „scheinen" zugesellt, läßt er von seinen Aussagen vor lauter Vorbehalten kaum etwas übrig. Was wird eigentlich behauptet? Folgendes: Wenn es scheint, daß wir uns immer mehr in drohendes Verhängnis verstricken, in dem Falle bin ich, insbesondere nach diesem Experiment, nicht mehr so fest davon überzeugt, daß wir ganz schuldlos daran sind. Am Anschein? An der Verstrickung? Wozu der Aufwand? Nicht genug damit, daß der Autor nicht weiß, ob wir uns in irgendetwas Unbestimmtes, irgendetwas Drohendes verstricken: er ist sich nicht einmal darüber im klaren, ob es den Anschein hat, daß diese Verstrickung vor sich geht. Und damit niemand herausbringen kann, wovon er überzeugt ist, wenn es wirklich und wahrhaftig zutreffen sollte, daß wir uns zu verstricken scheinen, zu diesem Zweck erklärt er, daß er dann nicht mehr so fest überzeugt sei. Wie fest ist er vorher überzeugt gewesen? Wie fest ist nicht mehr so fest? Und falls das alles wider Erwarten irgendeinem hellsichtigen Leser deutlich werden sollte, gibt es noch ein Hintertürchen – das wievielte? –, denn der Autor meint nicht etwa, er sei nicht mehr so fest davon überzeugt, daß wir schuldlos, nicht einmal daß wir gänzlich schuldlos wären, sondern: daß wir so gänzlich schuldlos wären. Jetzt haben wir's. Was? Ich weiß es nicht.

Versuchen wir, das Monstrum zu operieren! Indem von „immer ohnmächtiger verstricken" die Rede ist, wird vorausgesetzt, daß wir uns schon verstrickt haben. Also können wir das „scheinen" streichen und – worauf es uns hier ankommt – auch das „wenn". Der Autor wollte sagen: Das Verhängnis kommt immer näher, wir sind den Mächten immer ohnmächtiger ausgeliefert, wir verstricken uns immer mehr. Daß die Situation nicht günstiger, sondern ungünstiger für uns wird, daran sind wir selbst nicht schuldlos. An unserer angeblichen Schuldlosigkeit zweifele ich, besonders nach diesem Experiment. Kürzer: Nach diesem

Experiment bin ich nicht mehr sicher, ob wir ganz schuldlos daran sind, daß die Situation immer auswegloser wird.

Damit Sie dieses „wenn" in seiner ganzen Tücke durchschauen, ein drittes Beispiel, diesmal aus einem Brief technischen Inhalts:

> Es wäre wünschenswert, wenn dieses Produkt nach Möglichkeit durch das neue Erzeugnis zu ersetzen.

So stand es da. Fatal. Ersetzen wir „zu ersetzen" erst einmal durch „ersetzt würde" und „Es wäre wünschenswert" durch „Es ist zu wünschen"; denn „Es wäre zu wünschen" hätte nur in einer Aussage wie dieser Berechtigung: „Wenn XY eine gute Form bewiese, wäre es wünschenswert, daß er wieder in der Nationalmannschaft spielte."

Außerdem stört „nach Möglichkeit", denn es ist schon in „wünschenswert" oder „zu wünschen" enthalten.

Und nun das Wichtigste: Was ist zu wünschen? Wenn jenes durch dieses ersetzt würde? Nein! Daß jenes durch dieses ersetzt wird. Man weiß doch genau, was man wünscht; man wünscht, daß etwas geschieht. Unser Satz heißt also: Es ist zu wünschen, daß dieses Produkt durch das neue Erzeugnis ersetzt wird.

„Wenn" oder Grundform?

„Es ist nicht zweckmäßig, wenn du das tust." Der Satz wäre nur, abgewandelt, in einer Verbindung wie dieser sinnvoll: „Wenn du das wirklich tust, was du mir anvertraut hast, ist es nicht zweckmäßig, vor anderen darüber zu sprechen." Hier drückt „wenn" eine Bedingung aus, nicht aber in dem vorher angeführten Satz. Deshalb ist es dort falsch gesetzt. Berichtigt lautet die Aussage: „Es ist nicht zweckmäßig, das zu tun."

Noch ein Beispiel dazu: „Aus diesen Gedankengründen erscheint es zweckmäßig, wenn folgender Vorschlag diskutiert wird." Wieder hat man eine Ergänzung mit einer Bedingung verwechselt. Und außerdem: Gedankengründe? Richtiggestellt: „Aus diesen Gründen erscheint es zweckmäßig, folgenden Vorschlag zu diskutieren." Oder: „Aus diesen Gründen sollte folgender Vorschlag diskutiert werden."

Nicht besser: „Es besteht die Möglichkeit, die Reaktion durch Zusatz von Ammoniak zu bremsen, wenn die Bleiche zu schnell erfolgt." Besteht die Möglichkeit, die Reaktion durch Zusatz von Ammoniak zu bremsen nur, wenn die Bleiche nicht zu schnell erfolgt? Sie besteht auch, wenn die Bleiche nicht zu schnell erfolgt, bloß ist das Bremsen dann unnötig. Also: Die Reaktion läßt sich durch Zusatz von Ammoniak bremsen. Das nutzt man aus, wenn die Bleiche zu schnell erfolgt.

– Genau genommen, ist das Anhängsel im ersten wie im zweiten Satz überflüssig, denn niemand wird doch auf den Gedanken kommen, zu bremsen, wenn es nicht zu schnell geht. Was meinen Sie?

4.3.18 Unscharfe Sprachfotos

Irreführend und manchmal von unfreiwilliger Komik sind Sätze, die nicht deutlich zeigen, was zusammengehört. Aus einer Tageszeitung: „In seinem umfassenden Geständnis berichtete der bisher einwandfrei beleumundete Angestellte der Kriminalpolizei, daß er ..." Hat hier ein Angestellter der Kriminalpolizei, der bisher unbescholten war, in einem umfassenden Geständnis berichtet, daß er ..., oder ist der Kriminalpolizei von einem bisher unbescholtenen Angestellten in einem umfassenden Geständnis etwas berichtet worden?

In einem Sportbericht lesen wir: „5000 Zuschauer erlebten eine groß aufgelegte Bayerelf, die außer dem halben Dutzend Tore noch weitere zahlreiche große Gelegenheiten unausgenutzt ließ." Wer oft Sportzeitungen liest, ist routiniert genug, sich auf solche Berichte den rechten Reim zu machen. Wer aber mit dem Sportreportagenstil nicht vertraut ist, kann schnell zu dem trügerischen Schluß finden, daß die groß aufgelegte Bayerelf außer einem halben Dutzend Torgelegenheiten noch allerhand sonstige Chancen, sich in den Vordergrund zu spielen, ausgelassen habe. Warum schreibt man nicht: „5000 Zuschauer erlebten eine gut aufgelegte Bayerelf, die ein halbes Dutzend Tore schoß und zahlreiche weitere große Gelegenheiten .." Ja, und nun merken wir, daß der Satz auch sonst auf schwachen Beinen steht, denn selbst wenn man die Sache mit den sechs Toren klärt, stört noch, daß in einem Atemzuge von guter Form und zahlreichen ungenutzten großen Gelegenheiten berichtet wird. Darin liegt ein Widerspruch, den man nur durch radikalen Umbau des Satzes lösen kann: „5000 Zuschauer erlebten eine gut aufgelegte Bayerelf, die ein halbes Dutzend Tore schoß und noch zahlreiche Treffer mehr erzielt hätte, wenn die Gäste nicht vom Glück begünstigt gewesen wären."

Unsauber ist auch der Satz: „Ein Abstellen der Waschbatterie, d.h. eine Unterbrechung des kontinuierlichen Auslaufs, soll nach Möglichkeit unterbleiben, doch läßt sich dies auch bei sorgfältigster Überwachung kaum vermeiden." Es soll etwas unterbleiben, also nicht geschehen, doch ist dies kaum zu vermeiden? Was: daß es nicht geschieht oder daß es geschieht? Wir verbessern: „Ein Abstellen der Waschbatterie, d.h. eine Unterbrechung des kontinuierlichen Auslaufs, soll unterbleiben; aber selbst bei sorgfältiger Überwachung ist das kaum zu erreichen."

Die nachstehende Aussage ist unklar, weil Bezugswortsätze das Bezugswort sowohl näher zu bestimmen als auch ihm etwas beizufügen vermögen: „Diese Spindelverbindung enthält nur wenige Einzelteile, die genauestens ausgewuchtet werden können.“ Das kann erstens heißen: „Diese Spindelverbindung enthält nur wenige solche Einzelteile, die genauestens ausgewuchtet werden können.“ Und es kann zweitens heißen: „Diese Spindelverbindung enthält überhaupt nur wenige Einzelteile, und sie alle können genauestens ausgewuchtet werden.“ Wie verhält es sich wirklich?

4.3.19 Plakate, die ins Schwarze treffen

Eine Vorstufe der beliebten Bildvermengung ist das Verbinden von Tätigkeitswörtern und Hauptwörtern, die nicht zueinander passen. Der Werbekorrespondent einer Tageszeitung schrieb: „Wir erlauben uns die Anfrage, ob wir uns für Sie wieder eine Idee einfallen lassen dürfen.“ Man sollte sich die Anfrage lieber nicht erlauben. Entweder man darf etwas ohne Erlaubnis, dann ist die Einleitung nur Geschwätz; oder man darf etwas nicht ohne Erlaubnis, dann steht es dem Partner, nicht aber einem selbst zu, sie zu erteilen.

Daß man sich, sobald jemand eine Anfrage mit „ja“ beantwortet, eine Idee einfach einfallen läßt, wie man sich ein halbes Pfund Butter geben läßt, überrascht. Aber bedenken wir, daß manche Leute enorme Beziehungen haben: die wissen eben, wie man an die Güter des Geistes herankommt. Trotzdem mögen wir uns noch nicht zufriedengeben. Wieso fällt einem eine Idee ein? Ist nicht eine Idee schon ein Einfall? Wir sind gewöhnt zu sagen: „Ich habe eine Idee.“ – „Ich habe einen Einfall.“ – „Mir kommt da eine Idee.“ Nicht gewöhnt sind wir dagegen, daß uns ein Einfall einfällt. Diese Formulierung würden wir nur dann für richtig halten, wenn uns einfiele, daß wir irgendwann einmal einen Einfall gehabt haben. Für den zitierten Satz aber schlagen wir vor: „Dürfen wir wieder eine Werbe-Idee für Sie ausarbeiten?“ Oder, noch besser: „Dürfen wir Ihnen wieder einen Vorschlag machen?“

Von einem Farbstoff heißt es in einem Bericht: „Die Marke liegt blauer als die entsprechende Konkurrenzmarke.“ Liegt die eine Marke blauer als die andere? So wie die Dinge liegen, liegt sie nicht blauer: sie ist blauer. Aber auch das ist noch nicht ganz befriedigend. Korrekter wäre: Die Marke ergibt einen blaueren Farbton als die entsprechende Konkurrenzmarke. Und ganz korrekt: Der Farbstoff ergibt einen tieferen Blauton als der Konkurrenzfarbstoff.

Daß mit Bedingungen nicht zu spaßen ist, mag das folgende Beispiel zeigen: „Dieses Produkt ist für die Beflockung von Textilien aus solchen Fasern geeignet, die den erforderlichen Fixierbedingungen standhalten.“ Halten sie den Bedingungen stand? Bedingungen kann man akzeptieren, verweigern, erfüllen, mißachten, übersehen; aber ihnen standhalten? Dafür sind nun wieder scharfe Blicke eines Vorgesetzten, die Wellen der Nordsee und die anstürmenden Hausfrauen beim Schlußverkauf da. Ihnen kann man als kleiner Angestellter, Sommerurlauber oder Verkäufer standhalten. Und deshalb besser: „Dieses Produkt ist für die Beflockung von Textilien aus solchen Fasern geeignet, die den erforderlichen Fixierbeanspruchungen standhalten." Gut so? Halt, die „erforderlichen Fixierbeanspruchungen" wollen wir „Fixierbeanspruchungen" werden lassen, denn warum sollten sie erforderlich sein? Das Fixieren ist erforderlich, die damit verbundenen Beanspruchungen sind es nicht; sie sind vielmehr unvermeidbar.

Ein Beitrag zu unserem Thema aus den Monatsheften für praktische Psychologie: „So bauen Sie Pluspunkte auf, denn mit schrittweise erlangter Zustimmung bauen Sie das Fundament für den Abschluß." Häuser kann man aufbauen, zum Beispiel mit Hilfe fremder Gelder, Hindernisse für den 110-m-Hürdenlauf lassen sich ebenfalls aufbauen, aber Pluspunkte – nein, die sind ungeeignet. Punkte sind gedachte Stellen, Stellen ohne Ausdehnung. Wie will man die aufbauen? Selbst wenn wir sie uns in diesem Zusammenhang als eine Art Gewinnmarken vorstellen, gelingt das nicht. Pluspunkte baut man nicht auf, man sammelt sie.

Das letzte Beispiel hat uns der richtigen, herzerfrischenden Bildvermengung schon näher gebracht. Und jetzt hinein ins Vergnügen! Aus einer Fasern-Anzeige: „Taue, auf die man bauen kann . . ." Das Bauen scheint's vielen angetan zu haben, und beinahe regelmäßig bauen sie, wo es verboten ist. An Tauen kann man ziehen und zerren, und einige halten das aus. Bauen sollte man jedoch lieber nicht auf sie.

4.3.20 Einiges über „um zu"

Die Nebensatzeinleitung „um zu" ist beliebt. Sie hat nämlich einen nicht zu unterschätzenden Vorteil: Man weiß mit Sicherheit, daß vor diesem „um zu" ein Komma stehen muß, während das gleich zweifelhaft werden kann, wo das „zu" ohne seinen Begleiter auftritt.

Über der Freude begeht man leicht die Unvorsichtigkeit, sein vertrautes „um zu" überhaupt keiner Problematik fähig zu halten. Und das ist verhängnisvoll.

Einer der Fehler, zu denen „um zu" verführt, sollte sich eigentlich herumgesprochen haben. Trotzdem müssen wir ihn erwähnen. So mancher, der eine „flotte Feder" schreibt, und keine Zeit findet, zu prüfen, was er geschaffen hat, verfängt sich nämlich immer in der alten Schlinge. Der Fehler besteht darin, als Absicht hinzustellen, was in Wirklichkeit ganz überraschend, also gar nicht absichtlich geschehen ist: „Er fuhr zu seiner Tante aufs Land, um sich dort das Bein zu brechen.“ Wer tut das schon! Wer strebt einen Beinbruch an! Wenn wir einen Nebensatz mit „um zu“ bilden, haben wir uns zu fragen, ob eine Absicht vorliegt; nur dann ist diese Einleitung berechtigt.

Eine Ausnahme müssen wir allerdings billigen. Die falsche Verwendung von „um zu“ kann, bewußt gewählt, hin und wieder als Stilmittel dienen: wenn man seiner Aussage eine hintergründige Andeutung mit auf den Weg geben will. Beispielsweise könnte in einem Roman von Hemingway der Satz stehen: „An der Bar begann der kleine Matrose einen Streit, um verprügelt zu werden.“ Er hätte den Sinn: Der kleine Matrose wollte, ohne es vor sich selbst zuzugeben, tatsächlich verprügelt werden, um sich entweder damit zu beweisen, daß er ein Schwächling sei, oder um seine Ansicht bestätigt zu erhalten, daß sich die Angst vor Schmerzen und Erniedrigung überwinden lasse. Oder, man kann sich vorstellen, daß ein Satiriker schriebe: „Die XY-Zeitung schweigt mich tot, um ihrer Hilflosigkeit vor mir Ausdruck zu geben.“ Das eigentlich fehlerhafte „um zu“ hätte einen nicht überhörbaren ironischen Unterton und wäre gerechtfertigt.

Ein anderer Fehler, der schon häufiger vorkommt und manchmal etwas schwerer zu durchschauen ist, ergibt sich daraus, daß man seinem „um zu“ einen verkehrten Satzgegenstand zuordnet oder, in strengem Sinn, gar keinen.

„Der Werbeleiter schickte Herrn X auf die Messe, um Erfahrungen zu sammeln.“ Wer sollte Erfahrungen sammeln? Wahrscheinlich Herr X. Eben das aber drückt der Satz nicht aus. Um zu erreichen, daß er das ausdrückt, hätte geschrieben werden müssen: „Der Werbeleiter schickte Herrn X auf die Messe, damit er Erfahrungen sammele.“ Oder, noch klarer: „Der Werbeleiter schickte Herrn X auf die Messe, um ihm Gelegenheit zu geben, Erfahrungen zu sammeln.“ Das Tückische an unserem Originalsatz ist: Auch in der falschen Form ergibt er einen Sinn, nur nicht den gemeinten. So, wie der Satz da steht, bedeutet er: Der Werbeleiter schickte Herrn X auf die Messe, weil er mit ihm Erfahrungen sammeln wollte, weil er ermitteln wollte, wie sich Herr X bei einem solchen Messebesuch anstellen würde.

Sie sehen an diesem Beispiel, daß ein kleiner Beziehungsfehler, den man in das Kästchen „Grammatik“ werfen kann, auch eine Informationsunsicherheit ins Leben rufen kann.

Beim Erläutern des Fehlers, „um zu“ falsch anzuschließen, habe ich gleich ein Beispiel für einen anderen Fehler gegeben, einen Fehler, der entsteht, wenn man „um zu“ gar nicht anschließt: „Um zu erreichen, daß er das ausdrückt, hätte geschrieben werden müssen:“.

Zu einer Absicht gehört eine Person oder eine Gruppe von Personen. Die Person oder die Gruppe von Personen ist Satzgegenstand des Hauptsatzes: auf diese oder jene bezieht sich das den Nebensatz einleitende „um zu". In unserem Beispielsatz können wir die Person oder die Personengruppe nicht entdecken. Wer hat also die Absicht, „dies zu erreichen"? Es gelingt uns sofort, das festzustellen, wenn wir den Hauptsatz aus der Leideform in die Tatform übersetzen: Aus „hätte geschrieben werden müssen" wird „hätte man schreiben müssen". Dieses „man", das unbestimmte Fürwort der dritten Person, kann sowohl für eine einzelne Person stehen als auch für eine Gruppe von Personen als auch für die ganze Menschheit. In unserem Beispiel ist eine bestimmte Person gemeint, deren Name aber nicht genannt wird, für deren Namen das unbestimmte „man" eintritt. Dieses „man" ist das Bezugswort für „um zu".

Wer einen solchen Fehler begeht, darf zwar als mildernden Umstand für sich geltend machen, daß keine Verwechslung möglich und der Sinn der Aussage eindeutig ist, aber was bleibt, ist eben doch ein schief gebauter, ein unlogisch gebauter Satz.

4.3.21 Vorsicht bei Garantie!

Wie wichtig Verhältniswörter sein können, wie entscheidend an ihnen manchmal die Bedeutung der ganzen Aussage hängt, erkennen wir an einem Rätsel, das uns das Wörtchen „bei" aufgibt. Wollene und wollhaltige Textilien sind bekanntlich stets der Gefahr ausgesetzt, durch Motten zerstört zu werden. Je wertvoller das Stück, desto verständlicher ist der Ärger der Hausfrau, die solchen Mottenschaden erleiden muß. Da Omis Mottenkiste und allerlei althergebrachte Hausmittel mehr einer Art Beschwörung als wirklicher Abwehr dienen, haben sich einige Firmen der chemischen Industrie daran gemacht, etwas zu erfinden und zu produzieren, was wirklich hilft. So kennen wir beispielsweise Eulan. Wer einen Teppich, eine Couch oder ähnliches mit dem Gütevermerk „Mottenecht durch Eulan" kauft, darf sicher sein: die gefräßigen Mottenlarven werden sein Hab und Gut unbehelligt lassen.

Nun kann es aber auch passieren, daß einem der Vermerk „Garantie bei Mottenschaden" begegnet. Als gutgläubiger Mensch, der dazu in Eile ist, nimmt man an, auch diese Auszeichnung verbürge, daß mit ihr versehene Textilien gegen Mottenangriffe geschützt seien. Stimmt das wirklich? Ist die gewählte Formulierung nicht ein wenig seltsam? Im allgemeinen übernimmt man „Garantie für" etwas, zum Beispiel dafür, daß eine Marmelade keine künstlichen Farbstoffe enthält, ein Kleid aus reiner Seide ist, ein Wollstoff nicht von Motten angefressen wird. Man garantiert eine Eigenschaft.

Daneben spricht man von der „Garantie auf" etwas. So erhält man bei einem Kühlschrank Garantie auf die Kühlmaschine, gewöhnlich für fünf Jahre. Das bedeutet: Wenn sich an der Kühlmaschine innerhalb der ersten fünf Jahre nach dem Kauf Mängel zeigen, setzt die Firma das Aggregat kostenlos wieder instand oder leistet Ersatz. Und das heißt eigentlich: Der Hersteller hat die Kühlmaschine so konstruiert und gebaut, daß sie in der Regel mindestens fünf Jahre lang einwandfrei funktioniert. Er garantiert also im Grunde wiederum eine Eigenschaft, nämlich Haltbarkeit und Funktionstüchtigkeit, und ergänzt diese Garantieleistung dadurch, daß er in einem nicht normal verlaufenden Fall die, vielleicht infolge eines Fabrikationsfehlers, vorzeitig verlorengegangene Eigenschaft wieder herstellt.

Und was besagt nun „Garantie bei Mottenschaden"? Garantiert wird die Ersatzleistung im Fall eines Mottenschadens. Von Ersatzleistung ist allerdings nicht die Rede, denn dieser Hinweis würde gleich zu erkennen geben, daß entsprechend gelobte Textilien in gar keiner Weise vor Motten geschützt sind. Die eindeutige Formulierung „Ersatz bei Mottenschaden" würde jeden wissen lassen, welcher Sachverhalt wirklich besteht. Das hätte jedoch den Nachteil, daß sich viele Leute sagten: Erstens habe ich, wenn ein Mottenschaden eintritt, mit der Reklamation Arbeit, Zeitverlust und womöglich Ärger, und zweitens können die Mottenlarven, die sich in diesem Stück eingenistet haben, sehr leicht auch andere Wolltextilien in meinem Haushalt befallen; dann doch lieber gegen Motten geschützte Sachen kaufen. Was tut der kluge Werbemann, er nimmt statt des zweischneidigen Wortes „Ersatz" das Sicherheit und Leistungsstärke ausstrahlende Wort „Garantie" und damit es sich ihm zur Verfügung stellt, bedarf es des kleinen Tricks mit dem Verhältniswort „bei". Sie sehen, hinter den oft gelästerten sprachlichen Spitzfindigkeiten steckt manchmal handfeste Realität, und es geht nicht nur darum, zu schreiben, was man selbst meint, sondern auch darum, zu erkennen, was der andere meint.

4.3.22 Konsequenz

Ein mißlungener Anfang

Anfangen ist nicht nur deshalb schwierig, weil einem anfangs nichts einfällt oder man, zum Beispiel beim Sport, noch nicht in Form, noch nicht richtig warm ist, sondern auch deshalb, weil man sich mit seinem Anfang oft schon für die Zukunft festlegt. Wer beim Hochsprung im rechten Winkel zur Latte anläuft, muß andere Sprungbewegungen ausführen als jemand, der in stumpfem Winkel anläuft. Wer einen Satz in einer bestimmten Weise beginnt, muß ihn dementsprechend beenden.

Gern benutzt wird die Einleitung „angefangen vom“ oder „angefangen von“. Sie verlockt zu mehreren Fehlern. Sehen wir uns solch einen Satz aus der Nähe an: „Das neue Walzwerk, angefangen vom Stoßofen bis zum Verladegleis, setzt sich im wesentlichen aus folgenden Einrichtungen zusammen:“.

Als erstes: Die Wendung „angefangen vom“ ist hier fehl am Platz, denn ich fange, in diesem Falle meine Aufzählung, nicht vom, sondern beim oder mit dem Stoßofen an. Als zweites: Ob ich vom, beim oder mit etwas anfange, jedesmal muß ich bei oder mit etwas aufhören; ich darf nicht mit „bis zum“ schließen, denn es paßt nicht zum Anfang. Dazu paßt es nur dann, wenn ich einfach mit „vom“ beginne, wie es in diesem Satze hätte geschehen sollen, nämlich so: „Das neue Walzwerk – vom Stoßofen bis zum Verladegleis – setzt sich im wesentlichen aus folgenden Einrichtungen zusammen:“.

Die gleiche Schwäche hat der folgende Satz: „Es gibt keine Tätigkeit im Menschenleben, angefangen von den einfachsten Vorgängen des Alltags über Sitte und Brauch, Technik und Wirtschaft, Religion und Recht, Kunst und Wissenschaft, die nicht in mannigfaltigster Weise an Sprachgebrauch gebunden ist.“ Auch hier wird mit der Formulierung „angefangen von“ begonnen: nur daß diesem schlechten Anfang diesmal überhaupt kein Ende folgt, denn nach dem ausschweifenden Mittelteil über Sitte und Brauch . . erwartet man vergeblich, daß der hoch gezogene Gedankenbogen in einer Abwärtsbewegung sein Ende finde. Statt dessen wird die erläuternde Einschiebung abgerissen und der Hauptgedanke fortgeführt.

Nicht nur . . . , sondern auch . . .

Zwingende Satzanfänge wie „angefangen vom“ sind zahlreich. Unter ihnen nimmt „nicht nur“ einen erhöhten Platz ein, wozu unser Lateinunterricht beigetragen haben mag. Noch notwendiger als die Mahnung, mit dieser Importware sparsam umzugehen, scheint mir der Aufruf zu sein, dem weit ausholenden „nicht nur“ auch wirklich das erwartete „sondern auch“ folgen zu lassen, und es nicht verstümmelt folgen zu lassen, wie hier: „Das Produkt ist deswegen nicht nur für den maschinellen Auftrag geignet, sondern sollte in all den Fällen zumindest anteilig mitverwendet werden, wo Krümelbildung auftritt.“ Sehen wir von der Verdoppelung „anteilig mitverwendet“ und dem nicht ganz befriedigenden „in allen Fällen . . . wo“ ab, so vermissen wir doch schmerzlich hinter „nicht nur . . . , sondern“ das „auch“. Nicht nur, weil diese Fortsetzung üblich, sondern auch, weil sie notwendig ist. Die beiden Glieder, „nicht nur“ und „sondern auch“, wirken als eine verstärkte, eine betonte Aufzählung; sie sagen: dies und das; das eine und das andere. Läßt man jedoch „nur“ und „auch“ weg, so wird aus dem

Aufzählen ein Ausschließen, ein Gegenüberstellen: nicht dies, sondern das; nicht das eine, sondern das andere. Setzt man zwar „nur“, verzichtet aber auf „auch“, kommt ein Gebilde zustande, das weder Fisch noch Fleisch ist, das weder leben kann noch sterben will.

Einerseits . . . , andererseits . . .

Wer eine raffiniertere Methode anwenden möchte, die Logik zu verzerren, präsentiert zwar treu und brav zwei Glieder, wo zwei Glieder verlangt werden, aber – eins davon verschiebt er auf ein Nebengleis, das zu dem Hauptgleis, auf dem das andere Glied wartet, keine Verbindung hat. In dem folgenden Satz ist dieses Kunststück mustergültig vorgemacht: „Die koagulierbaren Verdickungsmittel werden in der Regel mit nicht koagulierenden kombiniert, einerseits um die Koagulate so weit aufzulockern, daß das Wandern der Leukoverbindungen aus der Verdickung in die Faser möglichst erleichtert und andererseits eine möglichst hohe Ausgiebigkeit bzw. Farbstärke der Drucke erreicht wird.“

Beseitigen wir vorweg einen Wortfehler und eine Ungenauigkeit: Es muß natürlich „Ergiebigkeit“ statt „Ausgiebigkeit“ heißen, und das mehr verschleiernde als klärende „bzw. Farbstärke“ ersetzen wir durch „und damit eine gute Farbstärke“.

Aber nun zu den zwei Seiten: „Die koagulierbaren Verdickungsmittel werden in der Regel mit nicht koagulierenden kombiniert“, aus zwei Gründen: einerseits um . . . , andererseits um . . . ! So wäre die Konstruktion richtig. Sie sehen aber, daß sie so nicht entwickelt worden ist. Von „einerseits um . . .“ hängt ein Nebensatz, ein daß-Satz ab, und in diesem untergordneten daß-Satz hat man „andererseits“ einquartiert, obwohl es ja der Sache nach dem „einerseits um . . .“ nicht untergeordnet, sondern gleichgestellt ist. Betten wir das Anschlußglied um, übergehen wir dabei auch gleich die beiden überflüssigen „möglichst“ und verschaffen wir dem „um“ einen sichtbaren Satzgegenstand: „Die koagulierbaren Verdickungsmittel kombiniert man in der Regel mit nicht koagulierenden, einerseits um die Koagulate so weit aufzulockern, daß das Wandern der Leukoverbindungen aus der Verdickung in die Faser erleichtert wird, andererseits um eine hohe Ergiebigkeit und damit eine gute Farbstärke der Drucke zu erreichen.“

4.3.23 Gelockerte Bindungen

Eine Illustrierte druckte einen Artikel, der die fette Überschrift trug:

Der
Mädchen
Mord in Mexiko

Natürlich denkt falsch, wer hier richtig denkt. Es handelt sich keineswegs darum, wie der Titel ausdrückt, daß ein Mädchen oder mehrere Mädchen in Mexiko einen Mord begangen hat oder haben, daß der Mädchen Mord (nicht: Ermordung!) zu melden wäre, sondern darum, daß dort Mädchen, die, wie es heißt, nichts mehr nützten, erschlagen worden sein sollen. Ich bin mir allerdings nicht sicher, ob man Berichterstattern glauben darf, die schon in ihrer Überschrift die Ermordeten mit den Mördern verwechseln.

Man mag empört rufen: „So war's ja nicht gemeint!" Und: „Böswillige Auslegung!" Und: „Das wollte ja kein Mensch behaupten!" Gemeint oder nicht gemeint, Auslegung hin und Auslegung her, gewollt oder nicht gewollt: Ein Bindestrich ist eben doch keine Kleinigkeit. Der Fall beweist es.

Der Duden macht zum Beispiel auf die Zweideutigkeit des Wortes Druckerzeugnis aufmerksam. Es könne bedeuten: 1. Erzeugnis einer Druckerei, 2. Zeugnis für einen Drucker. Bei möglichen Mißverständnissen solle man schreiben: Druck-Erzeugnis oder Drucker-Zeugnis. Wenn nun aber der Bindestrich in Mädchen-Mord überflüssig ist, wie der Autor und die Illustrierte offenbar meinen: warum dann nicht auch Druck Erzeugnis und Drucker Zeugnis schreiben?

Deshalb nicht, weil auf die Weise ein Drucker entstände, der Zeugnis heißt, ein Herr Zeugnis, der von Beruf Drucker ist. Für die deutsche Sprache gilt die Regel, daß zusammengesetzte Wörter auch zusammen geschrieben werden: Personenaufzug, Nachtgebühr, Friedensvertrag. Die Zusammenschreibung bleibt selbst dann aufrechterhalten, wenn diese Wörter sehr lang sind. Um sie trotzdem übersichtlich zu machen, behilft man sich mit Bindestrichen, also Strichen, die nicht etwa trennen, sondern, wie der Ausdruck ja sagt, binden und damit die Einheit des Wortgebildes wahren: Werkzeitschrift-Jubiläumsausgabe, Unfallversicherungs-Neuregelungsgesetz. Warum muß aber eine solche Zusammensetzung überhaupt als ein Wort gedacht werden?

Dazu einige Sätze:
Diese Ausgabe bringt einen Bericht über die Unfälle im Monat Januar.
Die Jubiläumsausgabe hat doppelten Umfang.
Eine Zeitschriften-Jubiläumsausgabe sollte in jedem Fall etwas Besonderes bieten.
Unsere Werkzeitschrift-Jubiläumsausgabe mußte in sehr kurzer Zeit fertiggestellt werden.

Diese vier Sätze machen deutlich, daß drei Teile des aus vier Teilen zusammengesetzten Wortes Werkzeitschrift-Jubiläumsausgabe Beifügungen sind. In jedem Satz ist von einer Ausgabe die Rede, nur daß der Begriff „Ausgabe" immer näher bestimmt, das heißt: in seinem Bedeutungsumfang eingeschränkt wird. „Ausgabe“ ist das Grundwort dieser Zusammensetzung, „Jubiläum“, „Zeitschrift“, „Werk“ sind Bestimmungswörter, wobei „Zeitschrift“ im Grund wiederum in sich eine Zusammensetzung ist, in der „Schrift“ als Grundwort, „Zeit“ als Bestimmungswort auftritt, die aber in der neuen Einheit nicht einen eingeschränkten, sondern einen ganz neuen Begriff abgibt.

Eigentlich ist der Sachverhalt in den beschriebenen Fällen so klar, daß gar keine Unsicherheit aufkommen dürfte. Etwas schwieriger wird es, wenn ein Begriff Maßbezeichnungen enthält. Dabei kann nicht nur die Rechtschreibungsregel mißachtet, sondern auch der Sinn entstellt werden. Ist es zum Beispiel richtig, bei einem Geschäft anzufragen, ob es 4 kg-Gewichte vorrätig habe? Es ist richtig, aber nur dann, wenn man damit 4 1-kg-Gewichte meint. Hat man es dagegen auf Gewichte von je 4 kg abgesehen, so muß man 4-kg-Gewichte schreiben, also durchkoppeln.

Fehler passieren häufig auch bei Zusammensetzungen mit einem Produktennamen. Hier einige Beispiele:

Verifax Kopiergeräte
Polaroid Land Kamera
Autoflug Sitzgurt
Waldorf-Astoria Cigarette

Wie es richtig wäre, zeigen die folgenden Zusammensetzungen:

RuC-Sumatra-Zigarren
Forchheim-Folie
China-Martini-Grog
Klippan-Sicherheitsgurte
Herren-„Auto-Knirps“
Vitamin-B-Komplex

Noch zweifelhafter wird die Sache, wenn Ziffern ins Spiel kommen. So schreibt man zwar korrekt Klippan-Sicherheitsgurt, aber inkorrekt Klippan 2-Punkt-Gurt. Warum sollte die 2 nur an Punkt-Gurt, jedoch nicht an Klippan gebunden werden? Das oft vorgebrachte, aber nicht überzeugende Argument, man wolle Produkt- oder Firmennamen immer für sich schreiben, fällt hier weg, denn man hat sich ja zu Klippan-Sicherheitsgurt entschlossen. Die Begriffe „Klippan“ und „2-Punkt-Gurt“ stehen hier unverbunden, wie es bei uns – im Gegensatz zum Englischen (United States Lines) – nicht erlaubt ist.

Eine besondere Schwierigkeit ergibt sich, wo zwei mehrfach gegliederte Wörter miteinander verbunden werden sollen, zum Beispiel „Vitamin-A-Komplex“ und „Vitamin-B-Komplex“. Man kann im ersten Wort das Glied „Komplex“, im zweiten das Glied „Vitamin“ weglassen.

Warum sollten die beiden Teile in der neuen Zusammensetzung doppelt vorhanden sein! Will man jedoch die Gültigkeit des jeweiligen Teils auch für das jeweils andere Wort kennzeichnen, so darf man nicht schreiben:

Vitamin A und -B-Komplex
Vitamin A- und B Komplex
Vitamin-A- und B Komplex
Vitamin A und -B-Komplex
Vitamin-A und B-Komplex
Vitamin A- und B-Komplex
Vitamin-A und -B Komplex
Vitamin-A- und B-Komplex
Vitamin-A und -B-Komplex

Es müssen vielmehr die Buchstaben A und B mit ihrem ausgeschriebenen Vor- oder Nachwort und zusätzlich mit ihrem im Nachbarwort enthaltenen Ergänzungswort verbunden werden. Also:

Vitamin-A- und -B-Komplex

Viele Bindestriche mögen den einen oder anderen stören. Die Willkürlichkeit, mit der hier vorgegangen wird, läßt allerdings den Verdacht aufkommen, daß sehr oft nicht begründete Ablehnung, sondern Flüchtigkeit am Werk ist. Ein Beispiel dafür lieferte eine Werkzeitschrift (nicht die Bayer-Werkzeitschrift!). Sie enthielt einen Beitrag mit dem Titel „Die Carl-Duisberg-Gesellschaft", was sprachlich und sachlich lobenswert ist. Im ersten Satz ist dann jedoch von der Carl Duisberg-Gesellschaft die Rede, worüber man sich nicht freuen kann. Warum nach Lust und Laune verfahren? Die Regeln sind klar. Beachten wir sie!

4.3.24 Bitte seien Sie so freundlich und ...

Na und? Wer sich die Mühe macht und darüber nachdenkt, dem wird einfallen, daß man aus eins nicht ohne weiteres zwei zaubern kann. Würden Sie sich den Gefallen tun, die Frage aufmerksam zu prüfen?

In diesen beiden Sätzen steckt schon des Pudels Kern. Wir hören oder lesen immer wieder: „Bitte seien Sie so freundlich u n d schließen Sie die Tür." oder: „Haben Sie doch die Güte u n d stellen Sie das Radio ab." oder: „Würden Sie die Freundlichkeit haben u n d uns die neusten Werte bis Ende des Monats durchzugeben?"

„Bitte seien Sie so freundlich", das ist keine vollständige Aussage, denn der Aufgeforderte weiß ja noch nicht, durch welches Tun er sich als freundlich erweisen soll. Und daß ein Tun von ihm gewünscht wird, läßt ihn das Wörtchen „so“ erkennen, wie er es in den übrigen Fällen aus den Formulierungen „die Güte“ und „die Freundlichkeit“ entnehmen muß.

Anders wäre es, wenn man ihn bäte: „Haben Sie doch Güte.“ oder: „Bitte seien Sie freundlich.“ Er würde eine vielleicht süßsaure Miene machen, und damit hätte sich's. Nach der Einleitung „Bitte seien Sie so freundlich“ aber muß er eine Fortsetzung erwarten, und die kann nur in der Grundform stehen.

Wenn durch „und“ verbunden wird, ergibt sich ein etwas anderer, gar nicht beabsichtigter Sinn, nämlich: der Angeredete soll erstens freundlich sein, grundsätzlich, überhaupt, und zweitens – als ein Ausdruck dieser Freundlichkeit – die Tür schließen. Also ungefähr: Nun mach mal ein freundliches Gesicht, und schließ doch auch bitte die Tür. Dieser doppelten Anregung, freundlich zu sein und die Tür zu schließen, stände jedoch immer noch das kleine „so“ im Wege, das sich nicht davon abbringen lassen will, eine Ergänzung zu verlangen. Kein Schleichpfad führt vorbei, wir müssen schreiben: „Bitte seien Sie so freundlich, die Tür zu schließen.“ – „Wer sich die Mühe macht, darüber nachzudenken . . .“. „Haben Sie doch die Güte, das Radio abzustellen.“ – „Würden Sie die Freundlichkeit haben, uns die neusten Werte bis Ende des Monats durchzusagen?“

Schließlich noch ein Beispiel aus Emil Kassners Buch „Die Werbung für Maschinen“: „Sicher bietet auch die Gestaltung, also der Aufbau einer Anzeige eine ganze Reihe von Problemen, die wir uns noch ansehen werden, aber wir meinen, man soll darüber nicht die Hauptsache vergessen und alles in der richtigen Wertung belassen.“ Auch hier wird ja nicht zu zweierlei aufgefordert: nicht die Hauptsache zu vergessen und alles in der richtigen Wertung zu belassen. Vielmehr: Man soll nicht die Hauptsache vergessen, die darin besteht, daß man besser alles in der richtigen Wertung beläßt. Also wäre richtig gewesen: „Sicher bietet auch die Gestaltung, also der Aufbau einer Anzeige, eine ganze Reihe von Problemen, die wir uns noch ansehen werden, aber wir meinen, man soll darüber nicht die Hauptsache vergessen, alles in der richtigen Wertung zu belassen.“ Dies um so mehr, als in dem zitierten Satz die Verneinung „nicht die Hauptsache vergessen“ in dem Folgenden „und alles in der richtigen Wertung belassen“ noch nachwirkt und den plötzlichen Umschwung in die Bejahung unsicher macht.

Unsicher machen soll Sie jetzt ein Zitat aus dem Buch „Gutes Deutsch in allen Lebenslagen“ von Edith Hallwaß:

„Eine Aufforderung wie

‚Sei so gut und mach die Tür zu‘

wird von manchen Sprachpflegern aufs heftigste befehdet, mit der Begründung, der Sprecher richte nicht zwei durch u n d zu verbindende Bitten an den Hörer, sondern bausche eine zu einem Scheindoppel auf. Richtig sei nur der Infinitiv:

Sei so gut, die Tür zuzumachen (oder: zu schließen).

Gewiß, wer so argumentiert, hat das Recht auf seiner Seite – nicht aber den guten Geschmack. Wieviel frischer und natürlicher klingt doch die falsche Verknüpfung durch u n d ! Wer freilich steif beginnt mit „Haben Sie die Güte . . .“, der muß selbstverständlich einen Infinitiv anschließen. Haben Sie, verehrter Leser, bitte nicht die Güte, sich diese stilistische Feinheit einprägen zu wollen, aber seien Sie so gut und merken Sie sich das.“

Und nun? Was ist richtig? Wie sollen wir uns verhalten? Ein paar Beurteilungshilfen:

Edith Hallwaß, Gegnerin der Formulierung mit der Grundform, sagt, das Recht sei auf der anderen Seite. Wenn jemand etwas ablehnt, aber zugibt, es sei – nach der Norm – richtig, darf man ihm glauben. Offenbar ist das Abgelehnte in diesem Sinn als richtig belegbar. Wenn er dann aber behauptet, auf seiner Seite den guten Geschmack zu haben: wie ist d a s belegbar?

Bitte verstehen Sie mich richtig: Dieser Gedanke braucht noch nicht für das belegbare Recht und gegen den zumindest schwerer belegbaren guten Geschmack zu sprechen. Er weist nur auf die Lage hin, in der man sich befindet, wenn man andere überzeugen will, – wenn Sie zum Beispiel in Ihrem Kollegenkreis oder gegenüber einem Vorgesetzten gegen den Grundform- und für den „und“-Anschluß plädieren wollen.

Etwas anderes mag zu berücksichtigen sein. Vielleicht darf oder sollte man einen Unterschied zwischen Sätzen wie diesen sehen: „Bitte seien Sie so freundlich, uns die Kopie gleich unterschrieben zurückzusenden.“ – „Sei so gut und mach die Tür zu.“ Ein Satz in einem Geschäftsbrief verlangt meistens etwas mehr Korrektheit als ein Satz im Gespräch. Eindeutig ist zwar, daß wir uns dem natürlichen Gesprächsstil in der beruflichen Korrespondenz weitgehend nähern sollten. Weniger eindeutig aber ist, wo die Grenze verläuft.

Im Zweifelsfall muß jeder seine eigene Grenze ziehen. Entscheidend dabei: daß er sie bewußt zieht. Wer zufällig formuliert „Bitte seien Sie so freundlich und schicken Sie uns die Kopie gleich unterschrieben zurück“, wird dem Einwand eines kontrollierenden Vorgesetzten, das sei falsch, aus dem Stegreif kaum viel entgegenzusetzen haben. Ist er sich aber des Regelverstoßes bewußt und hat er sich begründet zu diesem Regelverstoß entschlossen, zugunsten der Natürlichkeit, so wird er mit dem tadelnden Vorgesetzten vernünftig darüber zu reden wissen.

Natürlich möchten wir, zumal als Lernende, immer gern klare Regeln haben. Eine Regel wie „Im allgemeinen so, aber im besonderen so" ist uns ein Greuel. Dennoch wäre es falsch, darauf zu bestehen, wo es der Sache nicht angemessen ist. Der Sprachgebrauch läßt sich hier gut mit der Menschenführung vergleichen. In der Psychologie kennen wir viele vernünftige, bewährte, lehr- und lernbare Regeln. Aber – es sind immer nur „Faustregeln". Genügte es, stets nach der Regel zu handeln, so könnte jeder Intelligente ein hervorragender Psychologe werden. Wir wissen jedoch, daß dies eben nicht möglich ist. Die Kenntnis der Regeln, das Regelwissen allein verbürgt noch kein Können. Erst wer die Lehrregeln parat hat und sie für den besonderen Fall begründet abzuwandeln versteht, wird sich als Psychologe in der Praxis bewähren. Die Beherrschung des Regelwerks gibt Boden unter den Füßen: Erfahrung, Phantasie und Intuition sorgen dafür, daß auf dem Boden auch etwas wächst.

Keine Angst, Sie müssen nicht jeden Sprachfall selbst entscheiden. Regelwerk u n d Ausnahmen lassen sich lernen. Nur wird daneben, bei jedem von uns, immer wieder einmal ein Formulierungszweifel auftreten, der unsere Entscheidung erforderlich macht, ob wir diesem oder jenem Vorschlag oder einem eigenen, einem dritten Gedanken folgen wollen.

Übungsaufgaben und Lösungen zu 4.3

1.
Achten Sie auf die Aussprache, auf Atemführung und auf längeres, ununterbrochenes Sprechen, ohne dabei zu ermüden.

Worauf bezieht sich „ohne dabei zu ermüden„? Bei mehreren Gliedern einer Aufzählung besteht immer die Möglichkeit, alle Glieder als Bezugspunkte anzusehen. Das aber ergibt in diesem Fall keinen Sinn.

Wenn wir nur das dritte Glied der Aufzählung als Bezugspunkt auffassen: ist die Aussage dann wenigstens in Ordnung? Die Aufforderung „Achten Sie auf" bedeutet hier zweifellos „Sorgen Sie dafür, daß . . . geschieht". Nun kann man vielleicht dafür sorgen, daß man die Wörter deutlich ausspricht und daß man richtig atmet, aber kann man dafür sorgen, daß man längere Zeit ununterbrochen spricht, ohne zu ermüden? Nein, das Ermüden ist unserem direkten Einfluß entzogen; wir können nicht einfach darauf achten, daß es nicht geschieht.

Frage: Warum steht vor „Aussprache" der Artikel, vor „Atemführung" nicht?

Und noch etwas ist zu bemängeln: Es ist gesagt, daß man auf längeres, ununterbrochenes Sprechen achten solle. Die Art des Sprechens ist definiert. Nicht definiert dagegen ist die gewünschte Art der Aussprache und der Atemführung.

Sie merken, an diesem Satz stimmt, genau besehen, kaum etwas. Alles ist nur ungefähr ausgedrückt.

Verbesserungsvorschlag: Achten Sie auf eine klare Aussprache und eine ökonomische Atemführung. Üben Sie so oft längeres, ununterbrochenes Sprechen, bis Sie dabei nicht mehr ermüden.

Oder: Achten Sie darauf, daß Sie deutlich sprechen und ökonomisch atmen. Üben Sie so oft längeres, ununterbrochenes Sprechen, bis Sie dabei nicht mehr ermüden.

2.
Aus einem Lehrgangsprospekt „Technik der Erzählunst": Damit wollen wir nicht als Zauberkünstler auftreten und erklären, aus jedem Menschen einen Erzähler zu machen, wenn er an diesem Lehrgang teilnimmt.

Ist es sinnvoll zu sagen: „Ich erkläre, aus Ihnen einen Erzähler zu machen."? Nein. Also ist auch das Gegenteil nicht sinnvoll. Ich kann höchstens erklären, daß ich aus Ihnen einen oder keinen Erzähler machen k a n n. Oder ich muß „erklären" durch „versprechen" ersetzen. „Ich verspreche, aus Ihnen einen Erzähler zu machen", das paßt zusammen.

Verbesserungsvorschlag: Damit wollen wir nicht als Zauberkünstler auftreten und behaupten, aus jedem Menschen einen Erzähler machen zu können, wenn er an diesem Lehrgang teilnimmt.

Oder: Damit wollen wir nicht als Zauberkünstler auftreten und erklären, daß wir aus jedem Menschen einen Erzähler machen können, wenn er nur an diesem Lehrgang teilnimmt.

3.
Anzeigentext: VW-Export mit Schiebedach und Konfirmationsanzug günstig zu verkaufen.

Was gemeint ist, wird jedem klar sein. Aber die Verbindung „mit Schiebedach und Konfirmationsanzug" klingt komisch, weil man „mit" auch auf „Konfirmationsanzug" beziehen kann.

Eine Möglichkeit, den falschen Bezug auszuschließen, ist: Konfirmationsanzug und VW-Export mit Schiebedach günstig zu verkaufen. Aber diese Möglichkeit wird dem Inserenten nicht gefallen, weil der VW der weitaus wichtigere Teil seines Angebots ist.

Also, zum Beispiel: VW-Export (mit Schiebedach) und Konfirmationsanzug günstig zu verkaufen.

4.
Beim Einzelgespräch kommt es sehr auf den Ton an. Wer den richtigen Ton trifft, macht sich den Gesprächspartner geneigt. Diese Geneigtheit ist aber Bedingung dafür, daß das Gespräch auch überzeugt.

Wozu soll „aber" ein Gegensatz sein: es gehört hier nicht her.

„. . . daß das Gespräch überzeugt."? Gemeint ist doch wohl: Vertrauen des Partners B ist Voraussetzung dafür, daß Partner A ihn überzeugt.

Verbesserungsvorschlag: Beim Einzelgespräch kommt es sehr auf den Ton an. Wer den richtigen Ton trifft, gewinnt bei seinem Gesprächspartner Vertrauen, und nur auf dieser Grundlage kann er ihn überzeugen.

5.
Ein Weichmacherzusatz in der Zurichtung ist nicht erforderlich. Wenn er gewünscht wird, eignen sich X und Y.

Wenn kein Weichmacherzusatz gewünscht wird: eignen sich X und Y dann nicht?

Verbesserungsvorschlag: Ein Weichmacherzusatz in der Zurichtung ist nicht erforderlich. Wenn er trotzdem, aus Sicherheitsgründen, gewünscht wird, empfehlen wir X und Y.

6. Gelegentlich hört man noch immer, daß die Motten zur Absatzsteigerung beitragen.

Dieser Satz drückt zweierlei aus: 1. daß die Motten zur Absatzsteigerung beitragen, 2. daß man das gelegentlich noch immer hört. Ganz sicher will der Verfasser aber nur sagen, daß man dies gelegentlich hört.

Verbesserungsvorschlag: Gelegentlich hört man noch immer, die Motten trügen zur Absatzsteigerung bei.

Der Konjunktiv macht deutlich, daß das, was man da hört, ein Gerücht ist, daß es zumindest nicht erwiesen ist.

7.
. . . ein Industrieerzeugnis von praktischer Gebrauchsfähigkeit schaffen.

Das Wort „Fähigkeit" setzt die Möglichkeit des Handelns voraus. Wer fähig ist, muß aktiv sein können. Kann ein Industrieerzeugnis handeln, aktiv sein? Nein. Es kann nur gebraucht w e r d e n , es ist brauchbar.

Im übrigen bleibt der Sinn des Satzes vage. Wer würde ein Industrieerzeugnis schaffen oder schaffen wollen, das nicht brauchbar ist? Wenn es brauchbar ist: setzt man dann nicht voraus, daß es praktisch brauchbar ist?

Verbesserungsvorschlag: . . . ein Industrieerzeugnis von hohem Praxiswert (Wert für die Praxis) schaffen.

Oder, falls dieser besondere Sinn gemeint ist: . . . ein Industrieerzeugnis schaffen, das vielseitig einsetzbar (brauchbar) ist.

8.
Um die genannte Erscheinung auszuschalten, haben wir gefunden, daß beim Färben von Polyester-Materialien ein Zusatz von 1 g XY je Liter eine deutliche Farbvertiefung bewirkt.

Kann ich, um etwas auszuschalten, einfach etwas finden? Schön wär's! Aber das einzige, was in meiner Macht steht, ist das Suchen.

Verbesserungsvorschlag: Um die genannte Erscheinung auszuschalten, haben wir verschiedene Versuche angestellt und dabei gefunden: Beim Färben von Polyester-Materialien bewirkt ein Zusatz von 1 g XY je Liter eine deutliche Farbvertiefung.

9.
Der Ablauf der Untersuchung machte deutlich, daß das vorliegende Mittel mit einem Schutzmittel behandelt worden ist, ohne jedoch einen ausreichenden Schutz zu geben.

Der Hauptfehler liegt in dem Wort „geben". Es bezieht sich auf „Mittel", soll sich aber auf „Schutzmittel" beziehen.

Verbesserungsvorschlag: Die Untersuchung hat deutlich gemacht, daß dieses Material mit einem Schutzmittel behandelt worden ist, ohne dadurch einen ausreichenden Schutz erhalten zu haben.

Oder: Die Untersuchung hat deutlich gemacht: Dieses Material ist zwar mit einem Schutzmittel behandelt worden, der Schutz hat aber nicht ausgereicht.

Oder: Die Untersuchung hat deutlich gemacht: Dieses Material ist mit einem nur unzureichend wirksamen Schutzmittel behandelt worden.

10.
Leider ist die eingesandte Probe zu klein, um eine chemische Untersuchung durchführen zu können.

Daß eine Probe, selbst wenn sie größer wäre, keine chemische Untersuchung durchführen kann, ist ebenso einleuchtend wie die Tatsache, daß ein fünfjähriger Junge keinen Zentner Mehl heben kann.

Verbesserungsvorschlag: Leider ist die eingesandte Probe zu klein, als daß wir eine chemische Untersuchung damit durchführen könnten.

Oder: Leider ist die eingesandte Probe für eine chemische Untersuchung zu klein.

11.
Zu diesem Fest hatte sich mit Absprache der Werksleitung ein Abteilungsausflug des Instrumentenbaus angemeldet.

Wer hatte sich angemeldet? Ein Abteilungsausflug? Die Satzaussage „angemeldet“ hat den falschen Satzgegenstand erwischt. Außerdem sind zwei Redewendungen durcheinandergeraten: „mit Genehmigung“ oder „mit Zustimmung“ und „nach Absprache“.

Verbesserungsvorschlag: Zu diesem Fest hatte sich die Abteilung „Instrumentenbau“, nach Absprache mit der Werksleitung, im Rahmen eines Betriebsausfluges angemeldet.

12.
Es wird ein Untersuchungsausschuß zur Klärung dieser Frage beantragt.

Man weiß, was gemeint ist, aber man merkt auch, daß hier etwas fehlt. Wir erfahren nur einen Teil des Antrags, denn die Antragsteller möchten doch sicherlich, daß ein Untersuchungsausschuß e i n g e s e t z t wird. Unzulässige Verkürzung!

Verbesserungsvorschlag: Es wird beantragt, zur Klärung dieser Frage einen Untersuchungsausschuß einzusetzen.

Oder: Es wird beantragt, diese Frage durch einen Untersuchungsausschuß klären zu lassen.

13.
Bericht über einen Betriebsausflug: Der Rest des Abends zeigte lustige Tischgesellschaften und eine nach schnellen aber auch älteren Rythmen brodelnde Tanzfläche.

Wie kann der Abend etwas zeigen? Wie kann sogar der Rest des Abends etwas zeigen?

Wieso sind schnelle und ältere Rhythmen ein Gegensatz (aber!)? Eine Polka ist auch nicht gerade langsam.

Und die nach schnellen Rhythmen brodelnde Tanzfläche? Daß Tanzflächen brodeln, dürfte schon als ungewöhnlich gelten, daß sie es rhythmisch tun, ist ganz unwahrscheinlich.

Am Rande: Vor „aber“ fehlt ein Komma. „Rhythmen“ schreibt man mit einem „h“ auch hinter dem „R“.

Zusammengefaßt: Gerade bei Schilderungen fröhlicher Begebenheiten, lustiger Feste, ernster Feierlichkeiten läßt man sich leicht zu Übertreibungen und Phrasen verführen.

Verbesserungsvorschlag: Am späten Abend fanden sich lustige Tischgesellschaften zusammen. Die fleißig aufspielende Kapelle sorgte mit alten und neuen, langsamen und schnellen Rhythmen für Schwung und Abwechslung. Immer mehr Paare fanden Gefallen daran, das Tanzbein zu schwingen.

14.
Über den Stromverbrauch von Elektrogeräten: Beim Radio mit einem Verbrauch von vielleicht 50 Wattstunden lohnt es (das Sparen – der Verfasser) sich kaum, was aber nicht besagen soll, daß man es nun den ganzen Tag über ‚dudeln' läßt.

Ungünstig ist das zweite „es", weil man es leicht auf das erste „es" und damit falsch beziehen kann.

Falsch gedacht ist der Schluß. Der Verfasser meint offenbar: Wenn der Stromverbrauch des Radios auch gering ist, so will ich mit dieser Feststellung doch keineswegs empfehlen, das Gerät den ganzen Tag über „dudeln" zu lassen. In seiner Fassung müßte „lassen soll" statt „läßt" stehen.

Verbesserungsvorschlag: Beim Radio mit einem Verbrauch von vielleicht 50 Wattstunden lohnt es sich kaum. Diese erfreuliche Tatsache sollte aber nicht dazu verleiten, das Gerät den ganzen Tag über „dudeln" zu lassen.

15.
Die Mitglieder unseres Vorstands nehmen ständig ab.

Wie schön! Viele Leute stellen sich Vorstandsmitglieder grundsätzlich als dicke Männer mit dicken Zigarren vor. Wenn die Vorstellung richtig sein sollte, wäre die Meldung, daß diese Dicken ständig abnehmen, bestimmt zu begrüßen, schon im Interesse der Vorstandsmitglieder selbst.

Allerdings sollten sie das ständige Abnehmen dann doch irgendwann bremsen und stoppen, denn auch mit Abmagerungskuren kann man des Guten zuviel tun.

Was sollte ausgedrückt werden? Daß der Vorstand immer kleiner wird: vielleicht, weil zu oft einer stirbt, vielleicht, weil immer mehr Vorstandsmitglieder in der Einsicht, daß ihr Verein überflüssig ist, zurücktreten.

Verbesserungsvorschlag: Der Vorstand wird immer kleiner.

Oder: Immer mehr Vorstandsmitglieder treten zurück.

16.
Der Termin muß sehr früh angesetzt werden.

Ob dem, der das fordert, mit der Erfüllung seiner Forderung gedient wäre? Wohl kaum. Denn wahrscheinlich geht es ihm weniger darum, daß der Termin früh angesetzt wird, sondern vielmehr darum, daß er früh ist.

Verbesserungsvorschlag: Wir müssen einen sehr frühen Termin wählen.

Ob man diesen frühen Termin kurz vorher oder lange vorher ansetzen sollte, ist eine ganz andere Frage.

17.
Viele Unternehmer und Anzeigenentwerfer wissen gar nicht, wie sie die Einstellung der Verbraucher erforschen.

Das ist wunderbar: Viele Unternehmer und Anzeigenentwerfer erforschen demnach die Einstellung der Verbraucher, ohne zu wissen, wie sie das tun. Das mag – mit zweifelhaftem Ergebnis – hier und da der Praxis entsprechen. Aber gesagt werden sollte es wohl nicht.

Aufgabenlösung: Viele Unternehmer und Anzeigenentwerfer wissen gar nicht, wie sie die Einstellung der Verbraucher erforschen können.

18.
Die Pressekarten für den Kongreß sind begrenzt.

Richtig, die Pressekarten sind begrenzt; falls sie, wie üblich, viereckig sind, an allen vier Seiten.

Verbesserungsvorschlag: Die Anzahl der Pressekarten ist beschränkt.

19.
Es ist undenkbar, daß der im Wachstum befindliche junge Mensch einen geringeren Urlaub erhält, als es bei dem erwachsenen Arbeitnehmer der Fall ist.

Denkbar ist mehr, als sich manche Leute träumen lassen. Es ist durchaus denkbar, daß der Jugendliche weniger Urlaub als der Erwachsene erhält. Es ist sogar denkbar, daß er nach Meinung Uneinsichtiger weniger erhalten soll. Denkbar ist das alles schon; man kann höchstens sagen, daß es nicht zu verantworten sei, daß es nicht sein dürfe.

Der Hauptfehler des Satzes liegt allerdings nicht in dem „undenkbar“, sondern in der Wirklichkeitsform „erhält“. Wenn die angegriffene Regelung eine Tatsache wäre, hätte der Verfasser des Satzes sicherlich nicht „undenkbar“ gewählt, denn daß etwas Tatsächliches undenkbar wäre, hätte selbst er nicht für möglich gehalten. Demnach ist die angegriffene Regelung ein Vorhaben: der Jugendliche soll weniger Urlaub erhalten als der Erwachsene.

„Es ist undenkbar, daß der im Wachstum befindliche junge Mensch einen geringeren Urlaub erhalten soll, als es bei dem erwachsenen Arbeitnehmer der Fall ist." Hätte der Verfasser das geschrieben, so hätten viele Leser vielleicht das unzutreffende „undenkbar" großzügig überlesen. Aber das fehlende „soll" läßt keine Großzügigkeit mehr zu. Daß etwas undenkbar ist, was ist, kann sich niemand denken.

Verbesserungsvorschlag: Es ist nicht zu verantworten, daß junge, noch im Aufbau befindliche Menschen weniger Urlaub als Erwachsene erhalten.

Oder: Es ist widersinnig, daß Jugendliche – also Menschen, die körperlich noch im Aufbau sind – weniger Urlaub als Erwachsene erhalten.

20.
Wir möchten meinen, daß wir hier keinerlei Einigungsmöglichkeiten erblicken können.

Ich meine, daß ich etwas nicht erblicke. Ich weiß also nicht, was ich sehe und was ich nicht sehe. – Ich meine, daß ich etwas nicht erblicken kann. Nun bin ich schon nicht mehr sicher, ob ich etwas überhaupt erblicken kann oder nicht. – Ich möchte meinen . . . Das heißt ungefähr: Ich meine zwar nicht, daß ich etwas nicht erblicken kann, aber ich möchte es meinen.

Aus diesem Satz kann der Leser nur den einen Schluß ziehen: Hier meint und weiß keiner mehr irgendwas.

Verbesserungsvorschlag: Wir sehen hier keinerlei Einigungsmöglichkeiten.

Oder: Wir meinen, daß es hier keinerlei Einigungsmöglichkeiten gibt.

21.
Der Vertrag enthält auch über die Übergangszeit hinaus Bestimmungen.

Sicherlich, wenn die Übergangszeit abgelaufen ist, wird der Vertrag noch immer Bestimmungen enthalten, sogar alle, die er vorher enthalten hat.

Gemeint ist doch etwas anderes: Der Vertrag enthält auch Bestimmungen, die für die Zeit nach der Übergangszeit gelten. Fraglich ist, ob diese Bestimmungen n u r für die Zeit nach der Übergangszeit oder a u c h für die Übergangszeit selbst gelten.

Verbesserungsvorschlag: Der Vertrag enthält Bestimmungen, die auch nach der Übergangszeit noch gelten.

Oder: Der Vertrag enthält auch Bestimmungen, die nach der Übergangszeit gelten.

22.
Wir haben Ihnen ausdrücklich mitgeteilt, daß die Firma X diese Mehrmengen nur zu höheren Preisen liefern kann. An dieser Mitteilung hat sich bisher nichts geändert.

Die Aussage ist inhaltlich unbestreitbar. An der Mitteilung hat sich nichts geändert. An dieser Mitteilung wird sich nie mehr etwas ändern: Man hat sie nun einmal in der genannten Form gemacht.

Gesagt werden sollte, daß die Firma X ihre Meinung bisher nicht geändert hat.

Verbesserungsvorschlag: Wir haben Ihnen ausdrücklich mitgeteilt, daß die Firma X diese Mehrmengen nur zu höheren Preisen liefern kann. An dieser Lieferbedingung hat sich bisher nichts geändert.

23.
Wir haben Ihnen ausführlich mit Schreiben v.3.12. geschrieben, daß Sie sich Mitte Januar mit uns in Verbindung setzen wollen wegen des Auftrags über die Tablettenverpackungen.

Es hat schon immer autoritäre Typen gegeben, die andere gern herumkommandiert haben. Aber daß sie nun schon – ohne daß es ihnen gesagt wird – wissen, was andere wollen, ist neu. Wie machen die das bloß: Intuition? Fernhellsehen? Der Fernhellsehblick ins Unbewußte der Mitmenschen?

Verbesserungsvorschlag: Wir haben Sie mit unserem Brief vom 03.12. ausdrücklich gebeten, sich Mitte Januar wegen des Auftrags „Tablettenverpackungen" mit uns in Verbindung zu setzen.

Oder: Wir haben Ihnen am 03.12. ausführlich geschrieben, warum es notwendig sei, sich wegen des Auftrags über Tablettenverpackungen Mitte Januar mit uns in Verbindung zu setzen.

24.
Hautcremewerbung: Eine mit Vitaminen ‚unterernährte' Haut ist oft gereizt.

Es gibt also Vitamine, mit denen man die Haut unterernähren kann. Aber selbst wenn es sie gäbe: warum sollte man sie zu diesem Zweck einsetzen?

Verbesserungsvorschlag: Eine Haut, die infolge von Vitaminmangel ‚unterernährt' ist, ist oft gereizt.

Damit wären die Werber allerdings kaum einverstanden. Das „infolge" nimmt dem Satz jeden Schwung. Außerdem stört "ist, ist". Also muß man ganz anders formulieren.

E i n e Möglichkeit: Ist Ihre Haut oft gereizt? Dann ist sie wahrscheinlich „unterernährt“: ihr fehlen Vitamine.

25.
Das Verfahren hat deshalb nur eine sehr begrenzte Anwendungsmöglichkeit.

Ich kann für ein Verfahren Anwendungsmöglichkeiten haben, das Verfahren kann sie für sich selbst nicht haben.

Verbesserungsvorschlag: Das Verfahren ist daher nur sehr begrenzt anwendbar.

Oder: Die Anwendungsmöglichkeiten für dieses Verfahren sind daher sehr begrenzt.

26.
Der Raum ist farblich überanstrengt.

Sie können sich überanstrengen, und dann sind Sie überanstrengt. Kann ein Raum das auch tun?

Verbesserungsvorschlag: Der Raum ist farblich überladen.

Oder: Der Raum ist farblich zu kontrastreich gestaltet.

Wieso ist „überladen“ möglich, nicht aber „überanstrengt“? Man kann einen Wagen überladen, auch – in übertragenem Sinn – einen Raum; dann geschieht etwas mit ihm; eine Person tut etwas mit ihm und bringt ihn so in einen entsprechenden Zustand. Weder einen Wagen noch einen Raum aber kann man überanstrengen. Überanstrengt werden kann nur ein „Ding“, das sich überanstrengen läßt, indem es sich anstrengt und dabei zu sehr anstrengt. Als „Ding“ ist also nur ein lebendiges Wesen denkbar. Ein Reiter kann sich selbst überanstrengen, er kann zugleich sein Pferd überanstrengen. Auch umgekehrt geht‘s: Ein Pferd kann sich selbst überanstrengen, es kann auch seinen Reiter überanstrengen, zum Beispiel, indem es mit ihm durchgeht.

27.
Ich zog unauffällig den Bleistift, um bei jeder Lüge, eine lächerliche Gewohnheit von mir, kleine Kreuzchen auf dem Bierdeckel zu machen.

Dieser Satz stand unter der Überschrift „Wortstellungskatastrophen“ in einer Zeitschrift, die auf Lebensfragen antwortet. Die Korrektur lautete: Ich zog unauffällig den Bleistift, eine lächerliche Gewohnheit von mir, um bei jeder Lüge kleine Kreuzchen auf dem Bierdeckel zu machen.

Sieht Ihre Lösung auch so aus? Hoffentlich nicht; in diesem Fall hat der Korrektor einen Fehler nur gegen einen anderen ausgetauscht.

Der Originaltext bedeutet, daß der Verfasser („Ich") die lächerliche Gewohnheit des Lügens hat („Lüge, eine lächerliche Gewohnheit von mir"). Der korrigierte Text drückt aus, daß „Ich" die lächerliche Gewohnheit hat, unauffällig den Bleistift zu ziehen.

Und was meinte „Ich" wirklich?

Ich zog unauffällig den Bleistift, um bei jeder Lüge kleine Kreuzchen auf dem Bierdeckel zu machen; das ist so eine lächerliche Gewohnheit von mir.

Sind wir damit ganz zufrieden? Dreierlei stört:

a) „kleine Kreuzchen" ist eine Sinnverdoppelung, denn die Endsilbe „chen" drückt schon „klein" aus.

b) „auf dem Bierdeckel"? Ist hier nicht wichtiger, wohin, worauf man die Kreuzchen malt? Also: 4. Fall!

c) Die letzte Fassung ist zwar (von a und b abgesehen) in Ordnung, aber ihr fehlt die Spannung. Der Einschub von „eine lächerliche Gewohnheit von mir" hat dem Originalsatz eine gewisse Spannung gegeben. Der Gedankenfluß wurde einen Augenblick lang gestaut, die Neugier blieb einen Augenblick lang erhalten. Versuchen wir, dieses positive Merkmal des Originalsatzes wieder herzustellen, aber natürlich ohne den besprochenen Fehler!

Verbesserungsvorschlag: Ich zog unauffällig den Bleistift, um – eine lächerliche Gewohnheit von mir – bei jeder Lüge ein kleines Kreuz auf den Bierdeckel zu malen.

28.
Nach einem arbeitsreichen Leben im gesegneten Alter von 86 Jahren entschlief heute sanft unser lieber Opa Bernhard X.

Ist Opa X nur im Alter von 86 Jahren fleißig gewesen? Diese Behauptung würde er sich wohl, wenn er noch gelebt hätte, verbeten haben. Eine leicht veränderte Wortstellung – ein schwer veränderter Sinn!

Aufgabenlösung: Nach einem arbeitsreichen Leben entschlief heute im gesegneten Alter von 86 Jahren unser lieber Opa Bernhard X.

29.
Das Rettungswerk bei Hochspannungsunfällen kann für den Retter bei der kleinsten Unachtsamkeit den Tod bringen. Kann man die Leitung abschalten – nach Sicherung des Verletzten durch Absturz usw. – so ist dies am ungefährlichsten.

Möchten Sie sich, falls Sie einmal verletzt sind, durch Absturz retten lassen?

Und worauf bezieht sich „dies“? Auf das Abschalten der Leitung?

Also: Das Rettungswerk bei Hochspannungsunfällen kann für den Retter bei der kleinsten Unachtsamkeit den Tod bringen. Am ungefährlichsten ist die Arbeit, wenn es gelingt – nach Sicherung des durch Absturz Verletzten –, die Leitung abzuschalten.

Dabei kommt einem allerdings der Gedanke: Warum soll man die Leitung eigentlich abschalten, nachdem der Abgestürzte schon gesichert ist? Muß man es nicht vor dem Sichern tun?

30.
Leider müssen wir jedoch bedauern, Ihnen keinen zusagenden Bescheid geben zu können.

Der Bewerber – um einen Bewerber handelte es sich hier – braucht zum Glück nicht zu bedauern, von dieser Firma keinen zusagenden Bescheid erhalten zu haben. Wer weiß, wie es ihm, einem denkenden Sachbearbeiter, dort ergangen wäre!

Warum m u ß der Briefverfasser bedauern? Warum m u ß er es l e i d e r tun? So kommt es, wenn man etwas auszudrücken versucht, was nicht stimmt.

Niemand bedauert hier, niemand muß es tun, und niemand muß es gar leider tun.

Verbesserungsvorschlag: Wir haben uns für einen anderen Bewerber entschieden.

Wenn der andere einen wesentlichen Vorteil zu bieten hatte, kann man das zur Begründung sagen. War er dem Erfolglosen nur um die berühmte Nasenspitze voraus, sollte man auch das ausdrücken, um den Abgewiesenen nicht in Selbstzweifel zu stürzen. Eine klare Sprache und vernünftige Argumente bekommen ihm bei einer Absage besser als undurchsichtiges Drumherumgerede.

31.
Der Schutzgedanke der Arbeitnehmer ist vorrangig.

Ist der Gedanke der Arbeitnehmer vorrangig? Nein, der Gedanke des Schutzes der Arbeitnehmer ist es. Zwei zweite Fälle nacheinander wirken jedoch schwerfällig.

Verbesserungsvorschlag: Der Gedanke, die Arbeitnehmer zu schützen, ist vorrangig.

Oder: Der Schutz der Arbeitnehmer ist vorrangig.

32.
Alle Mitglieder verpflichten sich, das Sportabzeichen abzulegen.

Und wenn nun nicht alle ihrer Verpflichtung nachkommen können? Zweifel daran, ob er es kann, muß mancher doch schon vorher hegen. Wie kann er sich dann leichtfertig verpflichten?

Natürlich tut er es gar nicht, und der Schreiber wollte es auch nicht sagen.

Verbesserungsvorschlag: Alle Mitglieder verpflichten sich, an der Prüfung für das Sportabzeichen teilzunehmen.

33.
Die Schäden werden sofort ausgezahlt.

Wie sehen ausgezahlte Schäden aus? Und was soll man überhaupt mit Schäden, die man ausgezahlt bekommt, anfangen?

Verbesserungsvorschlag: Die Schadensummen werden sofort ausgezahlt.

34.
Die Ausgaben haben sich im Verkauf A um 25 % gesteigert, liegen also unter dem Verkauf B.

Können Sie sich vorstellen, daß Ausgaben unter dem Verkauf (also hier: Unter der Abteilung „Verkauf") liegen?

Verbesserungsvorschlag: Die Ausgaben haben sich im Verkauf A um 25 % gesteigert, liegen also unter denen des Verkaufs B.

35.
Es ist unsere Aufgabe, unser Straßennetz an die Nachbarländer anzugleichen.

Wie läßt sich ein Straßennetz mit Nachbarländern auf einen Nenner bringen? Straßennetze verschiedener Länder kann man einander angleichen, verschiedene Länder selbst lassen sich in allerlei Beziehungen einander angleichen. Aber Straßennetz und Länder?
Verbesserungsvorschlag: Es ist unsere Aufgabe, unser Straßennetz den Straßennetzen unserer Nachbarländer anzugleichen.

Hier darf man auch sagen „unser Straßennetz denen unserer Nachbarländer anzugleichen". Damit hat man die Härte der Wiederholung vermieden, aber eine andere Härte, den Bezug einer Mehrzahlform (denen) auf eine Einzahlform (Straßennetz) in Kauf genommen.

36.
Bereits aufgetretene organische Veränderungen wie etwa . . . kann man natürlich auch durch die Meditation nicht beeinflussen. Aber man kann verhindern, daß es gar nicht erst so weit kommt.

Auch ein meditierender Arzt ist vor Sprachschnitzern nicht sicher. „Aber man kann verhindern, daß es gar nicht erst so weit kommt" heißt „Aber man kann erreichen, daß es so weit kommt". Diese Übersetzung macht den Zusammenhang zwischen den beiden Sätzen deutlicher, und es zeigt sich, daß auch der nicht klar gedacht ist. Worauf bezieht sich „es"? Am nächsten liegt „nicht beeinflussen". Gezielt hat man allerdings auf „organische Veränderungen".

Verbesserungsvorschlag: Bereits aufgetretene organische Veränderungen wie etwa . . . kann man natürlich auch durch die Meditation nicht beeinflussen. Man kann ihnen nur vorbeugen.

37.
Mit schwäbischem Gruß endet Ihr treuer Kunde.

Wenn Kodierungsfehler doch immer zu so amüsanten Ergebnissen führten!

Verbesserungsvorschlag: Mit schwäbischem Gruß
Ihr treuer Kunde

38.
Eine fehlerhafte Übertragung wird automatisch bis zu viermal wiederholt. (Es geht hier um automatische Textverarbeitung)

Wem wäre damit gedient, wenn eine fehlerhafte Übertragung bis zu viermal wiederholt würde?

Verbesserungsvorschlag: Es wird bis zu viermal automatisch versucht, eine fehlerhafte Übertragung zu berichtigen.

39.
Die unter Punkt 2 + 3 genannten Forderungen sind in Absprache mit uns durchzuführen.

Lassen sich Forderungen durchführen?

Verbesserungsvorschlag: Die unter 2 und 3 genannten Forderungen sind in Absprache mit uns zu erfüllen.

Oder: Die unter 2 und 3 genannten Arbeiten sind in Absprache mit uns durchzuführen.

40.
Als neuen Termin möchten wir Ihnen den 26. August vorschlagen. Dankbar wären wir, wenn Sie uns bestätigen könnten, ob Sie zu diesem Zeitpunkt für die geplante Besprechung frei sind bzw. uns gegebenenfalls einen Ersatztermin vorschlagen können.

Möchten die Absender den neuen Termin nur vorschlagen, trauen sich aber nicht, oder schlagen sie ihn vor? Kann man bestätigen, ob man für eine Besprechung Zeit hat? Die Kombination „bestätigen – ob“ ist falsch. Aber schon der Ausdruck „bestätigen“ paßt nicht hierher. Wenn ich zum Beispiel eine Ware an jemanden schicke, gehe ich davon aus, daß er sie auch erhält. Es ist daher sinnvoll, von ihm eine Empfangsbestätigung zu erbitten. Ist dagegen offen, ob jemand etwas tut oder nicht tut, ob jemand Zeit hat oder nicht, kann ich ihn nicht um eine Bestätigung, sondern nur um eine Information oder Mitteilung oder Nachricht bitten.

Man wäre dankbar, wenn der Partner bestätigen könnte. Was nützt es dem Schreiber, wenn der Partner bestätigen kann, es aber nicht tut. Das „könnte“ ist fehl am Platz. Außerdem stört auch die Wiederholung von „können“ auf engem Raum.

Die Ärmelschonerausdrücke „bzw.“ und „gegebenenfalls“ sind Schönheitsfehler am Rande.

Verbesserungsvorschlag: Als neuen Termin schlagen wir Ihnen den 26. August vor. Ist Ihnen dieser Tag recht? Wenn nicht, machen Sie bitte einen Gegenvorschlag.

41.
Herr Biedenkopf bestreitet nach wie vor, daß er mit dem Lastwagen nicht über die Baustelle gefahren ist.

Der ausgedrückte Sinn ist denkbar. Daß er nicht gemeint ist, liegt jedoch nahe. Meistens bestreitet man, daß man etwas getan hat, nicht aber, daß man etwas nicht getan hat; daß man etwas nicht getan hat, pflegt man zu behaupten.

Verbesserungsvorschlag: Herr Biedenkopf bestreitet nach wie vor, mit dem Lastwagen über die Baustelle gefahren zu sein.

Oder: Herr Biedenkopf behauptet nach wie vor, mit dem Lastwagen nicht über die Baustelle gefahren zu sein.

42.
Geldstrafen wurden bei der Lohnzahlung abgezogen.

Na schön, wenn sich eine Strafe abziehen läßt, bekommt man sie ja wohl nicht mehr. Spaß beiseite! Was kann man bei der Lohnzahlung abziehen? Strafbeträge oder Strafgelder.

Verbesserungsvorschlag: Strafbeträge wurden bei der Lohnzahlung abgezogen.

Oder: Geldstrafen wurden bei der Lohnzahlung berücksichtigt.

43.
Ziel und die immerwährende Aufgabe des Umweltschützers muß es sein, diesen Grundsatz sicherzustellen.

Der Sinn dieses Satzes ist denkbar. Aber wahrscheinlich haben Sie richtig getippt: dieser Sinn war nicht gemeint. Die Sicherstellung eines Grundsatzes ist zweifellos wichtig. Noch wichtiger aber, daß man sich nach dem Grundsatz richtet. Wenn ein Grundsatz zwar nicht befolgt, aber auch nicht angetastet wird, so ist es ein gefährlicher Grundsatz: er verschleiert die Wirklichkeit.

Verbesserungsvorschlag: Die Aufgabe des Umweltschützers ist es, dafür zu sorgen, daß dieser Grundsatz immer befolgt wird.

45.
Die erfreuliche Unfallstatistik verpflichtet.

So falsch ist das gar nicht. Die erfreuliche Statistik verpflichtet: dagegen ist nichts einzuwenden: „verpflichtet“ bezieht sich auf das Grundwort der Zusammensetzung „Unfallstatistik“, und „erfreulich“ bezieht sich auch darauf – also auf Statistik.

Die grammatische Seite stimmt, und dennoch . . . Die enge Nachbarschaft von „erfreulich“ und „Unfall“ irritiert. Wie können Unfälle, selbst wenn es weniger geworden sind, erfreulich sein. Aber das steht doch auch gar nicht da!? Nein, es steht nicht da, aber dieser nicht ausgedrückte Gedanke schwingt in dem ausgedrückten Gedanken leider mit. Ein falscher Zungenschlag!

Verbesserungsvorschlag: Der erfreuliche Rückgang der Unfälle verpflichtet.

46.
Die Instandsetzungsarbeiten und Reparaturen können als behoben angesehen werden.

Wie so oft, der falsche Gedanke ist denkbar, zwar etwas mühsam, aber denkbar.

In einer bestimmten Situation erweisen sich Instandsetzungsarbeiten und Reparaturen als Störfaktoren. Es gelingt, ihren Abbruch zu erzwingen; sie sind behoben.

Beabsichtigt aber war selbstverständlich die Information:

Die Instandsetzungsarbeiten und Reparaturen können als beendet angesehen werden.

Zu überlegen bleibt, worin sich Instandsetzungsarbeiten und Reparaturen unterscheiden.

47.
Die Ingenieur-Abteilung mußte wesentlich erweitert werden. Im folgenden soll der heutige Stand mit früheren Jahren verglichen werden.

Wie kann man den Stand einer Abteilung mit Jahren vergleichen? Man kann es gar nicht.

Es muß heißen: Im folgenden soll der heutige Stand mit dem früherer Jahre verglichen werden.

48.
Hier ist der gelungene Versuch unternommen worden.

Wenn man einen Versuch unternimmt, weiß man noch nicht, ob er gelingt. Einen Versuch, der schon gelungen ist, kann man nicht mehr unternehmen.

Eine Verbesserung des Satzes allein ist nicht möglich.

Sinnvoll wäre zum Beispiel: Hier ist der Versuch unternommen worden, ... zu tun. Der Versuch ist gelungen.

49.
Warum kaufen mehr Leute in Deutschland diesen 1,5 Liter-Wagen als irgend einen anderen?

Was soll das heißen: „mehr Leute .... als irgend einen anderen"? Möglich gewesen wäre: Warum kaufen mehr Geschäftsleute als Privatleute diesen Wagen, mehr Kluge als Dumme, mehr Junge als Alte? Oder: Warum kaufen mehr Leute in England als in Frankreich diesen Wagen? Oder: Warum kaufen die Leute in Deutschland diesen 1,5-Liter-Wagen mehr als irgend einen anderen? (Auch hinter „1,5" gehört ein Bindestrich!)

50.
Einem Foto glaubt man mehr als einer Zeichnung, und deshalb wirkt es überzeugend.

Wir haben zwei Hauptsätze vor uns; der zweite bezieht sich durch „deshalb" auf den ersten. Dieses „deshalb" allerdings kündigt hier eine Fortsetzung an, die nicht folgt.

Vernünftig wäre: Einem Foto glaubt man mehr als einer Zeichnung, und deshalb wird es in der Werbung bevorzugt.

Aber welchen Gedanken leitet in unserem Beispielsatz „deshalb" ein? Wenn man den Bezug dieses „deshalb" für „deshalb" einsetzt, kommt heraus: Weil man einem Foto mehr als einer Zeichnung glaubt, überzeugt es. Eine Begründung, die keine ist.

Sinnvoll wäre, wenn man eine Begründung geben wollte: Einem Foto glaubt man mehr als einer Zeichnung; es wirkt überzeugender, weil es nach Meinung der Betrachter die Wirklichkeit direkt darstellt und nicht verfälscht werden kann.

51.
Welche Stoffe bevorzugen Ihre Kunden? – Eine wichtige Frage für Ihren Umsatz. Doch das Labyrinth der Kundenwünsche scheint oft unergründlich. Aber was Ihre Kunden auf jeden Fall wünschen, sind textile Vorzüge ....

Zwei kleine Stellen, zwei Wörter nur, sind in diesem Textausschnitt fragwürdig: „Doch" und „Aber".

Im ersten Fall liegt eine gedankliche Verkürzung, ein Gedankensprung vor, insofern kurios, als nicht etwa ein ganzer Gedanke ausgelassen worden ist, den man mit etwas Phantasie selbst finden kann, sondern insofern, als ein Stückchen des ausgelassenen Gedankens an den nächsten Gedanken geknüpft worden ist, eben das „Doch". So wird es deutlich: Eine wichtige Frage für Ihren Umsatz. Doch sie ist nicht leicht zu beantworten, weil das Labyrinth der Kundenwünsche oft unergründlich scheint.

Und wie verhält es sich mit dem zweiten Fall, mit der zweiten Gegensatzbezeichnung, mit dem „Aber"? Genauso. Nur ist der Bezug noch etwas versteckter. Es ist nämlich das „Doch" mit dem ausgelassenen Gedanken: Die Frage ist nicht leicht zu beantworten. Aber – eins kann man, trotz des unergründlichen Labyrinths der Kundenwünsche, sagen: daß Ihre Kunden textile Vorzüge wünschen.

Mir scheint, diese Verkürzungen sind nicht geschickt gestaltet worden, sondern eher zufällig, absichtslos entstanden, durch gedankenlosen Wortgebrauch.

Verbesserungsvorschlag: Welche Stoffe bevorzugen Ihre Kunden? – Eine wichtige Frage für Ihren Umsatz! Aber schwer zu beantworten! Sicher – im oft unergründlichen Labyrinth der Kundenwünsche – ist nur eins: Ihre Kunden verlangen textile Vorzüge ...

52.
Wir kommen wiederum zu der Auffassung, daß die Vorschläge uns für den rheinischen Geschmack nicht geeignet erscheinen.

Wir haben die Auffassung, daß etwas so ist. Uns erscheint etwas so. Beide Sätze drücken eine unsichere Meinung aus. Koppeln wir „Auffassung" und „erscheinen" in e i n e m Satz, wird die Aussage zu unsicher: sie wirkt, als trauten wir unseren eigenen Augen nicht.

Verbesserungsvorschlag: Wir kommen wiederum zu der Auffassung, daß die Vorschläge für den rheinischen Geschmack nicht geeignet sind.

Oder: Die Vorschläge erscheinen uns wiederum für den rheinischen Geschmack ungeeignet.

53.
Man wendet sich jetzt wieder den rauheren Individualisten zu, die eine persönliche Note zeigen, aber sich besser durchsetzen können.

Liegt der Gedanke nicht nahe, daß sich rauhere Individualisten besser durchzusetzen verstehen? Sicherlich. Doch warum dann das „aber"? Vielleicht hat sich der Schreiber durch „persönliche Note" verführen lassen, etwa in dem Sinn: Wenn jemand kein reiner Sachmensch, kein sturer Organisationsmensch, sondern ein Mensch mit persönlicher Note ist, hat er es gewöhnlich schwer. Vielleicht.

Verbesserungsvorschlag: Man wendet sich jetzt wieder den rauheren Individualisten mit persönlicher Note zu, die sich besser durchsetzen können.

Oder: Man wendet sich jetzt wieder den rauheren Individualisten zu, weil sich diese Leute mit ihrer persönlichen Note erfahrungsgemäß besser durchzusetzen verstehen.

54.
Wir waren der Auffassung, einmal einen internationalen Kongreß der Goldschmiedekunst einzuberufen.

Wenn jemand betont, er sei der Auffassung oder der Meinung, daß . . . , so drückt er damit immer auch ein bißchen Unsicherheit aus. Er besteht nicht unbedingt darauf: So ist es. Er äußert nur seine Auffassung.

Etwas merkwürdig wird das, wenn sich die Auffassung, daß etwas geschieht, auf das eigene Handeln bezieht. Man fragt sich: Weiß er denn nicht genau, was er tut? So klingt es in unserem Beispielsatz: Wir waren der Auffassung, . . . einzuberufen. Aber vielleicht haben wir gar nicht einberufen, sondern uns das nur eingebildet?

Natürlich ist hier etwas ganz anderes gemeint. Es geht überhaupt nicht darum, ob man einberufen oder nicht einberufen hat. Es geht darum, daß man der Auffassung war, etwas tun zu s o l l e n. Man war der Auffassung, daß es zweckmäßig oder nützlich oder verdienstvoll sei, einmal einen Kongreß der Goldschmiedekunst einzuberufen. Und warum hat man nicht geschrieben, was man gemeint hat? Weil man denkenden durch mechanischen Wortgebrauch ersetzt hat.

Aufgabenlösung: Wir waren der Auffasung, einmal einen Kongreß der Goldschmiedekunst einberufen zu sollen.

55.
Gern hätten wir von Ihnen Muster folgender Dessins erhalten: . . .

Sie hätten gern erhalten. Nun scheint aber etwas dazwischengekommen zu sein. Es hat offenbar nicht geklappt. Pech!

Nein, nein – sie erhielten ja noch immer gern, sie würden gern erhalten, sie hätten gern Muster folgender Dessins.

Die Koppelung von „hätten" und „erhalten" ergibt einen anderen als den beabsichtigten Sinn. Jedes Wort für sich wäre richtig gewesen.

Aufgabenlösung: Gern erhielten wir von Ihnen Muster folgender Dessins.

Diese mögliche Lösung ist insofern unbefriedigend, weil „erhielten" sowohl die Indikativ- als auch die Konjunktivform der Vergangenheit von „erhalten" sein kann.

Aufgabenlösung: Gern hätten wir von Ihnen Muster folgender Dessins:

Aufgabenlösung: Bitte schicken Sie uns Muster folgender Dessins:

56.
Aus einem Sportbericht: Vava verfehlte den Ball, um ihn im Nachschuß doch noch im Tor unterzubringen.

Wer kann schon so weit voraussehen, um drei Ecken herum? Den Ball absichtlich verfehlen, weil man weiß, daß sich daraus kurz darauf die Möglichkeit zu einem Nachschuß ergeben wird.

Aber derlei an Hellseherei grenzende Fähigkeiten wollte der Berichterstatter gar nicht unterstellen. Er hat es nur so „untergebracht".

Aufgabenlösung: Vava verfehlte den Ball, konnte ihn dann aber im Nachschuß doch noch im Tor unterbringen.

57.
Der Polizeibeamte war wieder rehabilitiert worden.

Ein merkwürdiger Polizeibeamte, der wiederholt rehabilitiert werden muß! Höchstwahrscheinlich ist er zum ersten Mal in schiefes Licht geraten und zum ersten Mal rehabilitiert worden. Ein kleiner Sprachschnitzer kann in einem derartigen Zusammenhang sehr bedenklich sein.

Aufgabenlösung: Der Polizeibeamte war rehabilitiert worden.

58.
Eltern zahlen Lehrerin.

Daß Eltern eine Lehrerin engagieren müssen, damit ihre Kinder genug Unterricht bekommen, ist ein schlechtes Zeugnis für die öffentliche Hand. Aber daß die Eltern diese Lehrerin, zum Dank für ihr Entgegenkommen, dann in Zahlung geben, statt ihre Leistung zu bezahlen . . . Zur Zeit von „Onkel Toms Hütte" zahlte man mit schwarzen Baumwollpflückern. Und heutzutage benutzen Eltern Lehrerinnen als Zahlungsmittel?

Aufgabenlösung: Eltern bezahlen Lehrerin.

Genauer: Eltern bezahlen die Leistungen der Lehrerin. Aber die Kurzform, daß man eine Person bezahlt (für ihre Leistungen) hat sich fest eingebürgert.

59.
Wir haben die nicht leichte Aufgabe, unsere Korrespondenzabwicklung den Kundenfirmen anzugleichen.

Der alte Fehler: Angleichung, wo keine Angleichung möglich ist. Können Sie zum Beispiel einen Fußmarsch Ihrer Wohnung angleichen? Nein? Dann wird, so vermute ich, der Schreiber unseres Beispielsatzes auch vergeblich versuchen, eine Korrespondenzabwicklung den Kundenfirmen anzugleichen.

Aufgabenlösung: Wir haben die nicht leichte Aufgabe, unsere Korrespondenzabwicklung der unserer Kundenfirmen anzugleichen.

60.
Unser Verkaufsleiter sollte unsere Vertreter darauf hinweisen, daß sie eingreifen.

Die Vertreter, von denen die Rede ist, scheinen in etwas einzugreifen, ohne es selbst zu wissen. Daß sie eingreifen, darauf muß sie ihr Verkaufsleiter erst hinweisen. Oder ob er ihnen nicht doch vielleicht klarzumachen hat, daß sie eingreifen s o l l e n oder m ü s s e n.

Aufgabenlösung: Unser Verkaufsleiter sollte unsere Vertreter darauf hinweisen, daß sie eingreifen müssen.

5 Die Darstellung ist mehr als Verpackung

Solange vom Inhalt die Rede ist – „4 Auf den Inhalt kommt es an" –, wird kaum einer den Wert der Bemühungen bezweifeln. Natürlich, der Inhalt eines Briefes, eines Berichts, einer Bedienungsanweisung . . . muß stimmen. Bei dem Thema „Kodierung" (= Realisieren einer Informationsabsicht in einem vereinbarten Zeichensystem) darf man sich der Zustimmung aller in jedem Fall schon nicht mehr so sicher sein. Da ist dann öfter der Einwand zu hören: „Na ja, so ganz korrekt ist das zwar nicht ausgedrückt, aber was soll's! Das ist hier nun auch wirklich nicht so wichtig. Jeder weiß ganz klar, was gemeint ist."

Noch häufiger wird die Kritik, wenn es nicht um den Inhalt, sondern um die Darstellung des Inhalts geht. Ob ich etwas in einem langen, mittellangen oder kurzen Satz sage, ob darin ein paar Fremdwörter vorkommen oder nicht, ob ich die Tatform oder die Leideform bevorzuge, ob ich die Sache „sorum“ oder „sorum“ sage: ist das denn so wichtig?! Sicher, ein elegant formulierter Text liest sich etwas besser als ein nicht so elegant formulierter Text. Aber schließlich sind wir keine Werbetexter oder Schriftsteller. Die Hauptsache ist doch, daß der andere erfährt, was los ist und was wir von ihm wollen. „Guter Stil“ – nichts dagegen zu sagen. Aber im Geschäftsleben, wer hat denn da Zeit, sich um dergleichen zu kümmern. Natürlich, man tut, was man kann, und schließlich haben wir ja alle Deutsch gelernt. Aber damit muß es auch genug sein.

So ungefähr hört sich das manchmal an, so ungefähr kann man denken.

Wenn auch Sie in einer der Richtungen denken, die sich in den Zitaten spiegeln, dann sehen Sie sich jetzt bitte einmal das Inhaltsverzeichnis zu „5 Die Darstellung ist mehr als Verpackung“ an. Wo ist da von Stilistik die Rede? Unter 28 Überschriften gibt es eine, die das Thema „Stil“ direkt anspricht, nämlich „5.2.4 Sind Stilfragen reine Geschmacksfragen?“.

Unter 5.1 geht es um die Verständlichkeit unserer Texte. Jeder wird einsehen, daß nur der Text seinen Zweck erfüllt, der verstanden wird.

Unter 5.2 werden – von 5.2.4 abgesehen – Formfragen besprochen. Gerade wer sagt „Ich habe schließlich Deutsch gelernt“, wird auch sagen: „In einem Text muß natürlich die Rechtschreibung und die Grammatik in Ordnung sein, und auch die Zeichensetzung sollte so einigermaßen stimmen.“

Unter 5.3 befassen wir uns mit dem Ton und mit der Argumentation, mit der Art und Weise, wie wir unseren Leser ansprechen.

Es bleibt also als spezielles Stilkapitel nur 5.2.4. Und warum steht das unter der Hauptüberschrift „5.2 Normgerechtheit als Hilfe und Visitenkarte“? Wer als Wirtschaftspädagoge und Wirtschaftsjournalist mitten in der Praxis steht, weiß aus vielen persönlichen Erfahrungen, daß tatsächlich in Stilangelegenheiten irgendwo die Geschmacksfragen beginnen. Aber er weiß auch, daß sich befähigte Leute mit Erfahrung über bestimmte Stilfragen kaum je streiten werden. Bestimmte Stilregeln bilden, wie in der Zeichensetzung oder der Grammatik, eine Art Normenwerk. Man ist sich einig darüber, daß zu viele Hauptwörter einen Stil schwerfällig machen, daß die Leideform dort unangebracht ist, wo einer etwas tut und als Täter interessant ist, daß der Satzdreh nach „und“ ein Stilfehler ist.

Befürchten Sie also bitte nicht, unter dem Stichwort „Darstellung“ sollten Sie sich allein oder überwiegend mit Stilfragen beschäftigen!

Wir haben uns um a l l e Seiten unserer Texte zu kümmern, die auf unseren Leser einen so oder so gearteten Eindruck machen: die Verständlichkeit, die Normgerechtheit, die Leseransprache.

5.1 Verständlichkeit

Zwanzig Seminarteilnehmer erhielten die Hausaufgabe, einen langen, aber weder grammatisch noch inhaltlich schwierigen Satz zu verbessern. Sieben der Teilnehmer erarbeiteten Fassungen, die zwar leichter verständlich waren als das Original, aber trotzdem keine Zustimmung fanden. Die anderen dreizehn behaupteten nämlich, diese Verbesserungen seien inhaltlich mit der ursprünglichen Fassung nicht identisch; sie drückten teilweise etwas anderes aus.

Wenn Seminarteilnehmer ohne Zeitdruck einen Satz verbessern und ihn dabei falsch oder zumindest nicht ganz richtig verstehen: wie mag es erst unseren Korrespondenzpartnern in der Praxis ergehen? Sie haben keine Zeit, sie können sich nicht mit jedem Satz Mühe geben. Vielmehr, sie lesen jeden Satz in der Regel nur einmal und reagieren dann so, wie sie ihn verstanden haben. Mit anderen Worten: Die Gefahr, daß jemand etwas falsch versteht, ist gerade in der Geschäftskorrespondenz groß. Um so mehr müßte eigentlich jeder beim Formulieren darauf bedacht sein, sich leicht verständlich auszudrücken.

Und was passiert, wenn unser Leser uns falsch versteht? Entweder wir provozieren Mißverständniskorrespondenz (Rückfrage – Aufklärung), oder wir rufen negative Reaktionen hervor (Widerspruch – Beschwichtigung durch Aufklärung). Oder wir hören überhaupt nichts mehr von unserem Partner und – verlieren vielleicht ein Geschäft.

Nicht nur in Briefen, auch in anderen Texten hat Schwerverständlichkeit oft üble Folgen. Denken Sie an Bedienungsanleitungen für Küchengeräte, Büromaschinen oder Autos! Der Leser versteht etwas falsch, behandelt sein Kaufobjekt in unzulässiger Weise und schlägt dann sehr schnell Alarm, wenn das Ding kaputtgeht oder die versprochene Leistung nicht bringt. Die Folge? Arbeitsaufwand, Ärger! Wenn es ganz schlimm kommt, haben wir infolge unsachgemäßer Behandlung eines Gerätes oder einer Maschine Verletzungen zu beklagen, die außerdem auch noch zu langwierigen Schadenersatzprozessen führen können.

Wie läßt sich die Verständlichkeit eines Textes steigern? Vor allem durch die Ausdrucksweise, durch stilistische Mittel. Hier zeigt sich besonders deutlich, daß es uns in der „Stilschulung" um wesentlich mehr als um eine elegante, gepflegte Sprache geht. Es geht in erster Linie darum (s. „4 Auf den Inhalt kommt es an"), das, was wir meinen, in der Sprache zu finden und mit der Sprache (Sprache als Erkenntnismittel) zu fixieren, in zweiter Linie darum, die Informationsinhalte so leicht verständlich darzustellen, daß sie den Empfänger auch „erreichen". Erst dann geht es um das, was man üblicherweise mit „gutem Stil" bezeichnet; allerdings ist gleich dazuzusagen, daß die Bemühung um guten Stil eine wertvolle Hilfe auf dem Weg zum richtigen Inhalt und zur leichtverständlichen Darstellung sein kann.

Das Thema „Verständlichkeit" ist 1974 zum Gegenstand einer systematischen Untersuchung gemacht worden. Das Ergebnis haben die Hamburger Psychologen Dr. Inghard Langer, Dr. Friedemann Schulz v. Thun und Dr. Reinhard Tausch in dem Buch „Verständlichkeit in Schule, Verwaltung, Politik und Wissenschaft" (Ernst Reinhardt Verlag) vorgelegt. Danach besteht kein Zweifel darüber, daß viele . . . allzuviele Texte ihr Ziel nicht erreichen und daß dies nicht an der Schwierigkeit der Inhalte, sondern an den Unzulänglichkeiten der Darstellung liegt.

Nun könnte man sagen: Diese Tatsachen sind einigen Praktikern seit langem bekannt; sie stehen im Zentrum ihrer Bemühungen um sprachliche Weiterbildung. Also – nichts Neues! Der besondere Wert dieser Arbeit liegt darin, daß sie die Schwerverständlichkeit vieler Texte durch Experimente und Zahlenwerte nachweist. Wer bisher gemeint hat, die Warnungen von Sprachlehrern seien Übertreibungen und die meisten Formulierungsfragen seien mehr oder weniger Geschmackssache, der wird nun mit unübersehbaren Fakten konfrontiert; an Verständigungsschwierigkeiten, die nachgewiesen und quantitativ belegt sind, kann man einfach nicht leichtsinnig oder ungläubig vorübergehen.

Die zitierte Untersuchung hat noch einen anderen Sachverhalt ins Licht gehoben: daß Texte, die nicht leicht verständlich sind, bei den Lesern auch ungünstige Gefühle auslösen.

In Seminaren wird bei der Besprechung von Grammatikfehlern und Stilschwächen oft gefragt, ob der Leser derlei „Kleinigkeiten" denn überhaupt wahrnehme, ob also die ganze Stilpflege nicht doch ein Luxus sei. Sicherlich haben die Zweifler insofern recht: die Leser merken meistens nicht, was für Fehler der Textautor im einzelnen begangen hat. Aber die Zweifler täuschen sich, wenn sie daraus schließen, die Leser merkten überhaupt nichts. Die Leser beurteilen nämlich den Gesamttext negativ. Daß sie nicht präzise sagen können, was ihnen nicht gefällt, ändert nichts an ihrer Unzufriedenheit. Und nur auf Zufriedenheit oder Unzufriedenheit kommt es an. Der Autor muß herausbekommen, woran es liegt, daß sich sein Leser „nicht angenehm" angesprochen fühlt, und er muß die sprachlichen Mittel finden und anwenden, die den ungünstigen Zustand – ungünstig für ihn – verbessern.

Diese Verbindung zwischen Verständlichkeit und Wirkung, zwischen Ausdruckswert und Eindruckswert, weist darauf hin, daß wir fast immer, wenn wir an der Verbesserung e i n e r Seite eines Textes arbeiten, auch etwas für die anderen Seiten des Textes tun. Mehr Verständlichkeit wirkt im allgemeinen auch in Richtung vorteilhafterer Leseransprache. Allerdings darf man keine Gleichsetzung daraus machen. Man kann jemandem leicht verständlich sagen, daß er ein Rindvieh sei! –

Wir gehen davon aus, daß der Informant herausfinden muß, w o d u r c h ein Text schwer verständlich wirkt. Um etwas Systematik in diese Untersuchung zu bringen, sind die wichtigsten Fehler unter den Überschriften

5.1.1 Wortwahl
5.1.2 Satzbau
5.1.3 Textaufbau
5.1.4 Schriftqualität und Schreibweise
5.1.5 Anschaulichkeit

besprochen. Beachten Sie bitte, daß dies eine künstliche Gliederung ist. Wie die medizinische Zerlegung des Menschen in Einzelorgane dem „Lebewesen Mensch" nicht gerecht wird, ebensowenig trifft die Zerlegung eines Sprachgebildes in Wörter der verschiedensten Gattung, in Sätze und Ansichten dieser Wörter und Sätze die ganze Textwirklichkeit. Immer greifen die herausgeschälten Teile ineinander über. Wir brauchen solche Modellvorstellungen jedoch, weil wir sonst überhaupt keine Chance haben, auch nur eine grobe Ordnung zu schaffen.

5.1.1 Wortwahl

5.1.1.1 Kopflastig

Man benutzt den Ausdruck „kopflastig" unter anderem in der Werbung, um darauf hinzuweisen, daß zum Beispiel in einer Anzeige der obere Teil, der Kopf, zu schwer für den unteren Teil, den Körper, ist. Wie beim Kleinkind, dessen großer Kopf nicht in ausgewogenem Verhältnis zu dem schmächtigen Rumpf steht. Viel häßlicher als das nicht gerade anziehende Wort „kopflastig" ist die Sache selbst, die schon erwähnte schlecht proportionierte Anzeige und, gerade bei Werbeleuten, zumal wissenschaftlich arbeitenden, entsprechendes Textwerk. Mit solch großschnäuzigem Kauderwelsch geht ein „Atelier" auf Kundenfang:

„Zugleich, als Medium der emotionalen Inhalte, wie als konkrete Gestalt und objektives und im Sinne der steuernden Absicht wirkendes Ereignis, ist die Gestaltung von Wort, Bild und Ton die vornehmliche Funktionsform werblicher Aktion. Im ergänzenden Zusammenhange mit voraufgehender Forschung und als sicher geformte Einheit wissenschaftlicher Analyse und künstlerisch-psychologischen Einfühlungsvermögens, bewirkt sie die Realisierung geplanter möglicher Erfolge. Dabei kann die Übertragung künstlerischer Faszinationen nicht dranghafter Intuition überlassen sein."

Das ist – von der miserablen Zeichensetzung ganz zu schweigen – sprachlich und gedanklich alles andere als werbend. Obwohl an den gebrauchten Hauptwörtern „Inhalt", „Gestalt", „Sinn", „Absicht", „Ereignis", „Wort", „Bild", „Ton", usw. nichts auszusetzen ist, haben wir das Gefühl, einen „toten" Text zu lesen. Die Mitteilung ist eine Null. Woran liegt das? Hauptsächlich daran, daß die Bindung zwischen den Hauptwörtern unzulänglich ist. 22 Hauptwörter, die noch durch 15 Beifügungen aufgebläht sind, sollen von drei Zeit- und Hilfszeitwörtern zusammengehalten werden: ist – bewirkt – kann überlassen sein. Unmöglich.

Oder doch möglich? Ja, dann nämlich, wenn man mit solcher Sprachgaukelei gedankliche Tiefe und wissenschaftliche Arbeitsweise vorzutäuschen versucht. Ich weiß nicht, ob dieser Text – er setzt sich noch um etwa das Dreifache so fort –, ob er sein Entstehen dem Willen verdankt, Gedankenarmut zu verschleiern und Gedankenreichtum vorzugaukeln, oder ob er auf Unfähigkeit zurückzuführen ist. Aus sprachlichen Gründen hoffe ich das Erste, aus moralischen das Zweite. Sei es, wie es will; sicher ist, daß derlei Unfug auf hart arbeitende Menschen in führenden Stellungen keinen Eindruck macht, nicht den geringsten. Denn die können gewöhnlich sehr gut zwischen Einfallsreichtum und forschem Gequatsche, zwischen Wissenschaftlichkeit und Pseudowissenschaftlichkeit unterscheiden.

Ein anderes Beispiel, das Hans Magnus Enzensberger in seinem Aufsatz „Anthologie des Versagens – Die mißratene Verständigung mit der Wissenschaft" zitiert hat:

„Ring und gering aber sind die Dinge auch in der Zahl, gemessen an der Unzahl der überall gleich gültigen Gegenstände, gemessen am Unmaß des Massenhaften des Menschen als eines Lebewesens. Erst die Menschen als die Sterblichen erlangen wohnend die Welt als Welt. Nur was aus Welt gering, wird einmal Ding."
Der Text stammt aus einem Vortrag, der in einer hoch angesehenen Akademie gehalten worden sein soll.

Wieder wird das Bemühen deutlich, sich einen „größtmöglichsten" gelehrten Anstrich zu geben und die Gehirne der staunenden Hörer und Leser zu umnebeln: bis sie ihr eigenes Wort nicht mehr verstehen. Das alles kann man, wie die Beispiele zeigen, besonders leicht und wirkungsvoll mit Hilfe von Hautpwörtern bewerkstelligen, sogar mit ganz einfachen, gebräuchlichen. Es ist daher zu wenig, daß man, wie es überall geschieht, alle Unverständlichkeit den bösen Hauptwörtern mit der Endsilbe „ung" in die Schuhe schiebt, eigentlich nur ihrer Form.

Das Hauptwort eignet sich überhaupt gut zum Tarnen und aufwendigen Nichtssagen. Man kann so mühelos ein Glied ans andere hängen, ohne dabei auch nur das geringste Geschehen, die kleinste Bewegung auszudrücken. Der Kunstgriff wird durch Verwendung des zweiten Falles möglich. Denken Sie an: Unmaß des Massenhaften des Menschen als eines Lebewesens. Ein abstrakter Begriff folgt dem anderen auf dem Fuße, und vor lauter Begriffen wird nichts mehr begriffen.

Wer seine Leser fesseln und ihnen etwas sagen will, was sie auch verstehen sollen, muß sich der Fülle verfügbarer Hauptwörter gegenüber maßvoll verhalten; er darf sich nicht dazu verlocken lassen, nach jedem glitzernden Begriff zu haschen, um ihn schnell noch in den Satz hineinzustopfen. Dieses Maßhalten im Gebrauch von Hauptwörtern ist natürlich besonders stark in Erzählungen notwendig. Ein vorbildliches Beispiel:

„Jetzt würde er niemals die Sachen schreiben, die er zum Schreiben aufgespart hatte, bis er wirklich genügend wußte, um sie gut zu schreiben. Dafür würde er aber auch nicht bei dem Versuch, sie zu schreiben, versagen. Vielleicht konnte man sie überhaupt nicht schreiben und schob es deshalb auf und vertagte das Anfangen. Ja, das würde er nun auch niemals wissen.

‚Ich wünschte, wir wären nie hierher gekommen', sagte die Frau. Sie sah ihn an, während sie ihr Glas in der Hand hielt und sich auf die Lippen biß. ‚In Paris hättest du so etwas nie bekommen. Du hast immer gesagt, wie gern du in Paris bist. Wir hätten in Paris bleiben sollen oder sonstwohin gehen können. Ich wäre überall hingegangen. Ich hab dir gesagt, daß ich überall hingehen würde, wohin du wolltest. Wenn du auf die Jagd gehen wolltest, hätten wir ja auch in Ungarn auf die Jagd gehen und es bequem haben können.' "

Die Stelle ist aus Hemingways „Schnee auf dem Kilimandscharo". Wie denkt ein Jäger, der seine Sterbestunde kommen fühlt? In fein säuberlich sortierten abstrakten Begriffen? Bestimmt nicht. Er lebt ja noch. In seinem Kopf bewegt es sich. Und wie redet seine Geliebte, die neben ihm sitzt und nicht helfen kann? Auch sie spricht nicht von der Unergründlichkeit des Schicksals, das in seiner Allwissenheit und Weisheit den Menschen mit erhabener Geste zum Schauplatz seines Verhängnisses führt, nein, sie sagt: „Ich wünschte, wir wären nie hierher gekommen."

Naturgemäß sind Hauptwörter, zumal abstrakten Inhalts, für die Sach- und Fachliteratur bedeutungsvoller und unentbehrlicher als für Erzählungen und Romane. Aber das ist noch kein Grund, Ergüsse wie diesen von sich zu geben:

„Alles menschliche Reagieren auf die Umwelt und das Verhalten in der Umwelt ist selektiv auf der Basis individueller und gruppenspezifischer Bedeutsamkeiten. Diesen verschiedenen Erlebnismöglichkeiten und unterschiedlichen Geschmackspräferenzen entsprechen auch ganz verschiedene Persönlichkeitstypen, d.h. für den Bereich der Marktpsychologie: Dem Markengesicht entspricht ein ‚Käufergesicht'. Die psychologische Korrespondenz von Marke und Konsument ist in zahlreichen Untersuchungen, die zum gegenwärtigen Zeitpunkt verständlicherweise nicht publiziert werden können, empirisch exakt nachgewiesen worden. Die optimale psychologische Erlebniseinheit von Konsument und Marke ist einerseits eine Forderung an jegliche Produktgestaltung und Werbekonzeption und bedingt andererseits die Notwendigkeit fortgesetzter motivationspsychologischer Überlegungen und Untersuchungen."

Einen überzeugenden Beweis dafür, daß diese Stilkrankheit nicht nur in Deutschland grassiert, lieferte Nicolaus Benckiser mit seiner Glosse „Lieber ganz unverständlich" in der „Frankfurter Allgemeinen", indem er einen Satz zitierte, der auf einem Kongreß der Christlich-Demokratischen Partei Italiens in San Pellegrino gesprochen worden ist:

„Wer mit der Absicht reiner analytischer Spezialisierung die gegenwärtige Dynamik unserer nationalen Wirklichkeit und insbesondere ihre soziale Struktur untersucht, also jene Gesamtheit fester Normen des Verhaltens und der Organisation, die in der gesamten Gesellschaft eine gewisse Einheit aufprägen und in einem gegebenen Zeitpunkt bestimmte hervortretende Züge aufrechterhalten, natürlich innerhalb der ständigen Variationen der aufeinander abgestimmten menschlichen Handlungen, dem präsentieren sich zwei Schwierigkeiten von Relief . . ."

Benckiser versichert uns, daß dieser Satz fast beliebig herausgegriffen sei und daß es auf dem Kongreß, der die ideologischen und sozialen Grundlagen der „Democrazia Cristiana" klären sollte, offenbar vom Anfang bis zum Ende in diesem Stil gegangen sei. Und bedenken wir dazu, daß hier nicht etwa abstrakt denkende Gelehrte, sondern sogenannte Männer der politischen Praxis aufgetreten sind, und daß sie keine Essays formuliert, sondern Reden gehalten haben.

Wenn man so etwas des öfteren liest oder hört, ist man geneigt, jener Auffassung Glauben zu schenken, wonach die Sprache dazu da sei, die Gedanken zu verbergen. Ein hervorragender italienischer Publizist soll denn auch auf den Sprachzauber der zitierten Art mit einem Aphorismus reagiert haben, den er Buster Keaton zuschreibt, mit der Frage: „Warum sich nur schwer verständlich ausdrücken, wenn man mit einer kleinen zusätzlichen Anstrengung völlig unverständlich werden könnte?"

5.1.1.2 Getarnte Tätigkeiten

Unter „Kopflastig" habe ich davor gewarnt, die durch zu viele Hauptwörter erzeugte Unverständlichkeit allein den Wörtern auf „ung" anzulasten. Die Beispiele haben gezeigt, daß man sich auch mit Hauptwörtern, die nicht auf „ung" enden, unverständlich oder schwerverständlich ausdrücken kann.

Soviel ist allerdings richtig: daß die Hauptwörter auf „ung" stark an der Hauptwörterei beteiligt sind. Die Schwäche des Zuviels an Hauptwörtern wird bei ihnen durch einen anderen Nachteil ergänzt: die Endsilbe „ung" läßt uns erkennen, daß das Hauptwort aus einem Tätigkeitswort entstanden ist. Die Entwicklung, die Überarbeitung, die Durchführung weisen darauf hin, daß etwas entwickelt wird oder sich jemand entwickelt, daß etwas überarbeitet wird oder sich jemand überarbeitet, daß etwas durchgeführt wird. Und wir müssen uns fragen: Ist es sinnvoll, so oft ein Hauptwort zu verwenden, wenn man sagen will, daß einer etwas tut? Noch dazu ein Hauptwort, das durch die verbreitete Endsilbe „ung", mit mehreren „Artgenossen" zusammen, einen Text monoton macht?

Sehen wir uns einige Texte aus Geschäftsbriefen an, in denen Hauptwörter auf „ung", zusammen mit anderen Hauptwörtern, es dem Leser erschweren, die Information schnell und richtig und vollständig aufzunehmen.

Die „Korrespondenz", eine Fachzeitschrift für Sprachfragen im Berufsleben, bekam auf eine Werbung hin einmal von einer Amtsverwaltung folgenden Brief:

„Mit Rücksicht auf die Anzahl und Vielfalt der der Verwaltung zugehenden Fachzeitschriften muß zur Begrenzung des Verwaltungskostenaufwandes auf die Erweiterung des Zeitschriftenbezugs verzichtet werden. Die Pflege und Verbesserung des Briefstils gehört zu den Aufgaben und Pflichten der einzelnen Dienstkräfte und wird für die Aufgabenerfüllung vorausgesetzt."

Zunächst, ich glaube nicht, was der Vertreter des Amtsdirektors da im zweiten Satz mitgeteilt hat. Träfe das zu, hätte der Absender wegen Pflichtverletzung schon längst nicht mehr mit „i.V." unterschreiben dürfen. Der Satz enthält 16 Hauptwörter und 3 Tätigkeitswörter. Dieses Verhältnis ist extrem ungünstig. Die wenigen Tätigkeitswörter reichen nicht aus, den Satz „fließen" zu lassen. Der Leser stolpert von einem schweren Hauptwortbrocken zum anderen.

Bei dieser Hauptwörterei ist dem Verfasser – wen wundert es! – auch ein Denkfehler unterlaufen, der seine Aussage unglaubwürdig macht. Erst behauptet er, man könne die Zeitschrift nicht abonnieren, weil man zuwenig Geld habe. Dann aber nennt er als Grund, daß sich die „Dienstkräfte" um die sprachliche Seite ihrer Aufgaben selbst zu kümmern hätten. W a s nun?

Wie hätte man den Text verständlicher schreiben können? – Zum Beispiel so:

„Aus Kostengründen können wir nicht alle Fachzeitschriften beziehen, die wir für nützlich halten. Außerdem gilt in diesem Fall: Unsere Mitarbeiter sind verpflichtet, sich um die Verbesserung ihres Briefstils selbst zu kümmern."

Eine andere Fassung, die stilistisch besser und inhaltlich überzeugender und sympathischer ist:

„Sehr geehrte Damen und Herren,

Sie wissen, in einer Behörde pflegen die Kosten schneller zu steigen als der Etat. Wir haben uns vorgenommen, mit den Steuergeldern so sparsam wie möglich umzugehen. Deshalb abonnieren wir vorerst auch keine weiteren Fachzeitschriften mehr.

Da wir überdies der Meinung sind, daß sich unsere Mitarbeiterinnen und Mitarbeiter aus eigenem Antrieb um die Verbesserung ihres Briefstils kümmern müssen, haben wir Ihre Zeitschrift durch ein Rundschreiben empfohlen.

Wer eine solche Zeitschrift ‚von oben' aufgezwungen bekommt, liest sie meistens doch nicht oder nur widerwillig. Wer sie dagegen aus freien Stücken und auf eigene Kosten bestellt, zeigt damit, daß er sich weiterbilden will. Und solche Leser wünschen Sie sich doch vor allem.
Mit freundlichem Gruß
Der Amtsdirektor
i.V."

Und wer das Ganze zwar weniger steif als in der ersten Verbesserung, aber kürzer als in der zweiten sagen will, kann sich zum Beispiel so ausdrücken:

„Wir können leider nicht alle Fachzeitschriften beziehen, die wir für nützlich halten. Sie wissen: die Kosten! Außerdem verlangen wir von unseren Mitarbeitern, daß sie sich selbst bemühen, ihren Briefstil zu verbessern. Können Sie uns Probe-Exemplare schicken? Wir würden sie, als Anregung, gern verteilen."

In der ersten Korrekturfassung stehen noch 6 Hauptwörter, dafür aber 5 Tätigkeitswörter. In der zweiten Korrekturfassung hat sich das Verhältnis zwischen Hauptwörtern und Tätigkeitswörtern sogar von 16 zu 3 auf 6 zu 8 verändert.

„Auch wenn die Dauer Ihrer Arbeitslosigkeit über diesen Termin hinaus anhält, kann der Versicherungsvertrag bei Weiterzahlung der Prämien durch Sie fortgesetzt werden."

Wiederum ein deutliches Übergewicht der Hauptwörter gegenüber den Tätigkeitswörtern: 6 zu 2. Verbesserungsvorschlag:

„Auch wenn Sie über diesen Termin hinaus arbeitslos bleiben, können Sie den Versicherungsvertrag dadurch, daß Sie die Prämien weiterzahlen, fortsetzen."

Oder:

„Auch wenn Sie über diesen Termin hinaus arbeitslos bleiben, können Sie den Versicherungsvertrag, indem Sie die Prämien weiterzahlen, fortsetzen."

Gegen diese beiden Fassungen läßt sich einwenden: Der Text „fließt" zwar besser als der Originaltext, aber der zweite, eingeschobene Nebensatz trägt auch nicht gerade zur Leichtverständlichkeit bei; außerdem stört ein bißchen, daß zwei Tätigkeitswörter aufeinanderfolgen („weiterzahlen, fortsetzen").

Wie wäre es damit?:

„Auch wenn Sie über diesen Termin hinaus arbeitslos bleiben, können Sie den Versicherungsvertrag durch Weiterzahlen der Prämien fortsetzen."

Wird da nicht wieder eine Tätigkeit in der Form eines Hauptwortes dargestellt? Wollten wir das nicht gerade vermeiden? Richtig! Aber vergessen wir nicht: Das Ziel heißt nicht „Die Anzahl der Hauptwörter verringern!", sondern „Die Information leichter verständlich machen!". Dieses Ziel erreichen wir zwar sehr oft dadurch, daß wir die Anzahl der Hauptwörter verringern, aber wir dürfen kein Dogma daraus machen. Hin und wieder ist es möglich, die Verständlichkeit auch dadurch zu verbessern, daß man einen ganzen Nebensatz zu einem einzigen Wort zusammenzieht.

„Es kommt darauf an, von welcher Warte aus die Betrachtung des Sachverhalts vorgenommen wird."

Eine Betrachtung vornehmen? Man kann auch betrachten.

„Es kommt darauf an, von welcher Warte aus man den Sachverhalt betrachtet."

Oder:

„Es kommt darauf an, wie man den Sachverhalt ansieht."

Je länger ein Satz mit vielen Hauptwörtern ist, desto schwieriger ist es auch, ihn zu korrigieren. Hier, damit Sie den Inhalt besser verstehen, mehrere Sätze im Zusammenhang:

„Das Arbeitsverhältnis wird unter den gleichen Bedingungen über den Zeitpunkt der Erreichung der Altersgrenze hinaus fortgesetzt. Die Beendigung tritt am 31.12.1976 ohne weitere Kündigung in Kraft. Wir haben im gegenseitigen Einvernehmen den Vorbehalt gemacht, das Arbeitsverhältnis gegebenenfalls auch zu einem früheren Zeitpunkt unter Einhaltung der vertraglich vorgesehenen Kündigungsfrist zu lösen, wenn innerbetriebliche Gründe, insbesondere notwendige Rationalisierungsmaßnahmen eine andere Disposition Ihres Arbeitsplatzes verlangen."

Der Text enthält 18 Hauptwörter und 5 Tätigkeitswörter. Unter den 18 Hauptwörtern sind 5 mit der Endsilbe „ung". Zwei weitere „ung"-Wörter sind in „Kündigungsfrist" und „Rationalisierungsmaßnahmen" versteckt. Und zwei zusätzliche Hauptwörter drücken ebenfalls Tätigkeiten aus, obwohl sie nicht auf „ung" enden: Einvernehmen, Vorbehalt.

Verbesserungsvorschlag: „Das Arbeitsverhältnis wird, obwohl (oder: nachdem) Sie die Altersgrenze erreicht haben, bis zum 31.12.1976 fortgesetzt, bei gleichen Bedingungen.

Wir haben jedoch vereinbart, daß der Vertrag auch früher gelöst werden kann, wenn betriebsinterne Gründe das erfordern. Für den Fall gilt die vorgesehene Kündigungsfrist."

Ein weiteres Beispiel:

„Mit Bedauern nahmen wir zur Kenntnis, daß die o. g. Firma aus gesundheitlichen und Altersgründen liquidiert und so eine Weiterlieferung des seit Jahren gelisteten Produkts nicht mehr möglich ist."

Wiederum: Zu viele Hauptwörter! Im übrigen: Die arme kranke, alte Firma!

Verbesserungsvorschlag: „Schade, daß die Inhaber ihr Geschäft aus Gesundheits- und Altersgründen nicht weiterführen können und daß dieses Produkt, das wir seit Jahren beziehen, nicht mehr erhältlich ist!"

Zum Abgewöhnen:

„Anliegend überreichen wir Ihnen unseren detaillierten Vorschlag für die Gestaltung der Veredlung und Ausrüstung zu Ihrem neuen Projekt mit den entsprechenden Richtpreisangeboten der einzelnen Maschinen."

Das Verhältnis zwischen Hauptwörtern und Tätigkeitswörtern: 7 zu 1. Versucht man, den Satz flüssiger zu machen, gerät man in Verlegenheit. Wo sind die Gedanken- und Wortzusammenhänge? Man neigt dazu, „Ausrüstung" mit „Maschinen" in Verbindung zu bringen. Aber wie paßt die „Veredlung" hinein? Vielleicht ist gemeint:

„Sie erhalten hiermit unseren Vorschlag zu Ihrem neuen Projekt. Er zeigt Ihnen, wie wir uns den Veredlungsprozeß denken und welche Ausrüstung Sie dabei brauchen. Zu den Maschinen haben wir Richtpreise angegeben."

5.1.1.3 „Das Schreiben und das Lesen"

So singt der Schweinezüchter Zsupan im Zigeunerbaron von Johann Strauß nicht nur, damit es sich auf „ist nie mein Fall gewesen" reimt, denn auch für die Schreibung und die Lesung hätte sich ein Reim finden lassen. Aber, die Schreibung und die Lesung hätten nicht dem Sachverhalt entsprochen.

„Da Verkaufen im Rahmen einer freien Konkurrenzwirtschaft aber ohne eine Form der Kommunikation, ohne Verbindung zwischen Produzent und Konsument nicht möglich ist, ergibt sich zunächst eine psychologische Informationslücke. Ihre Füllung ist eine unabdingbare Voraussetzung für den optimalen absatzwirtschaftlichen Funktionszusammenhang . . ."

Beim Übergang vom ersten zum zweiten Satz zögern wir. Ihre Füllung? Was irritiert uns? Wir kennen das Wort „Füllung" im Zusammenhang mit Pralinen. Das, was von der Schokoladenschale umschlossen wird, ist die Füllung: Creme oder Cognak. Die Füllung ist also etwas Vorhandenes. In unserem Satz heißt es, zunächst ergebe sich eine Informationslücke. Wenn der Autor dann mit „Ihre Füllung" fortfährt, so fragen wir uns im ersten Augenblick: Ist eine Lücke da oder eine Füllung?

Und mit dieser kleinen Unsicherheit, mit diesem kleinen Befremden, das uns bei schnellem Lesen nur wie ein Hauch anweht, reagieren wir ganz richtig. Denn der Autor will gar nicht vom Inhalt der Lücke, von ihrer Füllung sprechen, sondern davon, daß die Lücke gefüllt werden müsse. Er hätte schreiben sollen: „ . . . ergibt sich zunächst eine psychologische Informationslücke. Das Füllen dieser Lücke (sie zu füllen) ist eine unabdingbare Voraussetzung."

Das Beispiel hat uns erkennen lassen, daß sich die Füllung vom Füllen im Sinn unterscheidet. Soll die Tätigkeit betont werden, ist die Grundform als Hauptwort am Platz: „Das Betreten des Rasens ist verboten." Wird dagegen das Ergebnis der Tätigkeit einbezogen, so ist ein Hauptwort mit der Endsilbe „ung" angebracht, das zwar auch aus einem Tätigkeitswort entstanden ist, sich aber schon weiter von ihm entfernt hat und stärker als „Sache" empfunden wird: „Diese Erfindung wird vieles verändern."

Wo Menschen handeln, wo sich etwas ereignet, sind Tätigkeitswörter die besten Mittel zur Wiedergabe. Wählt man jedoch begründet ein Hauptwort, so ist zu bedenken, daß die hauptwörtlich gebrauchte

Grundform auf ein Handeln oder ein Geschehen weist, während das Hauptwort mit der Endsilbe „ung“ das Resultat des Handelns, das Gewordene, die entstandene Situation einbezieht.

5.1.1.4 Aufwendige Verhältnisse

Haben Sie schon einmal einen Vertrag abgeschlossen? „Sicher“, werden Sie sagen. Oder haben Sie den Vertrag vielleicht geschlossen? „Das habe ich doch gerade gesagt . . . ach so, Sie meinen ‚abgeschlossen‘ oder ‚geschlossen‘?“ Richtig.

Und wie ist das, bitte, mit den Lebenshaltungskosten: steigen sie oder steigen sie an?

Sinkt eine Mannschaft in der Bundesligatabelle, oder sinkt sie ab?

Senden wir unserem Onkel Eduard ein Geburtstagspäckchen, oder übersenden wir es?

Wenn Sie einen Text korrigieren: ändern Sie ihn dann? Oder ändern Sie ihn ab? Oder verändern Sie ihn?

Und falls Sie einmal einen Brief vom Finanzamt erhalten: lesen Sie den einfach? Oder lesen Sie ihn vielleicht durch?

Kündigen Sie Ihre Versicherung, oder kündigen Sie Ihre Versicherung auf? – Klären Sie eine Frage, oder klären Sie eine Frage lieber ab? Diktieren Sie einen Text, oder diktieren Sie ihn herunter, oder diktieren Sie ihn ab? – Denken Sie manchmal an Ihre Weiterbildung, oder bedenken oder überdenken Sie die? – Ist Ihr Lebensabend gesichert oder abgesichert? – Haben Ihnen diese Beispiele gezeigt, worum es geht, oder haben sie es Ihnen aufgezeigt?

Oft gehen diese anhänglichen Vorsilben auch mit, wenn wir die Tätigkeitswörter, denen sie sich zugesellt haben, zu Hauptwörtern „befördern“. Änderung, Veränderung, Abänderung; das Steigen, das Ansteigen; das Sichern, das Absichern; das Sinken, das Absinken; die Kündigung, die Aufkündigung; die Lesung, die Durch . . . Nein, überall klappt es nicht. Aber muß, . . sollte es denn überall klappen?

Fragen wir uns: Was erreichen wir dadurch, daß wir Tätigkeitswörter mit Verhältniswörtern koppeln? Neue Wörter mit neuem Sinn? Manchmal. Zumindest mit neuen Sinnabstufungen. Öfter jedoch ist kaum ein Sinnunterschied zu erkennen. Und selbst dort, wo Sinnunterschiede bestehen, nützen diese erweiterten Ausdrucksmöglichkeiten nichts, weil sie nicht wahrgenommen werden. Denn die Erfahrung zeigt, daß mehr und mehr Sprecher und Schreiber gedankenlos auch dort nach dem Verbundwort greifen, obwohl das einfache Wort die Sache genausogut oder besser ausgedrückt hätte.

„Wir übersenden Ihnen hiermit ...“: wo ist der Vorteil gegenüber „Wir senden Ihnen hiermit ...“?

„Diese Frage ist noch nicht endgültig abgeklärt.“ Sagt das mehr oder anderes als „Diese Frage ist noch nicht endgültig geklärt“?

Fragen wir andersherum: Ist es denn schädlich, statt eines einfachen Tätigkeitswortes eins mit Vorsilbe zu nehmen?

Es ist schädlich. Erstens, und darum geht es uns hier vor allem: Die Verständlichkeit des Textes sinkt. Sicherlich macht eine Vorsilbe, zum Beispiel ein „ver“ vor „ändern“, einen sonst leichten Satz nicht schwerverständlich oder gar unverständlich. Aber – sie trägt, mit anderen Merkmalen zusammen, dazu bei, daß er schwerer verständlich wird. Zu viele Hauptwörter, zu wenige Tätigkeitswörter, zu viele Eigenschaftswörter, ein paar unscharfe Ausdrücke, zwei unnötige Vorsilben – so kommt schnell eins zum anderen.

Wir können die Gefahr leicht bannen. Faustregel: Stets das einfache Wort bevorzugen! Drängt sich eine Vorsilbe auf, bitte prüfen, ob sie den Sinn in der beabsichtigten Richtung verschiebt. Nur wenn das mit einer Vorsilbe ausgestattete Tätigkeits- oder Hauptwort das Gemeinte besser ausdrückt als das einfache Wort, nur dann ist es nützlich.

Zeiträume, Problemstellungen und Inangriffnahmen

Dem Ziel, schwerverständlich zu schreiben, dient in vorzüglicher Weise auch die Hauptwortaufblähung.

„In dieser Zeit mußten wir erst einmal die Probleme der Datensicherung bearbeiten; damit waren wir voll beansprucht.“ So einfach kann das doch gar nicht sein.

„Für diesen Zeitraum bestand zunächst erst einmal die Forderung einer Inangriffnahme aller Problemstellungen, die aus der Notwendigkeit der Datensicherung resultierten, so daß wir also unsererseits voll in Anspruch genommen waren.“

Sieht das nicht gleich viel bedeutender aus? Man muß dem Text ja schließlich auch anmerken, daß wir wirklich hart gearbeitet haben. Ehrlich!

„Mit dieser Aufgabenstellung war unsere Organisationsabteilung im Zuge der Neugliederung unserer verschiedenen Verkaufssparten im vergangenen Zeitraum noch nicht näher in Berührung gekommen, so daß zunächst durch eine Inaugenscheinnahme der betreffenden Räumlichkeiten einige Modellvorstellungen über die unterschiedlichen Nutzungsmöglichkeiten aufgebaut werden mußten.“

„Das ist schon richtig prima, ist das", würde Dieter Hildebrand sagen. Und „Donnerwetter noch eins!" der Jürgen Manger.

Dagegen: „Bei der Neugliederung unserer Verkaufssparten hatte sich diese Aufgabe noch nicht gestellt. Unsere Organisatoren mußten sich also erst einmal die Räume ansehen, um Vorstellungen über ihre Nutzung entwickeln zu können." Schwach im Vergleich zum Vorbild, nicht wahr? Aber doch wohl leichter verständlich. Und darauf muß es uns ankommen, wenn wir nicht Schaum schlagen, sondern auf dem kürzesten und sichersten Weg Informationen übermitteln wollen.

5.1.1.5 Das treffende Wort

Mit „treffend" ist zunächst einmal nicht gemeint, daß ein Wort eine Sache ganz genau bezeichnen muß. Nein, die erste Stufe des Bemühens zielt auf „richtige" Bezeichnung.

Wenn ich einen Packtisch ungenau mit „Tisch" bezeichne, so ist das nicht so schlimm, als wenn ich ihn „Ablage" oder gar „Stuhl" nenne. Unter Umständen ist es sogar überhaupt nicht schlimm: weil die allgemeine Bezeichnung „Tisch" für den beabsichtigten Informationszweck ausreicht.

Warum über solche Selbstverständlichkeiten sprechen? Weil wir es mit handfesten Dingen wie Tischen und Stühlen zwar meistens leicht, mit den Inhalten anderer Wörter aber durchaus nicht immer leicht haben. Und selbst „einfache, handfeste Dinge" können problematisch werden; wir werden am Schluß darauf eingehen.

„Als Versicherer des Herrn X haben wir uns mit dem oben angeführten Diebstahlschaden zu befassen. Hierbei wurde der Pkw des Herrn X erbrochen."

Es gibt für den Leser keinen Zweifel über das, was hier passiert ist. Aber es gibt für ihn auch keinen Zweifel darüber, daß der Schreiber mit „erbrochen" ein falsches Wort erwischt hat. Er wird mit diesem Fehlgriff vermutlich Lächeln oder Gelächter geernet haben.

Ist der Text im übrigen in Ordnung? Wie steht es mit „hierbei"? Worauf bezieht es sich? Offenbar, nach der Grammatik, auf „befassen", auf das Befassen mit dem Diebstahlschaden statt, wie beabsichtigt, auf den Diebstahlschaden selbst.

Wir können „erbrochen" und „hierbei" aus diesen zwei Sätzen unter „Falsche Kodierung" einreihen. Daß wir das Beispiel hier, unter „Verständlichkeit", bringen, hat folgenden Grund: Die beiden Kodierungsfehler werden sicherlich keine Fehlinformation auslösen; die Textumgebung sorgt dafür, daß der Leser trotz der beiden Fehler versteht, was gemeint ist. Aber sie wirken auf jeden Fall der angestrebten Leichtverständlichkeit entgegen. Das „erbrochen" läßt den Leser stocken, bedenken, lachen vielleicht; er wird auf jeden Fall abgelenkt. Und das „hierbei"? Kaum jemand wird es als Kodierungsfehler entlarven. Was es auslöst, ist jedoch eine kleine Unsicherheit. Gerade solche Fehler, vor allem mehrfach in einem Satz auftretend, lassen die Aussage „irgendwie" vage, ungenau erscheinen. Dieses Gefühl beim Leser „Irgendetwas stimmt doch da nicht" läßt ihn zögern, läßt ihn den Text als unbefriedigend empfinden.

Prüfen wir mit Hilfe weiterer Texte, wie das mit diesem „Gefühl" ist!

„Die unterschiedlichen Gesellschaftssysteme bedingen andere Probleme."

„Ja, ja", möchte man spontan sagen, aber dann fragt man sich plötzlich: „Was meint der eigentlich?" Da ist wieder dieses vertrackte „bedingen". Vermutlich bedeutet es hier: „Die unterschiedlichen Gesellschaftssysteme verursachen andere Probleme." Aber heißt es nicht eigentlich „haben zur Bedingung"? Könnte also auch gemeint sein, daß ganz bestimmte Probleme zu bestimmten Gesellschaftssystemen führen? – Und dann ist da noch dieses „andere": „anders" als was? Muß es nicht heißen „Die unterschiedlichen Gesellschaftssysteme verursachen (oder was immer!) unterschiedliche Probleme"?

Nach einigem Überlegen einigt man sich vielleicht mit sich selbst auf die Interpretation: Die unterschiedlichen Gesellschaftssysteme bringen unterschiedliche Probleme mit sich.

„A-Mitglieder unterliegen dem Bezug des ‚Westd.Skiläufers', der von allen Mitgliedern über 18 Jahre gehalten werden muß."

In diesem Fall ist der „unangenehme Eindruck" besonders deutlich. Es liegt an dem negativen „unterliegen", dem „Bezug unterliegen". Man hat fast das Gefühl: „Jetzt hat's mich erwischt." Dabei soll die Zeitschrift „Westdeutscher Skiläufer" für den Leser, auch den „Pflichtleser", sicherlich nützlich sein.

„Die Förderung der Forschung im Ingenieurwesen durch den Chefingenieur beschränkte sich nicht nur auf die Einrichtung der Firma, sondern erfaßte den gesamten Rahmen der verfahrenstechnischen Industrie Deutschlands."

Wenn Ihnen auch dieser Satz nicht ganz geheuer vorkommt, haben Sie schon ein gutes Sprachgefühl entwickelt. Meinen Sie, hier stimmt etwas nicht, obwohl Ihnen der Sinn des Satzes klar ist? Bitte suchen! Woran liegt es? Woher rührt Ihr Unbehagen?

Erinnern Sie sich an „nicht nur ... sondern auch“? Wo ist hier das notwendige „auch“. Was als betonte Aufzählung gedacht war, ist halb zum Gegensatz geraten.

Aber vielleicht sollte es gar keine betonte Aufzählung sein. Das „beschränkte sich nicht“ verlangt doch nach einem Gegensatz. Allerdings steht dem wieder das „nur“ entgegen.

Also entweder: „Die Förderung der Forschung im Ingenieurwesen durch den Chefingenieur erfaßte nicht nur die Einrichtungen der Firma, sondern auch den ganzen Rahmen der verfahrenstechnischen Industrie Deutschlands.“

Oder: „Die Förderung der Forschung im Ingenieurwesen durch den Chefingenieur beschränkte sich nicht auf die Einrichtung der Firma, sondern erfaßte den ganzen Rahmen der verfahrenstechnischen Industrie Deutschlands.“

Die zweite Fassung ist wohl die angemessenere, die „mehr gemeinte“.

Manchmal wird das schnelle Verstehen durch noch weniger als ein etwas danebentreffendes Wort behindert.

„Die Schweißmaschinenstellungen deuten die kleinen gestrichelten Rechtecke an.“

Moment! Was deutet was an? Die Schweißmaschinenstellungen die Rechtecke oder die Rechtecke die Schweißmaschinenstellungen? Natürlich, die zweite Lesart ist richtig. Aber – und das ist in unserem Zusammenhang entscheidend – man stockt, denkt einen Augenblick nach, liest den Satz zweimal.

Woher kommt die Unsicherheit? Daraus, daß „die Schweißmaschinenstellungen“ formal sowohl im ersten als auch im vierten Fall stehen kann. Was beabsichtigt ist, läßt sich nicht aus der Form, sondern nur aus dem Sinn erschließen.

Wie hätte man die Aussage eindeutig machen können? So: „Die Schweißmaschinenstellungen werden durch die kleinen gestrichelten Rechtecke angedeutet.“

„Aber da verwenden Sie ja das Passiv? – Ich habe gerade in einem guten Stilbuch gelesen, daß man das Passiv nur sehr selten verwenden solle, weil die Tatform energischer, klarer, kürzer, wirkungsvoller sei.“ Gegenfrage: „Was ist mit ‚sehr selten‘ gemeint? Wann denn?“ – Da das nicht gesagt wurde, haben Sie den Eindruck gewonnen, das Aktiv, die Tatform, sei i m m e r besser als das Passiv, die Leideform. Obwohl der Autor das gar nicht behauptet hat!

Auch das ist ein Beispiel für Leichtverständlichkeit und Schwerverständlichkeit. Wenn ich sage, A sei meistens vorzuziehen, weil es aus den und den Gründen B überlegen sei, aber nicht dazusage, in welchen wenigen Fällen es nicht überlegen ist, worauf sich also „meistens" bezieht, wie es mit der Ergänzung von „meistens" aussieht, dann werden viele Leser die Meinung nach Haus tragen, A sei in jedem Fall die bessere Lösung.

Unser Schweißmaschinen-Satz enthält noch eine Tücke, die in der einen oder anderen Form häufiger auftritt, als man annimmt. In einer der Manuskriptfassungen zu diesem Buch stand plötzlich: „Die Schweißmaschinenherstellungen deuten die kleinen gestrichelten Rechtecke an."

Und da stockte sogar der Autor, der die Verhältnisse in diesem Satz ja doch kannte. Er begann nach dem Sinn der Aussage zu suchen – bis ihm aufging, daß ihn ein winziger Abschreibfehler irritiert hatte.

Peinlicher, als dieser Druckfehler gewesen wäre, ist es natürlich, wenn jemand, wie einmal geschehen, ein Seminar für Textverarbeitung in allen Prospekten als ein Seminar für Textilverarbeitung ankündigt.

Druckfehler, die jeder sofort als Druckfehler erkennt, sind harmlos. Die „dummen Fehler", wie man sie gern nennt, gefährden die Verständigung.

Manchmal, in einigen Bereichen sogar des öfteren, entstehen „dumme Fehler" nicht aus Unaufmerksamkeit, sondern aus einem noch ganz anderen Grund. Da schreibt jemand: „Das Halbzeug wird auf das Warmbett befördert." – „Aha, denkt da jemand", besonders leicht der Ausländer, „das Halbzeug wird warmgehalten." Weit gefehlt, es wird gekühlt. Im Feinstahlwalzwerk heißt diese Einrichtung auch sinnvollerweise „Kühlbett".

Das Problem: Man muß sich einigen und dann konsequent sein. Im Bereich „Walzwerke" und „Pressen" hat sich in dieser Richtung zum Beispiel die Schloemann AG in Düsseldorf bemüht und verdient gemacht, insbesondere ein Mitarbeiter der Werbeabteilung (Sie haben richtig gelesen: der Werbeabteilung. Es gibt auch Werbefachleute, die mehr als Gags im Kopf haben!). Er stellte nämlich bei seiner Textarbeit immer wieder fest, daß bestimmte technische Einrichtungen unter mehreren, manchmal vier oder fünf, Bezeichnungen im Gespräch waren. Wer sollte sich da noch auskennen?! Selbst im eigenen Haus kam es gelegentlich vor, daß man aneinander vorbeiredete. Und neue Erfindungen, auf deren Fülle man in dieser Firma zu Recht stolz war, machten die Sache nicht einfacher; sie mußten ja einen Namen haben.

Gefahr erkannt, Gefahr gebannt! Man stellte zwei Forderungen auf und befolgte sie: 1. Neue Einrichtungen verlangen inhaltlich treffende, sprachlich richtig gebildete und zugleich kurze, einprägsame Bezeichnungen! Es geht nicht an, daß wir dem „Ding" den ersten besten (oder schlechtesten) Namen geben. Wir müssen uns mit dieser Aufgabe Mühe geben. Es lohnt sich. 2. Wenn wir uns entschlossen haben, eine bestimmte Sache mit einem von mehreren möglichen Ausdrücken zu bezeichnen, dann wollen wir diese Bezeichnung auch in allen Reden und Veröffentlichungen beibehalten.

Wer in dieser Arbeit einmal dringesteckt hat, weiß, daß mit solchen „Kleinigkeiten am Rande" sehr viel Nützliches für die Leichtverständlichkeit von Texten getan wird.

5.1.1.6 Das Fremdwort

Einen besonderen Platz in der Diskussion um die Verständlichkeit von Texten nimmt das Fremdwort ein. Ob Haupt-, Tätigkeits-, Eigenschaftswort – „fremd" ist die Reizvokabel.

Was tun?

Der erste Rat: Kümmern Sie sich beim Reden und Schreiben nicht um den Fremdwortstreit! Es braucht Sie nicht im geringsten zu belasten, daß dieser und jener feine Stilist behauptet hat, Sie dürften dieses und jenes freche Fremdwort nicht über die Zunge bringen und sollten überhaupt nahezu völlige Fremdwort-Enthaltsamkeit üben. Statt solche Verbote im Kopf herumzuwälzen, konzentrieren Sie sich besser ganz auf die Sache, die Sie genau, deutlich, anschaulich mitteilen wollen.

Entscheiden Sie sich für die Wörter, die Ihren Gedanken treffen, seien sie deutscher oder fremder Herkunft.

Bei vielen wichtigen Texten – wie Werbebriefen, Fachaufsätzen, Verträgen oder Kunstkritiken – werden Sie mit Ihrer ersten Fassung noch nicht zufrieden sein, sondern eine zweite formulieren. Ehe Sie korrigieren, stellen Sie sich bitte, was die Fremdwörter betrifft, folgende Fragen:

1. Wer sind meine Leser?
   Ein Anzeigentext, der sich an Ingenieure oder Chemiker wendet, darf wesentlich mehr Fach- und Fremdwörter enthalten als ein Anzeigentext, der das breite Publikum ansprechen soll.
2. Hat mein Text a) gar keine, b) viele oder c) einige wenige Fremdwörter?
   a) Finden Sie gar keine Fremdwörter, so ist das kein Mangel.
   b) Finden Sie viele, so sollten Sie überlegen, ob nicht an der einen

oder anderen Stelle ein deutsches Wort besser paßte. Das wundert Sie? Weil ich doch die Fremdwörter verteidigt habe?
Der Grund, weshalb ich Ihnen empfehle, keine ausgesprochen fremdwörterreichen Texte zu schreiben, ist einfach und einleuchtend. Unsere Sätze überzeugen dann am besten, wenn sie ausgewogen sind. Zu viele Hauptwörter machen sie trocken, zu viele Tätigkeitswörter kopflos, zu viele Eigenschaftswörter phrasenhaft, zu viele Fremdwörter machen sie abstrakt. Es geht also nicht etwa darum, nur die Fremdwörter in ihrer Bewegungsfreiheit einzuengen; auch alle anderen Wortarten sind in angemessenen Schranken zu halten.

Als Beispiel für den fremdwörterreichen, abstrakten Stil ein Satz aus Theodor W. Adornos Buch „Noten zur Literatur I":

„Die Hartnäckigkeit, mit der dies Schema überlebt, wäre so rätselhaft wie seine affektive Besetztheit, speisten es nicht Motive, die stärker sind als die peinliche Erinnerung daran, was einer Kultur an Kultiviertheit mangelt, die historisch den homme de lettres kaum kennt."

Zum Vergleich zwei fremdwörterlose, anschauliche Sätze von Arthur Schopenhauer: „Die Heiterkeit und der Lebensmut unserer Jugend beruht zum Teil darauf, daß wir, bergauf gehend, den Tod nicht sehn; weil er am Fuß der andern Seite des Berges liegt. Haben wir aber den Gipfel überschritten, dann werden wir den Tod, welchen wir bis dahin nur vom Hörensagen kannten, wirklich ansichtig, wodurch, da zu derselben Zeit die Lebenskraft zu ebben beginnt, auch der Lebensmut sinkt; so daß jetzt ein trüber Ernst den jugendlichen Übermut verdrängt und auch dem Gesichte sich aufdrückt."

c) Die Warnung vor allzu fremdwortreichen Texten hat Sie schon ahnen lassen, daß auch hier wieder einmal die Tugend des Maßhaltens gute Früchte trägt. Wer anschaulich und überzeugend schreiben will, pendelt seine Wörter aus, läßt keine Wortart wuchern, keine verdorren, und mit dem ungewöhnlichen, dem profilierten Fremdwort, wie mit dem „kostbaren" Eigenschaftswort, geht er sogar besonders sparsam um. Der folgende Text aus Friedrich Sieburgs „Die Lust am Untergang" ist ein gutes Beispiel:

„Von wem habe ich bisher gesprochen, wessen Fall habe ich hier in dürren Worten ausgebreitet? Ich werde mich hüten, diesen Menschen, der Zerknirschtheit und Arroganz so mühelos in sich zu vereinigen scheint, beim Namen zu nennen. Auf jeden Fall ist es einer, der von seiner Bedeutung für das Gemeinwesen offenbar nicht sehr tief durchdrungen ist. Wenn man meine Ansicht wissen will, so sage ich, daß es mit seiner Zerknirschtheit nicht weit her ist und daß seine Arroganz auf recht schwachen Füßen steht, weil beides nur dadurch zustande kam, daß er sich mit der Umwelt verglich. Ich selbst werde ja seit langen Jahren von dem Vorgefühl geplagt, daß ich und meinesgleichen bald ausgesorgt haben. Man wird uns, so ahne ich, zu Sklaven machen, die allerdings einen hohen Marktwert haben werden, weil sie sich auf die aussterbende Kunst des Schönschreibens und der gedanklichen Tätigkeit verstehen. Die Mächtigen beherrschen diese Kunst ja nicht mehr, aber sie sind unsere Herren und bereit, einen guten Preis zu zahlen. Ihre Denkfähigkeit geht grade noch bis zum Kausalgesetz, wohingegen wir die köstliche Nutzlosigkeit des Philosophierens beherrschen und die besten unter uns sogar eines gewissen sprachlichen Ausdrucks fähig sind.

Da liegen unsere Chancen und Gefahren, denn wenn wir auch brauchbar sind, so ist damit doch nicht gesagt, daß wir auch Nutzen bringen. Es ist nicht unbedenklich, daß wir die Mächtigen zwar zu unterhalten wissen und zu ihrem Aufwand beitragen, sie aber auch durch unsere geistvolle Frivolität und durch unsere gelassene Kenntnis vom Wert und Unwert des Lebens reizen."

Wie passend stehen hier die wenigen Fremdwörter! . . . diesen Menschen der Zerknirschtheit und Überheblichkeit – . . . diesen Menschen, der Zerknirschtheit und des Dünkels – Nein, nein! Vielmehr: „. . . diesen Menschen, der Zerknirschtheit und Arroganz so mühelos in sich zu vereinigen scheint . . ." Klang, Sinn, die klare Schärfe des Gegensatzes, der sich dennoch als Einheit erweist: das alles spricht f ü r Arroganz und g e g e n Überheblichkeit oder Dünkel.

Und hätte Sieburg von Dienern berichten sollen, die allerdings einen hohen Marktwert haben? Man wäre an die harmlose Tatsache erinnert, daß Hauspersonal knapp ist, und fände an der Aussage nichts besonderes. Aber mit Sklaven ist das anders. Noch dazu mit so merkwürdigen Sklaven, die sich auf die Kunst der gedanklichen Tätigkeit verstehen.

Ihre Denkfähigkeit geht grade noch bis zum Ursächlichkeitsgesetz . . . Doch wohl nicht. Am Kausalgesetz führt kein Weg vorbei.

Auch das Philosophieren könnte man kaum austauschen; es ist eine – allerdings allgemein bekannte – Fachvokabel, deren Wert hier jedoch steigt, weil der Autor sie, indem er von der köstlichen Nutzlosigkeit des Philosophierens spricht, aus dem Fachjargon heraushebt.

„Da liegen unsere Chancen und Gefahren . . ." Wären Möglichkeiten und Gefahren besser? Nein, sie wären schlechter, in Rhythmus und Inhalt. Die Möglichkeiten könnten den Gefahren nicht die Waage halten, sie wögen ihnen gegenüber zu leicht. Chancen vermögen Gefahren eher wettzumachen.

Und wenn Sieburg endlich von der geistvollen Frivolität und der gelassenen Kenntnis vom Wert und Unwert des Lebens spricht, so glaubt man ihm, daß solche Eigenschaften Mächtige reizen können: geistvolle Leichtfertigkeit wäre dagegen keinesfalls prickelnd, aufreizend, sondern nur luftig. Auch fehlte ihr jenes Körnchen Ironie gegen sich selbst, das die geistvolle Frivolität so menschlich macht.

5.1.2 Satzbau

Neben der Wortwahl trägt vor allem der Satzbau entscheidend dazu bei, ob ein Text leicht oder schwer verständlich ist. Deshalb haben sich Stilpädagogen des Satzes immer besonders liebevoll angenommen. Überall wird empfohlen, möglichst kurze Sätze zu bilden: weil sie leichter verständlich seien als lange.

Auch Ludwig Reiners, einer der bekanntesten Stilpfleger, hat sich natürlich der Wort- und Satzverständlichkeit angenommen, und es hat ihn, wie viele andere, gereizt, die Empfehlungen zum guten Stil etwas exakter zu fassen. „Prüfe Deinen Stil mit dem Zollstock!" Nach dieser Devise wurden in der „Stilfibel – der sichere Weg zum guten Deutsch", 1969, Verständlichkeitskategorien vorgestellt. In einem Satz: Je kürzer die Sätze, je mehr aktive Verben, je mehr Personenbezeichnungen und je weniger abstrakte Hauptwörter – um so besser die Verständlichkeit.

Das Verhältnis zwischen Satzlänge und Verständlichkeit beurteilt Ludwig Reiners so:

sehr leicht verständlich	1 – 13	Wörter je Satz
leicht verständlich	14 – 18	Wörter je Satz
verständlich	19 – 25	Wörter je Satz
schwer verständlich	25 – 30	Wörter je Satz
sehr schwer verständlich	30 –	Wörter je Satz

Zwei Beispiele:

„Beobachtbare Veränderungen am Ausgangsteil des Systems korrespondieren überdurchschnittlich wahrscheinlich bis eindeutig mit den Vorkommnissen am Eingangsteil des Systems." (Prof. Dr. Otto Walter Haseloff, „Kommunikationstheoretische Probleme der Werbung")

„Es wird uns dabei stets um die nüchterne Erläuterung der Grundtatsachen dieses neuen Wissenszweiges gehen, um die Verdeutlichung des ‚neuen Blickwinkels', unter dem man altbekannte Tatsachen ansehen kann, keinesfalls jedoch um die in diesem Terrain so beliebten ‚faszinierenden und phantastischen Ausblicke', die eher ins Gebiet der ‚science fiction' als in das der redlichen exakt-wissenschaftlichen Betätigung gehören."
(Prof. Dr. Walter Robert Fuchs zum Thema „Informationstheorie" in „Knaurs Buch der Denkmaschinen")

Beide Sätze befassen sich mit Informationstheorie. Im ersten Fall haben wir 18 Wörter, im zweiten 55 Wörter. Der erste Satz gehört also zu den leicht verständlichen, der zweite Satz zu den sehr schwer verständlichen Texten. Ist das so?

Der Vergleich zeigt, daß die Regel „Kurze Sätze sind leichter verständlich als lange" nicht mehr als eine grobe Faustregel sein kann.

Über die Verständlichkeit eines Satzes entscheidet neben der Satzlänge die Satzkonstruktion. Ein mittellanger oder langer Satz wird immer dann schwer verständlich sein, wenn seine Bestandteile, negativ ausgedrückt, verschachtelt, positiv ausgedrückt, kunstvoll gebaut sind.

Wieder zwei Beispiele:

„Wenngleich die Zweckmäßigkeit bzw. die Wirksamkeit einer solchen Arbeitsmethode nicht überbewertet werden soll, scheint uns das Verfahren doch interessant genug, Anlaß zu der Überlegung zu geben, ob Sie nicht Ihrerseits das betreffende Schema, gegebenenfalls auf die spezifischen Bedingungen Ihres Marktes zugeschnitten, übernehmen wollen."

„Jener inneren Leere aber und Dürftigkeit der Menschheit ist auch dieses zuzuschreiben, daß, wenn einmal irgendeinen edlen, idealen Zweck beabsichtigend, Menschen besserer Art zu einem Verein zusammentreten, alsdann der Ausgang fast immer dieser ist, daß aus jenem ‚plebs' der Menschheit, welcher, in zahlloser Menge, wie Ungeziefer überall alles erfüllt und bedeckt, und stets bereit ist, jedes ohne Unterschied zu ergreifen, um damit seiner Langeweile, wie unter andern Umständen seinem Mangel zu Hilfe zu kommen, – auch dort einige sich einschleichen oder eindrängen und dann bald entweder die ganze Sache zerstören oder sie so verändern, daß sie ziemlich das Gegenteil der ersten Absicht wird."

Der zweite Satz stammt von Arthur Schopenhauer.

Welcher Satz leichter aufzunehmen ist, darüber werden die Meinungen vermutlich auseinandergehn. Legen wir zunächst den „Zollstock" an.

Der erste Satz umfaßt 43, der zweite 102 Wörter, der erste Satz 3 Nebensätze und einen Einschub, der zweite 7 Nebensätze und 3 Einschübe.

Das bedeutet: Beide Sätze sind zu lang (ab 30 Wörtern: sehr schwer verständlich!), beide Sätze sind zu stark gegliedert. Aber im Vergleich schneidet der erste Satz in dieser Beziehung natürlich wesentlich besser ab.

Allerdings sind zusätzlich zwei Gesichtspunkte zu berücksichtigen.
Punkt 1: Der erste Satz stammt aus einem Text, der keinen anderen

Zweck hat, als fachlich zu informieren. Der zweite Text will jemanden, der in Muße ein Problem bedenkt, zu eigenen Überlegungen anregen und ihn dabei zugleich, auf hohem Niveau, „unterhalten".

Punkt 2: Länge und Konstruktion der beiden Sätze sind auch unter dem Aspekt des Informationswertes zu beurteilen.

Um den Unterschied zwischen den beiden Textstellen deutlicher werden zu lassen, ein „Nachdenk- und Übersetzungsversuch":

Das Verständnis des Schopenhauer-Satzes wird ein wenig dadurch erschwert, daß er vor mehr als hundert Jahren geschrieben worden ist und daher etwas anderen Ausdrucks- und Stilgewohnheiten entspricht.

Eine schlechte „Übersetzung" in die Sprache der Gegenwart könnte ungefähr so lauten:

„Sofern einmal eine bestimmte Gruppierung von Menschen mit idealistischen Vorstellungen eine gemeinsame Basis für ihre Interessen findet und sich dementsprechend vereinsmäßig organisiert, so resultiert daraus meistens zwangsläufig, daß Außenstehende mit keinerlei ernsthafter Beziehung zu den Zielen des erreichten Zusammenschlusses in die Vereinigung einsickern und durch diese eine solche Veränderung oder sogar Zerstörung der initiierten Fragestellungen erfolgt, daß die ursprünglichen Intentionen in ihr Gegenteil verkehrt werden, wobei die eigentliche Ursache derartiger Prozesse vorwiegend in der psychischen Leere und der geistigen Anspruchslosigkeit jener desorientierten Massenmenschen zu suchen ist, die auf diesem Wege im Grunde nichts anderes betreiben, wenn auch größtenteils unbewußt, als ihre Langeweile oder sonstige Mängel ihrer Existenz bzw. ihres Existenzgefühls vor sich selbst und anderen in Vergessenheit zu bringen trachten."

Eine ebenfalls zeitgemäße, aber – wie ich hoffe – bessere „freie" Übersetzung:

„Die Erfahrung zeigt: Immer mehr Menschen fühlen sich innerlich leer und ausgebrannt. Das ist schlimm für sie, aber es ist auch schlimm für andere, die noch sinnvolle Ziele haben und sich dafür einsetzen. Kaum haben sich nämlich einige Idealisten zusammengeschlossen, um gemeinsam besser wirken zu können: schon drängen sich die ‚Massenmenschen' dazwischen, um ihrer Langeweile zu entgehen, um eine Rolle zu spielen, um sich in Szene zu setzen. Daß darunter die Sache leidet, die gefördert werden sollte, ja daß die ursprünglichen Absichten oft in ihr Gegenteil verkehrt werden – wen wundert's!"

Bitte beachten Sie: Bei der ersten „Übersetzung", einer Übersetzung ins Papierdeutsch, wird der lange Originalsatz noch erheblich länger; bei der zweiten Übersetzung wird der Text kaum kürzer.

Wenden wir uns kritisch dem Gegenwartstext zu!

„Wenngleich die Zweckmäßigkeit bzw. die Wirksamkeit": Was heißt hier „bzw."? Sollen „Zweckmäßigkeit" und „Wirksamkeit" wirklich genau voneinander unterschieden werden, oder sind sie nur zufällig beide aufs Papier gerutscht?

Die Sache, um die es geht, wird einmal „Arbeitsmethode", einmal „Verfahren", einmal „Schema" genannt. Man überlegt sich, ob tatsächlich in jedem Fall dasselbe gemeint ist.

„scheint uns das Verfahren doch interessant genug, Anlaß zu der Überlegung zu geben, ob Sie nicht . . . . , gegebenenfalls . . . . , . . . wollen": Mehr Unsicherheiten lassen sich auf so engem Raum wohl kaum unterbringen.

Dazu kommen die bekannten Ärmelschonerausdrücke „Ihrerseits" und „gegebenenfalls".

Eine Neufassung könnte lauten: „Wir wollen das Verfahren nicht überbewerten. Aber könnte es nicht – Ihren Marktbedingungen angepaßt – doch von Nutzen sein?"

Hier zeigt sich ein entscheidender Unterschied: Man kann den Schopenhauer-Satz zwar anders, zeitgemäßer, ausdrücken, und man kann ihn sicherlich auch in mehrere kurze Sätze zerlegen. Aber bei schlechter Neufassung wird er noch wesentlich länger, bei besserer Neufassung (besser gegenüber der schlechten Neufassung!) wird er nicht kürzer. Das heißt, der Schopenhauer-Satz steckt voller Gedanken, die in dieser Schachtelkonstruktion kunstvoll aufeinander bezogen sind und miteinander in Wechselwirkung stehen. – Rückt man dem Satz aus unserer Zeit dagegen zuleibe, stellt sich recht schnell heraus, daß er viel Überflüssiges enthält und sich ziemlich mühelos um etwa zwei Drittel kürzen läßt.

Ich habe das Beispiel aus dem Werk Schopenhauers unter anderem auch deshalb gewählt, weil in Diskussionen über guten Stil immer wieder darauf hingewiesen wird, daß anerkannte Meister der deutschen Sprache wie Arthur Schopenhauer, Thomas Mann, Heinrich Kleist doch auch lange, sogar sehr lange Sätze geschrieben hätten. Zweifellos, die Beobachtung ist richtig. Aber die Schlüsse, die oft daraus gezogen werden sind falsch. Hier die beiden falschen Extremfolgerungen:
a) Da die Meister der deutschen Sprache lange Sätze geschrieben haben, kann es nicht schlecht sein, wenn wir das auch tun. b) Da lange Sätze schwer verständlich sind, haben auch die sogenannten Meister der deutschen Sprache schlecht formuliert.

Der Einwand dagegen lautet gewöhnlich: Diese Schriftsteller k o n n - t e n lange Sätze schreiben, mit einer Künstlerschaft, die uns fehlt. Also dürfen wir ihnen in dieser Beziehung keineswegs nachzueifern versuchen. Die d u r f t e n, weil sie k o n n t e n, wir d ü r f e n n i c h t, weil uns die Fähigkeit fehlt, es mit einem ähnlich guten Ergebnis zu tun.

Aber, so ließe sich dem entgegensetzen, warum werden wir dann wieder und wieder auf diese Könner als die großen Vorbilder verwiesen? Es heißt doch überall, wir sollten die großen Meister lesen, um unser Sprachgefühl dadurch zu schulen und weiterzuentwickeln.

Mißverständnisse über Mißverständnisse!

Stellen wir uns eine andere Frage, um die Verwirrungen ein wenig aufzuklären!

Bei meinen etwas frivolen Versuchen, einen Schopenhauer-Satz anders auszudrücken, ist sicherlich . . . . ist unvermeidlich an den Gedanken des Autors einiges verschoben worden. Die im Grunde unzulässigen „Übersetzungen“ betonen manches stärker, manches schwächer, lassen das eine oder andere vielleicht sogar verschwinden. Wesentliches geht verloren.

Bei meinem notwendigen Versuch, den Satz aus einem Geschäftsbrief anders auszudrücken, geht ebenfalls einiges verloren, sogar eine ganze Menge, aber – nichts Wesentliches.

Woran liegt das? Einen Text aus Johannes Mario Simmels Romanwerk kann man ohne weiteres umschreiben, ohne daß die gedankliche Substanz ernsthaft beschädigt wird. Dieses Buch kann man ebenfalls völlig umschreiben, ohne daß beabsichtigte Informationen für den Leser verlorengehen. Bei Texten von, zum Beispiel, Schopenhauer ist das nicht möglich: weil Substanz und Form so eng und so eigenwillig verschmolzen sind, daß sie sich ohne entscheidende Beschädigung nicht mehr trennen lassen. Nur einer könnte einen Schopenhauer-Text umschreiben – Schopenhauer.

Die Gebrauchsprosa, die wir schreiben, ob in einem Geschäftsbrief oder in einem Fachbuch, soll vor allem leicht verständlich sein. Wir wollen aus solchen Texten schnell und sicher nützliche Informationen beziehen. Es geht nicht darum, sie in Muße zu genießen, sie hin und her zu wenden, ihren Andeutungen und Anklängen mit Entdeckerfreude nachzuspüren.

Allerdings bestehen selbst zwischen dem Geschäftsbrief und dem Fachbuch noch wichtige Unterschiede. Ein Geschäftsbrief soll richtig, leicht verständlich, ansprechend und dabei vor allem knapp unterrichten. Ein Fachbuch soll das ebenfalls tun, darüber hinaus aber auch, zumindest stellenweise, das Weiterdenken des Lesers, seine Phantasie anregen; es soll ihn gelegentlich zwingen, anzuhalten und sich zu besinnen, die eigene Praxis zu prüfen und die fremde zu beobachten; es muß ihm das eine oder andere durch Wiederholung in verschiedenartiger Form, aus unterschiedlicher Sicht, nahebringen; es darf hier und dort bewußt seinen Widerspruch herausfordern. Schließlich: Zum Wert eines Fachbuches mag es sogar gehören, daß es den einen oder anderen Leser an dieser oder jener Stelle ein bißchen überfordert und ihn damit zu einer besonderen geistigen Anstrengung „verführt".

Texte unserer großen Altmeister sollten wir dagegen in erster Linie nicht als Stilschulungsmaterial betrachten. Sicherlich läßt sich aus ihren Werken so manche, ja vermutlich jede Stilempfehlung ableiten und mit Beispielen belegen. Aber der Hauptzweck des Lesens besteht darin, daß wir unser Denken schärfen, unser Gemüt bilden und das Grundsätzliche unseres Handelns beeinflussen lassen – so romantisch das auch klingen mag.

5.1.3 Textaufbau

Mit Texten bezeichnet man sprachliche Gebilde, die über den Satz hinausgehen und inhaltlich eine Einheit bilden. Auch die Textgestaltung kann die Informationsaufnahme erleichtern oder erschweren. Anders gesagt: Selbst wenn treffende Wörter gewählt und „lesbare" Sätze gebaut werden, kann der Textaufbau negativ wirken. Am schlimmsten ist schlechter Textaufbau natürlich dann, wenn auch Wortwahl und Satzbau ungünstig sind – und eben das ist häufig der Fall. Denn wer sich nicht bemüht, treffende Wörter zu wählen und leicht faßbare Sätze zu konstruieren, der hält sich meistens auch mit der Textgestaltung nicht lange auf.

Einige Beispiele:

„Sehr geehrte Herren,

aus dem gestern von Ihnen erhaltenen FS Nr. 4836 entnahmen wir, daß o.g. Bestellung über XY-Präparate-Verpackung erst am 23. September ausgeliefert wird. Dieser Auslieferungstermin kann von uns nicht akzeptiert werden, da die Druckfreigabe bereits am 14. Juli erteilt worden ist. Am 29. Juni haben wir Herrn Fredemann telefonisch an die fällige Auslieferung erinnert. Nochmals auf die Dringlichkeit dieser Angelegenheit haben wir beim Besuch Ihres Herrn Eberbach am 3. Juli hingewiesen. Ein Liefertermin ist uns jedoch nicht bekanntgegeben worden. Erst nachdem wir am 12. August Herrn Meyer angerufen haben, ist uns der Liefertermin durch FS durchgegeben worden. Nach Rücksprache mit der Vertriebsleitung ist es unabdingbar, daß uns die Verpackungen allerspätestens am 5. September zur Verfügung stehen. Wir erwarten von Ihnen nunmehr pünktliche Lieferung.

Mit freundlichen Grüßen"

Ein Beispiel für Umständlichkeit! Aber selbst die ungünstige Ausdrucksweise wäre noch nicht so schlimm, wenn der Text etwas besser gegliedert wäre. Was heißt „besser"? Wenn er überhaupt gegliedert wäre!

„Sehr geehrte Herren,

aus dem gestern von Ihnen erhaltenen FS Nr. 4836 entnahmen wir, daß o.g. Bestellung über XY-Präparate-Verpackung erst am 23. September ausgeliefert wird. Dieser Auslieferungstermin kann von uns nicht akzeptiert werden, da die Druckfreigabe bereits am 14. Juli erteilt worden ist.

Am 29. Juni haben wir Herrn Fredemann telefonisch an die fällige Auslieferung erinnert. Nochmals auf die Dringlichkeit dieser Angelegenheit haben wir beim Besuch Ihres Herrn Eberbach am 3. Juli hingewiesen. Ein Liefertermin ist uns jedoch nicht bekanntgegeben worden.

Erst nachdem wir am 12. August Herrn Meyer angerufen haben, ist uns der Liefertermin durch FS durchgegeben worden.

Nach Rücksprache mit der Vertriebsleitung ist es unabdingbar, daß uns die Verpackungen allerspätestens am 5. September zur Verfügung stehen. Wir erwarten von Ihnen nunmehr pünktliche Lieferung.

Mit freundlichen Grüßen"

Das nächste Beispiel zeigt einen Text aus einer Hausordnung in zwei Fassungen. Die Hausordnung ist für Mieter gedacht, die unternehmenseigene oder unternehmensgeförderte Wohnungen mieten.

Fassung 1:

Die vertrauensvolle Hausgemeinschaft im Sinne des Mietvertrages zwischen Mietern untereinander wie auch zwischen Mieter und Vermieter setzt voraus, daß von allen Hausbewohnern weitestgehende Rücksichten geübt und das von den Mietern im Rahmen des Vertrages zur Verfügung gestellte Eigentum des Vermieters sachgemäß behandelt wird. Darüber hinaus sind Mieter und Vermieter zur Berücksichtigung besonderer Belange der Allgemeinheit verpflichtet.

A. Die Rücksicht der Hausbewohner aufeinander verpflichtet diese unter anderem zu folgendem: Vermeidung störender Geräusche, z.B. durch Benutzung nicht abgedämpfter Maschinen, durch starkes Türenzuschlagen und Treppenlaufen, durch Musizieren einschließlich Rundfunkempfang mit belästigender Lautstärke und Ausdauer vor allem in den Mittagsstunden und nach 22 Uhr, sowie Unterlassung des Ausschüttelns und Ausgießens aus Fenstern, von Balkonen, auf Treppenfluren usw., Beseitigung scharf- oder übelriechender, leicht entzündbarer oder sonst irgendwie schädlicher Dinge, ausreichender Erziehung und Beaufsichtigung der Kinder, Abwendung und Minderung eines drohenden Schadens, insbesondere auch ausreichenden Maßnahmen gegen das Aufkommen von Ungeziefer, ordnungsmäßiger Beseitigung von Abfällen und Unrat (Müll, Scherben, Küchenreste usw. in – nicht neben – die aufgestellten Müllkästen, von sperrigen oder leicht brennbaren Stoffen durch Verbrennen oder Beförderung außerhalb des Grundstücks), Brennstoffzerkleinern nicht innerhalb der Mieträume, sondern nur an den vom Vermieter bezeichneten Stellen, Einholen der Genehmigung des Vermieters für die etwaige Tierhaltung sowie für Verkehr, Aufstellen und Lagern in Gängen, auf Höfen usw. (unter anderem für Krafträder und Wagen), wofür der Mieter außerdem zuvor die behördliche Genehmigung nachsuchen muß. Das sichtbare Auslegen von Betten usw. auf Balkonen, in Fenstern usw. ist unzulässig.

Fassung 2:

Friedlich und vertrauensvoll zusammenleben kann man nur, wo die Freiheit des einen die des anderen nicht schmälert. Das gilt auch für die Hausgemeinschaft. Sicherlich ist jeder im allgemeinen bereit, Rücksicht zu nehmen und das ihm durch den Mietvertrag zur Verfügung gestellte Eigentum des Vermieters pfleglich zu behandeln. Was jedoch im einzelnen dazugehört, mag manchmal unklar sein. Diese Unklarheiten zu beseitigen ist der Sinn einer Hausordnung. Sie soll nicht einschränken, was recht und billig ist, sondern dazu beitragen, daß alle gut miteinander auskommen und daß die Wohnungen und die Gemeinschaftsanlagen in ordentlichem Zustand erhalten bleiben.

Rücksicht nehmen!

Wer rücksichtsvoll behandelt werden will, muß selbst Rücksicht nehmen. In der Hausgemeinschaft heißt das unter anderem:

Störende Geräusche vermeiden!

Ganz besonders zwischen 13 und 15 Uhr, zwischen 22 und 7 Uhr. Es gibt genug Lärm auf den Straßen. Wenigstens zu Hause wollen wir Ruhe haben.

Keine Staubwolken und Sturzbäche verursachen!

Hausputz muß sein. Aber Staubtücher nicht aus dem Fenster, vom Balkon oder im Treppenhaus ausschütteln. Auch Putz- und Spülwasser und andere Flüssigkeiten nicht auf diesem oder ähnlichem Wege ausschütten.

Belästigende und schädliche Stoffe beseitigen!

Was scharf und übel riecht, leicht entzündbar oder sonstwie gefährlich ist – weg damit! Es gehört nicht ins Haus und nicht dahinter oder davor.

Drohende Schäden abwenden oder mildern!

Schwammbildung und das Treiben von Ratten, Mäusen und sonstigem Ungeziefer belästigt und kann teuer werden. Wenn derartiges bemerkt wird: sofort dagegen einschreiten. Vor allem auch den Vermieter verständigen.

Ergänzung: Die erste Fassung bestand insgesamt aus 4 Seiten mit rund 300 Zeilen und 7 Überschriften, die zweite insgesamt ebenfalls aus 4 Seiten, aber mit nur rund 120 Zeilen und 18 Überschriften.

Das bedeutet: Man hat die ursprüngliche Fassung nicht nur besser gegliedert, sondern auch um mehr als die Hälfte gekürzt. Wie ist das möglich? Durch Beschränkung auf das Wesentliche!

Zum Textaufbau gehört neben der äußeren die innere Gliederung. Daß ein äußerlich leicht überschaubarer Text trotzdem schlecht aufgebaut sein kann, dafür bietet der folgende kurze Brief ein gutes Beispiel:

„Herrn
Uwe Wild
Postfach 24 18 69

5000 Köln

Betreff: Ihr Auftrag Nr. 1411 vom 13. Nov.

Sehr geehrter Herr Wild!

Wir bestätigen dankend den uns erteilten Auftrag; müssen Ihnen jedoch gleichzeitig zu unserem Bedauern mitteilen, daß wir den Auftrag nicht ausführen können, da aus Rationalisierungsgründen Kleinbestellungen unter 100 kg nicht mehr möglich sind. Sie wollen den Kunden bitte veranlassen, seinen Auftrag möglichst auf mindestens 100 kg zu erhöhen.

In Erwartung Ihrer weiteren Nachrichten begrüßen wir Sie

mit vorzüglicher Hochachtung“

Eigentlich müßte ein so kurzer Text doch sehr leicht verständlich sein, zumal wenn er aus einfachen Sätzen besteht und auch inhaltlich keine Schwierigkeiten bietet. Was stört uns in diesem Fall dennoch?

Der erste Satz, der mit einem Semikolon endet, vermittelt dem Leser den Eindruck: Der Auftrag wird akzeptiert und ausgeführt. Keine Probleme! Dann folgt die kalte Dusche. Es heißt, der Auftrag könne nicht angenommen werden, weil die Bestellung zu klein sei. Und wenn sich der Leser nun darauf gerade eingestellt hat, erfährt er, daß der Auftrag natürlich doch ausführbar sei, wenn der Kunde ihn etwas erhöhe. Allerdings ist diese Aussage wiederum mit einer Unsicherheit gekoppelt. Da steht nämlich, der Briefempfänger solle den Kunden veranlassen, seinen Auftrag „möglichst auf mindestens 100 kg zu erhöhen.“. Wird also ein Auftrag über 90 kg vielleicht doch ausgeführt?

Wie könnte man den Text klarer aufbauen? Vorschlag:

„Diesen Auftrag – vielen Dank für Ihr Bemühen – können wir ausführen, wenn der Kunde die Menge von 75 kg auf 100 kg erhöht. Kleinere Mengen liefern wir nicht, weil wir dann höhere Preise berechnen müßten. Bitte argumentieren Sie in dieser Richtung; sicherlich werden Sie den Kunden davon überzeugen können, daß eine 100-kg-Bestellung für ihn vorteilhaft ist.“

5.1.4 Schriftqualität und Schreibweisen

Wenn man Sie verurteilt, den achten Durchschlag eines zehnseitigen Berichts zu lesen, werden Sie das nicht vergnüglich finden. Sie werden den Text ungern lesen, Sie werden leicht dabei ermüden, das Lesen ist also erschwert.

Folgerung: Wer einen Text zu Papier bringt (mit der Hand oder mit der Schreibmaschine geschrieben, fotokopiert oder gedruckt), sollte auf ein gutes Schriftbild achten. Was heißt „gut“? Es gibt leicht und schwer lesbare Schriften. Die Realisation auf dem Papier kann gut oder schlecht sein.

Für die Arbeit mit der Schreibmaschine, dem wichtigsten Handwerkszeug im Büro, heißt das: Eine klare Schrift wählen! Auf saubere Typen achten! Rechtzeitig das Farbband wechseln! Denken Sie dabei bitte auch an den Textautomaten! Da er viel schneller schreibt, als es mit der Schreibmaschine möglich ist, wird viel öfter ein neues Farbband gebraucht.

Ein Seitenblick auf die EDV! Für Masseninformationen läßt sich natürlich kostengünstig der Großcomputer einsetzen. Aber Vorsicht! Solange sein Schriftbild gegenüber dem Schriftbild, das Schreibmaschine und Textautomat liefern, abfällt, wird das so hergestellte Schriftstück als Brief nicht akzeptiert. Ob das vernünftig ist, sei dahingestellt. Hier haben wir uns nach den Tatsachen zu richten, wenn wir Erfolg haben wollen.

Eine weitere Möglichkeit, das Lesen eines Textes zu erleichtern, bieten uns die bekannten Hervorhebungsmittel, vor allem: Unterstreichung, Sperrung, Großschreibung.

Unterstreichung: Sie springt am stärksten ins Auge. Das Unterstreichen einzelner Wörter wie „pünktlich“ oder „dringend“ mitten im Text ist nicht sinnvoll, weil solche Wörter allein nichts aussagen; man muß die

Umgebung lesen, um ihre Bedeutung erfassen zu können. Wenn unterstreichen, dann immer eine in sich abgeschlossene, eine für sich verständliche Information, zum Beispiel:

Liefertermin: 12.04.

Preis: 450 DM

Den Vorschlag A lehnen wir ab.

Für ganz k u r z e Hervorhebungen eignet sich die Sperrung. Sie fällt nicht so stark auf wie die Unterstreichung, betont aber. M e h r e r e W ö r t e r o d e r lange Zusammensetzungen wie T e x t b e a r b e i t u n g s a u t o m a t zu sperren ist ungünstig; Sperrungen, die über ungefähr zwanzig Buchstaben- und Leerschritte hinausgehen, erschweren das Lesen.

Die Schreibweise mit Großbuchstaben wird meistens für Firmenbezeichnungen und Produkte verwandt. Das durchgehende Großschreiben ist, wie das Sperren, bei langen Wörtern nachteilig. „TEXTPROGRAMMIERUNGSVERFAHREN“ liest sich schwerer als „Textprogrammierungsverfahren“. Ein kurzes Wort wie „DUDEN“ verträgt das Großschreiben dagegen gut.

Für Hervorhebungen allgemein gilt: Nur wenn Sie sparsam unterstreichen, sperren, großschreiben, erreichen Sie den beabsichtigten Zweck. Zu großzügiger Gebrauch wirkt entgegengesetzt.

Besondere Schreibweisen haben sich für den Geschäftsbrief eingebürgert; sie sind in DIN 5008 „Regeln für Maschinenschreiben“ festgelegt. Nach diesen Regeln wird in den Schulen gelehrt, und so soll natürlich auch in der Praxis geschrieben werden.

Allerdings haben sich in den Jahren 1968 bis 1975 Regeln und Praxis teilweise erheblich auseinanderentwickelt. Die Regeln, aus dem Jahr 1963 stammend, erschienen vielen als zu unrationell.

Das Beiseiteschieben einzelner DIN-Schreibregeln brachte zwar Rationalisierungseffekte, aber auch einige Nachteile. Zum Beispiel: In der Ausbildung wurde etwas anderes gelehrt, als die Praxis später verlangte. Die Verantwortlichen in Handel und Industrie sagten dazu: „Lieber schulen wir unsere Schreibkräfte in diesen Punkten um, als daß wir sie jahre- oder jahrzehntelang unrationell schreiben lassen.“

Auf die Dauer war das natürlich keine Lösung. Zwei Entwicklungen zeichneten sich ab: Entweder die Praxis würde die DIN-Regeln für Maschinenschreiben mehr und mehr außer Kraft setzen, trotz aller negativen Begleiterscheinungen, oder die Normen-Verantwortlichen würden die 63er Regeln umfassend neu bearbeiten und, wo sinnvoll und notwendig, ändern. Zum Glück für alle ist man jetzt den zweiten Weg gegangen.

Es ist zu hoffen, daß die Berücksichtigung der dynamischen Textverarbeitungspraxis nach der Neufassung nicht wieder ein Dutzend Jahre auf sich warten läßt. Das soll nicht heißen, daß die Normen jeder kleinen Neuerung und jedem Vorschlag sofort zu folgen hätten. Eine gewisse Dauerhaftigkeit ist auch etwas wert. Nur darf sich die Dauerhaftigkeit nicht zur Rückständigkeit auswachsen.

Vielleicht hat man sich in der Vergangenheit auch ein bißchen zu sehr von der Mehrheit der Lehrer leiten lassen. Im Gegensatz zu Ausbildern in der Industrie sind – nach allem, was man hört und sieht – sehr viele Lehrer in den berufsbildenden Schulen außerordentlich konservativ. Beamtendenken? Aber auch „die Schule", um es einmal allgemein auszudrücken, sollte sich darüber im klaren sein, daß sie nicht Selbstzweck ist, sondern auf die Praxis vorbereiten muß. Daß man in der Abschlußsitzung für DIN 5008 den Uraltslogan „Nicht für die Schule, sondern für das Leben lernen wir" auspackte, kam nicht von ungefähr. Im übrigen sei betont: Es gibt Lehrer, die unter einer gewissen Praxisfremdheit des Unterrichtsbetriebes ebenso leiden wie die Schüler selbst. Das gilt allerdings nicht nur für den Ausbildungsbereich, den wir hier ansprechen, sondern allgemein.

Die neuen Regeln für das Maschinenschreiben (DIN 5008) sind über den Beuth Verlag, Köln, erhältlich.

Die wichtigsten Neuerungen ersehen Sie aus den Beispielbriefen auf den Seiten 28 bis 37.

5.1.5 Die Kunst, anschaulich zu informieren.

Wenn ich jemanden anregen möchte, etwas zu lesen, zu begreifen, sein Wissen zu vermehren, wenn mein möglicher Leser aber gar nicht „wild" darauf ist, meine Informationen aufzunehmen und zu verarbeiten: besonders in solchen Fällen muß ich noch mehr tun, als einfache Sätze zu bilden und den Text folgerichtig aufzubauen. Je „trockener" mein Stoff ist, um so stärker muß ich mich bemühen, ihn anschaulich und lebendig zu gestalten.

Vor dieser schweren Aufgabe stehen zum Beispiel die Redakteure von Werkzeitschriften. Sie sollen die Mitarbeiter für das Unternehmen, in dem sie tätig sind, interessieren, sie sollen ihnen Kenntnisse vermitteln, die über ihren eigenen Arbeitsplatz hinausgehen, sie sollen oft technische oder wissenschaftliche Sachverhalte und Vorgänge darstellen, die für den Laien „weit weg" liegen. Hier drei Überschriften und drei Einleitungen zu Themen dieser Art:

Unser Verkehrbetrieb V 6

Die organisatorischen, technischen und wirtschaftlichen Aufgaben und Probleme unserer Verkehrsabteilung sind vielfältig. Mit wachsendem Ausbau unseres Unternehmens haben sie sich ständig vermehrt. 1931 wurde deshalb der Verkehrsbetrieb V 6 gegründet; alle Aktivitäten wurden in dieser Abteilung zusammengefaßt und zentral gesteuert.

Das Verpackungswesen

Die Aufgaben der kostengünstigen, zweckentsprechenden und wirksamen Verpackung werden bei uns von der Einkaufsabteilung wahrgenommen. Der bedeutenden Vielfalt und Anzahl der in einem modernen Chemiewerk hergestellten und damit auch zu verpackenden Produkte entspricht ein modernes Packmittelsortiment. Die verschiedensten Materialien stehen dafür zu Verfügung.

Die moderne Lederverarbeitung

Im Jahre 1911 wurde in unserem Unternehmen die erste Lederfärberei gegründet. Diese zunächst kleine Abteilung entwickelte schon damals Verfahren zur Färbung der unterschiedlichsten Lederarten mit Anilinfarbstoffen und legte damit die Basis für einen kontinuierlichen Ausbau.

Reizen diese Artikelanfänge zum Weiterlesen? Kaum. Sie sind zwar leicht verständlich, aber langweilig. Und wenn man sich geradezu zwingen muß weiterzulesen, dann fällt einem selbst das Verständnis einfacher Texte auf die Dauer schwer. Ist es Ihnen nicht auch schon so ergangen, daß Sie plötzlich im Lesen innehielten und sich fragten: „Was habe ich jetzt eigentlich gelesen?“ Hier drei anders gestaltete Anfänge dieser Artikel; sie stammen aus der Bayer-Werkzeitschrift:

Spezialfahrzeuge entlasten den Menschen

Was passiert, wenn ein Gabelstapler, der zwei schwer beladene Anhänger zieht, plötzlich bremst? Die Anhänger drücken das Schleppfahrzeug einfach weg, und der Staplerfahrer befindet sich in einer Situation, um die er nicht zu beneiden ist. Läßt sich etwas dagegen tun? Ja. Bei Bayer gibt es Gabelstapler, von denen aus der Fahrer auch seine Anhänger druckluftbremsen kann. An der Entwicklung dieser Konstruktion haben Bayer-Fachleute wesentlich mitgearbeitet: Bayer-Fachleute aus der Ingenieur-Abteilung V (Verkehrsbetriebe).

Eine wichtige Aufgabe: Sinnvoll verpacken!

Wer für süße Sachen zu haben ist, zum Beispiel auf der Reise in den Urlaub, dem kann es passieren, daß er beim Öffnen der Packung plötzlich auf deren dezent nelkenstraußdekorierten Flächen ein Gedicht in französischer Sprache von Ronsard und eins in deutscher Sprache von Goethe liest. Nicht nur der gut schmeckende Inhalt, nein auch schon die Faltschachtel soll um die Gunst des Käufers werben und ihm einen Wiederholungskauf nahelegen.

Wer dagegen einen der höchsten Berge besteigen will, zum Beispiel wie die erste amerikanische Mount-Everest-Expedition, verwendet vielleicht wie diese für den Transport von Lebensmitteln und empfindlichen Ausrüstungsgegenständen rund 800 Wellpappkartons; gegenüber den sonst üblichen Transportbehältern aus Holz oder Metall sparen sie rund 32 000 Tonnenkilometer Arbeit ein.

Gerben, Färben, Zurichten

Wenn wir unsere Schuhe ausziehen, die Kinder mit den Ranzen in die Schule schicken, nach der Handtasche oder Aktentasche greifen, den großen Koffer für die Urlaubsreise packen: kaum je wird uns dabei der Gedanke kommen, ein Material in der Hand zu haben, an dessen Herstellung auch Bayer wesentlich beteiligt ist. Trotzdem ist es so.

Worin besteht der Hauptunterschied zwischen den ersten und den zweiten drei Textausschnitten? Die ersten drei Texte informieren nur-sachlich. Die zweiten drei Texte informieren sachlich-menschlich; ihr Verfasser hat sich überlegt, was einen Nichtfachmann an einem Fachthema interessieren kann, er hat eine Angel ausgeworfen.

Grundregel für anschauliches Schreiben: Zeigen Sie dem Leser eine Sache, eine Situation, eine „Geschichte", die er kennt, die ihm vertraut ist, die er beurteilen kann! Verbinden Sie dann das Vertraute mit dem weniger Vertrauten, das Alltägliche mit dem Fachlich-Speziellen!

Sehen wir uns einige weitere Textausschnitte in zwei Fassungen an.
Sie behandeln das Thema der „Edelvervielfältigung" und ihrer Entwicklung zur sortierten Dateiverarbeitung":

Fassung 1

Etwa vor 15 Jahren kamen die ersten Schreibautomaten auf den Markt. Sie wurden pneumatisch betrieben und zeichneten sich durch die Fähigkeit aus, einen Text mehrfach zu schreiben, und zwar mit einer Geschwindigkeit, die deutlich über den Möglichkeiten auch der gewandtesten Schreibkraft lag. Hier bot sich dem Anwender die Chance der umfangreichen individuellen Werbebriefproduktion.

Fassung 2

Einige Organisatoren und Bedienungskräfte von Textautomaten werden sich noch entsinnen, wie vor etwa 15 Jahren alles begann: Schnaubende und ratternde Ungetüme kamen in unsere Büros – die ersten pneumatisch betriebenen Schreibautomaten. Doch Blasebalg und Druckluft hin oder her – zum erstenmal konnte man einen mehrfach benötigten Text von einer Maschine automatisch als Originalschriftstück schreiben lassen. Es begann die große Zeit der automatisch geschriebenen „individuellen" Werbebriefe.

Fassung 1

Man muß die Sachbearbeitermentalität in unseren Verwaltungsbüros kennen, um verstehen zu können, warum der Automatenbrief einen solchen Aufschwung nehmen konnte. Da die Bürokräfte täglich mit einer Unmenge gedruckten Papiers überschüttet werden, wählen sie verständlicherweise nach Wichtigem und Unwichtigem aus, was zunächst erst einmal einem Sortieren nach „Individuellem" und „Gedrucktem" (meistens Werbung!) gleichkommt.

Fassung 2

Komisch! Büromenschen hatten schon immer etwas gegen gedruckte Briefe! Warum eigentlich? – Wenn die Post kommt, wird zunächst nach gedruckten Sachen und „richtigen" Briefen sortiert. Das Hauptinteresse gilt dann dieser ach so wichtigen Bürokorrespondenz. – Wen kann es also wundern, daß mit den Schreibautomaten-Briefen ein „raffiniertes Gaunerstück" gelang: Doch nicht (mit manuellem Aufwand) geschrieben und trotzdem (in der Wirkung) wie geschrieben.

Etwas schwierig erscheint es für den Hardwarehersteller wie für den Anwender und seinen Berater, die neue Methode richtig zu definieren. Es geht doch darum, daß außer der Anschrift und der Anrede noch weitere Angaben gespeichert werden, die es ermöglichen, bestimmte Empfängerkreise nach den verschiedensten individuellen Gruppenkriterien automatisch zu selektieren und mit individuell auf sie abgestimmten brieflichen Informationen zu versehen.

Die neue Methode heißt – und schon haben wir wieder das Dilemma: einen einheitlichen Begriff gibt es nicht! Die einen sprechen von Zielgruppen-Korrespondenz, andere von sortierter Dateiverarbeitung, andere von Qualifikationsmerkmalen – aber alle meinen dasselbe: Zusammen mit der Anschrift und der Anrede und anderen individuellen Daten werden noch zusätzliche Informationen gespeichert. Jetzt kann man dem Textautomaten einen gezielten Auftrag geben, der etwa lautet: Schreib den Brief XY an alle, die dieses oder jenes Merkmal aufweisen, zum Beispiel an alle Ärzte, die ein Röntgengerät haben, an alle Fahrzeugbesitzer, die ihren Renner der Marke XY zwischen 1972 und 1973 gekauft haben.

Die Textausschnitte der Fassung 2 sind Zitate aus einem Fachartikel von Hilmar Kruse, GRT Köln, der unter dem Titel „Vom Schreibautomaten zur elektronischen Kartei“ Ende 1975 in der „bürotechnik“ erschienen ist.

Wer Artikel dieser Art, auf welchem Fachgebiet auch immer, aufmerksam liest und vergleicht, wird zweierlei feststellen:

1. Anschaulich und lebendig geschriebene Texte sind oft etwas länger als nur-sachlich geschriebene Texte, allerdings meistens immerhin noch etwas kürzer als „bürokratisch formulierte“ Texte. Da eine unserer Hauptforderungen in der Büroarbeit „Den Aufwand gering halten!“ lautet, haben wir uns zu fragen, ob der erhöhte Aufwand bei anschaulicher, lebendiger Schreibweise in Kauf genommen werden darf. Er m u ß sogar in Kauf genommen werden, d i e s e r Mehraufwand ist erstrebenswert. Denn wo es um die Wirkung eines Textes geht, vor allem um die Verständlichkeit, ist dieses Kriterium immer stärker zu gewichten als das Kriterium des Aufwands.

2. Locker schreiben, Vergleiche heranziehen, anschaulich machen, das kann in der Regel nur der Autor, der seine Materie beherrscht. Erst auf der Grundlage sicherer Sachkenntnis entwickelt sich die Fähigkeit, souverän mit dem Stoff umzugehen.

Was halten Sie von diesem Werbe-Appell?

„Auf der Hannover-Messe informieren wir Sie
über die Möglichkeiten der Kosteneinsparung
beim Diktieren und der Eindämmung von Überstunden."

Philips sagte es in einer Anzeige so:

„In Hannover zeigen wir Ihnen,
wie Sie Ihrem Unternehmen Kosten
und Ihren Mitarbeitern
das Nachsitzen ersparen."

Dieses Beispiel macht uns auf ein weiteres Verfahren aufmerksam, mit dem wir den Leser fesseln können. Wir versetzen einen anschaulichen, wohlbekannten, volkstümlichen Ausdruck in eine andere Umgebung. So wird aus der „Eindämmung von Überstunden": „das Nachsitzen ersparen"! Das Nachsitzen, jedem aus der Schulzeit in schlechter Erinnerung, schließt Vorstellungen ein wie: unangenehm, Strafe, Freiheitsentzug, ungerecht, unverdient, etwas Vermeidbares. Der Ausdruck ist lebensnah, wird sofort mit persönlichen Vorstellungen und Erlebnissen verbunden, fördert – weil er negativ ist – den Wunsch, dem Inhalt zu entgehen, der dahinter steht. „Eindämmung von Überstunden" ist was Abstraktes für Bürohengste.

Anschaulich zu sprechen und zu schreiben ist allerdings eine „Kunst", die nicht jeder beherrscht, und selbst wer sie beherrscht, kann leicht einmal danebengreifen. Einige Beispiele mögen das belegen.

Ein Boulevardblatt meinte, eine Gefahrenquelle solle ausgeschlossen werden. Quellen ausschließen?

Aus einem Werkzeitschriftbericht: „Er schloß mit dem Wunsch, daß die notwendigen Elfenbeintürme zweckfreier Forschung auch künftig nicht in der Wüste stehen möchten, sondern von den wohlgepflegten Gärten umgeben sein sollten, in denen sie sich voll entfalten könnten." Sie merken, das ganze Bild wirkt künstlich, gewollt. Und daß sich Elfenbeintürme entfalten . . . ?

Aus einer Anzeige: „Die 1. Geige im Sicherheits-Orchester spielt der Mensch – die 2. der Reifen." Soll er quietschen?

Aus einer Werbezeitschrift:

„Die beiden wesentlichsten Kampfgruppen im heutigen Absatz sind Vertrieb und Werbung. Sie sind die markanten Säulen jeder modernen

Absatzorganisation. Vertrieb und Werbung können ‚feindliche Brüder' sein, sie können aber auch in ‚brüderlicher Einigkeit' ihre Aufgabe erfüllen. Es soll hier untersucht werden, wie und wo vorhandene Spannungen zum Nutzen des Unternehmens gelöst werden können."

Schon der Ausdruck „Kampfgruppen" ist verfehlt. Aber daß Kampfgruppen zugleich markante Säulen sein sollen und dann auch wieder feindliche Brüder sein können, schlägt wohl dem Faß die Krone ins Gesicht. Einem solchen „Danebengriff" sind dann doch ganz schlichte Aussagen vorzuziehen, zum Beispiel:

„Vertrieb und Werbung sind gleich wichtig. Wie lassen sich Spannungen zwischen ihnen zum Nutzen des Unternehmens lösen?"

Noch eine andere Gefahr anschaulichen Formulierens müssen wir erkennen, die Gefahr der Irreführung nämlich.

Wer frei ist, lebt in der Gefahr, diese Freiheit zu mißbrauchen: dadurch, daß er sie nicht nutzt, oder dadurch, daß er sie ausbeutet. Am 13. August 1962 lautete eine Zeitungsschlagzeile „Berlin marschierte gegen die Mauer!"

Wer nicht durch Nachrichten und Kommentare im Rundfunk informiert war und morgens in der Straßenbahn oder vor dem Kiosk von diesem Slogan überrascht wurde, mußte an Massendemonstrationen mit all ihren gefährlichen Begleiterscheinungen denken. Oder hat sich nicht mancher gefragt, ob womöglich ein Aufstand drohe?

Und was war geschehen? Die Polizei hatte längst beruhigt aufgeatmet, denn die Berliner hatten sich mustergültig verhalten, diszipliniert, besonnen. Einige Jugendliche waren mit einem Holzkreuz an die Mauer gezogen, und ein paar hundert Leute waren ihnen gefolgt: Berlin war marschiert – gegen die Mauer.

Zusammenfassung zu 5.1

Was erschwert es, einen Text schnell und sicher aufzunehmen?
Vor allem:

1. Viele Hauptwörter

   Die Durchführung dieser Angelegenheit mußte unter schwierigen Bedingungen bei der Materialbeschaffung auf den Baustellen vorgenommen werden.

2. Insbesondere: Hauptwörter mit der Endsilbe „ung", soweit sie Tätigkeiten ausdrücken.

   Die Verleumdung meines Mandanten durch die Unterstellung der Fälschung der in Rede stehenden Unterlagen liegt auf der Hand.

3. Ungebräuchliche Fach- und Fremdwörter, soweit die Information für Laien gedacht ist.

   Der Mensch kommuniziert zudem mittels seines eigenen averbalen Verhaltens: Es genügt, an Gesten, Gesichtsausdruck, an alle signifikanten Spezifizierungen stummen Handelns, an den Zeichencharakter von Objekten und deren Relationen in jeder Situation zu denken – alle Phänomene, die unser tägliches Leben vielleicht stärker steuern als die Sprache.

4. Viele, insbesondere nicht notwendige Beiwörter.

   Unsere bislang gemachten positiven Erfahrungen mit verschiedenartigen Methoden sortierter Serientextproduktion haben durch die angestellten praxisgenäherten Untersuchungen auf breitester Basis weitestgehend bis ins einzelne ihre volle Bestätigung gefunden.

5. Häufung von Verhältniswörtern.

   Bei den uns von Ihnen dankenswerter Weise zugegangenen Unterlagen handelt es sich offenbar um eine Ihnen durch Vermittlung Ihrer Vertretung zugänglich gemachte Studie privaten Charakters.

6. Häufung zusammengesetzter Wörter.

   In Abänderung unseres Langzeitangebots für den Zeitraum der nächsten beiden Jahre haben wir, nach sorgfältiger Überprüfung der Problemstellungen, einer Eigeninitiative zugestimmt, wonach einige vordringliche Ausgabenpositionen merklich ansteigen sollen.

7. Lange Sätze, vor allem in Verbindung mit anderen Erschwernissen.

   In Anlehnung an Ihr Schreiben vom 10.10. müssen wir Ihnen zu unserem Bedauern heute die Mitteilung machen, daß zwischenzeitliche Bemühungen unsererseits, Ihnen mit Benennung eines Anwendungstechnikers, der an einem Einsatz im Ausland Interesse zeigt, behilflich sein zu können, bisher ohne Erfolg geblieben sind.

8. Verschachtelte Sätze.

   Wenn ich Ihnen in meinem Schreiben vom 25. Mai d.J. die Empfehlung gegeben habe, sich an den Großhandel zu wenden, so geschah dies nicht zuletzt aus der Überlegung heraus, daß Sie, wenn Sie nur relativ kleinen Bedarf haben, auch nur dementsprechend kleine Bestellungen aufgeben, so daß der Wert der Aufträge, die Sie hereingeben würden, den Aufwand in unserem Hause, der für jeden Auftrag nicht ganz unbeträchtlich ist, nicht decken, wobei noch hinzukommt, daß die Verhältnisse einer Großhandelsverbindung für Sie angenehmer sein werden, da wir Aufträge, die unter 100 DM liegen, grundsätzlich, falls nicht ausdrücklich anderes vereinbart worden ist, als Nachnahme liefern, um den Arbeitsaufwand, der bei Erledigung der Aufträge entsteht, wenigstens in etwa auszugleichen.

9. Äußerlich schlechte Gliederung.

   Hinweise: Absätze gehören zu den wichtigsten Textgliederungsmitteln; sie sollen Sinneinheiten, die über den Satz hinausgehen, gegeneinander abgrenzen. Im Ausnahmefall kann auch einmal ein einziger Satz zugleich ein Absatz sein. – Bei umfangreichen Texten bieten sich Einrückungen, Gliederungszahlen und Zwischenüberschriften (im Brief „Teilbetreffs" genannt) zusätzlich als Auflockerungsmittel an.

   Aber: Der Einsatz zu vieler Gliederungsmittel führt zu einer entgegengesetzten Wirkung; der Text wirkt dann nicht besonders gut gegliedert, sondern zerrissen, unübersichtlich.

10. Inhaltlich schlechte Gliederung.

    Die Aussagen müssen in ihrem Zusammenhang schnell und leicht erkennbar sein. Je zwingender der gedankliche Zusammenhang ist, desto weniger braucht man mit „Brücken" zu arbeiten (Überleitungswörter, -wendungen, -sätze).

11. Uneinheitliche Anordnungs- und Schreibweisen, vor allem in Geschäftsbriefen.

    Die Anordnungs- und Schreibweisen für Geschäftsbriefe sind in DIN 5008, „Regeln für Maschinenschreiben", festgelegt. Wenn man diese Regeln einhält, schafft man damit ein einheitliches „Briefbild" für seine Firma oder seinen Behördenbereich, man schreibt rationell, und man erleichtert teilweise auch das Diktieren (was genormt ist, braucht nicht angesagt zu werden!).

12. Unanschauliche Darstellungen, vor allem in Texten, die dem Leser inhaltlich Schwieriges oder Fremdes nahebringen sollen.

    „Nach durchgeführter Überführung der Angestelltenfunktionen auf Spezialisten oder Spezialbüros bleibt beim Unternehmensleiter die ‚eigentliche' Funktion der Leitung, nämlich die Dirigierung auf der Grundlage eines durchgedachten Planes."

13. Bildbrüche.

    Ein Politiker: „Die Regierung muß die Stunde der Wahrheit auf den Tisch legen."

Übungsaufgaben und Lösungen zu 5.1

1.
Das Voranstellen der Erhaltung des Lebens bedeutet gerade in der Unfallchirurgie die Bedeutung der Beachtung der Elementargefahr durch Störung des Kreislaufs und der Atmung.

Das Verhältnis zwischen Hauptwörtern und Tätigkeitswörtern ist 10:1. Und das eine Tätigkeitswort ist außerdem auch noch schwach: bedeutet.

Der Satz zeigt, daß es selbst für den Verfasser schwierig gewesen ist, sich zurechtzufinden. Bei „bedeutet ..... die Bedeutung" ist er ins Stolpern geraten.

Verbesserungsvorschlag: Die Erhaltung des Lebens bedeutet gerade in der Unfallchirurgie: Vorrangig auf Kreislauf und Atmung achten!

Oder: „Das Leben erhalten!" Das bedeutet gerade in der Unfallchirurgie: Zuerst auf Kreislauf und Atmung achten!

2.
Die anfänglichen Verfahren waren belastet mit mangelhafter diagnostischer Verwertbarkeit infolge des chemischen und kontrastgebenden Verhaltens der Präparate sowie deren Unverträglichkeit und auftretenden Nebenerscheinungen.

Dieses Beispiel macht deutlich, daß nicht nur ein Zuviel an Hauptwörtern, sondern auch ein Zuviel an Beiwörtern die Verständlichkeit vermindert. Und besonders schädlich ist natürlich eine Kombination der beiden Übergewichte.

Außerdem erkennen wir auch hier, wie leicht in solchen schwerfälligen Sätzen etwas danebengeht, weil man die Übersicht verliert: „auftretenden Nebenerscheinungen" steht im falschen Fall.

Verbesserungsvorschlag: Die anfangs eingesetzten Verfahren ließen sich diagnostisch nur mangelhaft verwerten: die Präparate reagierten chemisch ungünstig, zeigten schlecht Kontraste, waren unverträglich und führten zu unerwünschten Nebenerscheinungen.

3.
Dem Verein obliegt es, der Erhaltung und Förderung des Absatzes der Erzeugnisse der bodenständigen Deutschen Getränkeindustrie zu dienen.

Drei Hauptwörter drücken Tätigkeiten aus: Erhaltung, Förderung, Absatz. Zwei können wir leicht durch Tätigkeitswörter ersetzen.

Verbesserungsvorschlag: Dem Verein obliegt es, den Absatz der Erzeugnisse der bodenständigen Deutschen Getränkeindustrie zu erhalten und zu fördern.

Was will die Getränkeindustrie eigentlich sonst absetzen als ihre Erzeugnisse? Also:

Dem Verein obliegt es, den Absatz der bodenständigen Deutschen Getränkeindustrie zu erhalten und zu fördern.

Ob der Verein das so ohne weiteres kann? Ob er damit nicht überfordert ist?

Nun mag man noch darüber nachdenken, ob das Beiwort „bodenständig" notwendig ist, wenn von der „Deutschen Getränkeindustrie" die Rede ist.

Vorschlag zur Güte: Der Verein soll dazu beitragen, den Absatz der Deutschen Getränkeindustrie zu erhalten und zu fördern.

Nun sieht die Aussage zwar nicht mehr ganz so bombastisch aus, aber vielleicht doch etwas normaler. Leichter zu lesen ist sie bestimmt.

4.
Beigefügt übersenden wir Ihnen zu Ihrer Information die Kopie eines Schreibens der Firma X an unsere Vertretung in Belgien, in dem uns zur Kenntnis gebracht wird, daß die Geräte am 14. August zum Versand an die Spedition Y gebracht worden sind.

Kopie, Schreiben, Firma, Vertretung, Belgien, Geräte, August, Spedition: das alles muß wohl sein. Wie läßt sich der Satz dennoch vereinfachen?

Verbesserungsvorschlag: Sie erhalten hiermit die Kopie eines Briefes der Firma X an unsere Vertretung in Belgien. Daraus geht hervor, daß die Geräte am 14. August an die Spedition Y versandt worden sind.

5.
Wir dürfen Sie an unser Schreiben vom 28.04. erinnern, mit welchem wir Ihnen die für die Neuordnung des obigen Vertrages auf der Basis der Industrie-Haftpflichtversicherung erforderliche Prämie genannt und mit welchem wir gleichzeitig die Bitte geäußert hatten, entsprechende Verhandlungen mit dem Versicherungsnehmer zu führen.

Zu viele Hauptwörter. Außerdem ist der Satz zu lang und zu umständlich.

Verbesserungsvorschlag: Mit unserem Brief vom 28.04. haben wir Ihnen die Prämie genannt, die zu berücksichtigen ist, wenn dieser Vertrag auf der Basis der Industrie-Haftpflichtversicherung neu gestaltet werden soll. Haben Sie mit dem Versicherungsnehmer schon verhandeln können?

6.
Wir kommen zurück auf Ihr obiges Schreiben und überreichen Ihnen in der Anlage die Anmeldung einer Grundstücksbelastung zu bestehender Gebäudeversicherung mit der Bitte, dieselbe zu ergänzen und uns unterschriftlich vollzogen nochmals vorzulegen, damit eine Gegenzeichnung unsererseits erfolgen kann.

Hier kommt mehreres zusammen, was den Satz unbeholfen macht: Zwei Tätigkeiten sind durch Hauptwörter ausgedrückt (Bitte, Gegenzeichnung); der erste Teil der Einleitung ist überflüssig, denn sein Inhalt steht in der Bezugszeichenzeile: Kanzleiwörter (dieselbe, unsererseits) blähen auf und behördisieren ihn zugleich; schließlich haben sich noch Kodierungsfehler eingeschlichen („unterschriftlich vollziehen", „Anmeldung" statt „Anmeldevordruck", „für eine" statt „einer").

Verbesserungsvorschlag: Mit diesem Brief senden wir Ihnen den Anmeldevordruck für eine Grundstücksbelastung zu der bestehenden Gebäudeversicherung. Bitte schicken Sie uns diesen Vordruck ausgefüllt und unterschrieben zurück, damit wir gegenzeichnen können.

7.
In Abänderung unseres Schreibens vom 10.03.1976 teilen wir Ihnen mit, daß unsere Mitteilung bezüglich des Darlehensnehmers sich wie folgt geändert hat: Der Darlehensnehmer war bisher Herr Werner Kaltz, jetzt fungieren Herr Werner Kaltz und seine Ehefrau Marianne gemeinsam als Darlehensnehmer. Wir bitten diese Ergänzung in Ihren Unterlagen zu vermerken.

Wird das Schreiben vom 10.03. abgeändert? „teilen wir Ihnen mit, daß unsere Mitteilung"? „bezüglich"? Ist das eine Ergänzung? Es war doch von Änderung die Rede!

Verbesserungsvorschlag: Mit unserem Brief vom 10.03.76 haben wir Ihnen Herrn Werner Kaltz als Darlehensnehmer genannt. Bitte vermerken Sie, daß jetzt Herr Werner und Frau Marianne Kaltz gemeinsam als Darlehensnehmer gelten.

8.
Die Erteilung eines Abbuchungsauftrages oder eines Dauerauftrages würde Sie von der Terminüberwachung für die Zahlung der halbjährlichen Tilgungsraten entlasten.

Verbesserungsvorschlag: Wenn Sie einen Abbuchungs- oder einen Dauerauftrag erteilen, brauchen Sie sich um die Termine für die halbjährlichen Tilgungszahlungen nicht mehr zu kümmern.

9.
Nach Durchführung der Anlegung des Grundbuchblattes bitten wir um Zusendung einer unbeglaubigten Grundbuchtabelle.

Durchführung, Anlegung, Zusendung – Tätigkeiten! Außerdem: Bittet man erst nach Durchführung . . . . ? Nein, man bittet jetzt!

Verbesserungsvorschlag: Bitte schicken Sie uns eine unbeglaubigte Grundbuchtabelle, sobald Sie das Grundbuchblatt angelegt haben.

10.
Wir würden uns sehr freuen, wenn Sie uns das erbetene Angebot baldmöglichst zur Weiterleitung an die Firma X unter Beifügung einer Unterlage für unsere Unterlage zur Verfügung stellen könnten.

Das alte Lied: Der Satz ist mit Hauptwörtern überladen; darunter sind mehrere, die eindeutig Tätigkeiten ausdrücken.

Verbesserungsvorschlag: Wir würden uns freuen, wenn Sie uns recht schnell das Angebot für die Firma X schicken könnten, mit einer Kopie für uns.

Oder: Wir würden uns freuen, wenn Sie uns das Angebot für die Firma X, mit einer Kopie, recht bald schicken könnten.

11.
Wir bestätigen den Eingang Ihres an unsere Filiale in Dortmund gerichteten Schreibens vom 23.04.1976 und haben von der von Ihnen ausgesprochenen Kündigung des obigen Vertrages zum Ablauf, dem 01.06.1976 Kenntnis genommen. Dementsprechend werden wir zu diesem Termin den in Rede stehenden Vertrag zur Aufhebung bringen.

Was ist erforderlich, um diesen Satz leichter lesbar zu machen? Natürlich Hauptwort-Entrümpelung und zugleich Verkürzung.

Verbesserungsvorschlag: Unsere Filiale in Dortmund hat Ihre Kündigung dieses Vertrages an uns weitergeleitet. Der Vertrag erlischt am 30.06.1976.

12.
Der Ordnung halber dürfen wir in diesem Zusammenhang vermerken, daß die in Ihrem Schreiben erwähnte Bescheinigung der Vulkanisierwerkstatt X bei uns nicht in Einlauf gekommen ist.

Verbesserungsvorschlag: Die in Ihrem Brief erwähnte Bescheinigung der Vulkanisierwerkstatt X haben wir nicht erhalten.

13.
Bei der syntaktischen Kodierung werden bestimmte Beziehungen zwischen den nach den Erfordernissen der semantischen Kodierung ausgewählten Sprachzeichen festgelegt.

Was stört an diesem Satz aus einem sprachwissenschaftlichen Lehrwerk? Zu viele Hauptwörter u n d „zwischen den nach den". Aber wissenschaftliche Texte sind doch nun einmal inhaltlich schwieriger als eine Auftragsbestätigung; außerdem braucht jede Wissenschaft ihr Fachvokabular. Da muß man ja wohl andere Maßstäbe anlegen. Also alles lassen, wie es ist? Nicht daran rühren? – Man kann auch entgegengesetzt argumentieren. Da wissenschaftliche Texte inhaltlich meistens schwieriger sind als Texte, die uns im täglichen Leben begegnen, ist es notwendig, sie noch sorgfältiger zu formulieren – besonders im Blick auf Verständlichkeit. Versuchen wir's mit diesem Satz!

Verbesserungsvorschlag: Wenn wir syntaktisch kodieren, legen wir Beziehungen zwischen den Sprachzeichen fest, die wir nach den Erfordernissen der semantischen Kodierung ausgewählt haben.

Oder: Syntaktisch kodieren heißt: Zwischen den Sprachzeichen, die wir semantisch sinnvoll kodiert haben, bestimmte Beziehungen festlegen.

Sie sehen, die Fachwörter „syntaktisch", „semantisch", „Kodierung", „Sprachzeichen" sind keineswegs zu Gunsten allgemein bekannter, aber unscharfer Ausdrücke beseitigt worden. Nur auch hier: Mehr Tätigkeitswörter. Dazu: Eine umständliche Wortkombination („zwischen den nach den") wurde dadurch aufgelöst, daß wir den Satz anders gestaltet haben.

14.
Abhilfe könnte geschaffen werden, wenn einerseits die Förderung der Arbeiterkinder durch kompensatorischen Sprachunterricht als wichtige erzieherische Aufgabe akzeptiert ist, andererseits das Übergewicht verbaler Qualifikation abgebaut würde.

Gewiß, das Hauptwort „Förderung" läßt sich durch „fördern" ersetzen. Aber reicht das aus, diesen Satz wesentlich leichter verständlich zu machen?

Wie steht es mit dem „einerseits – andererseits"?

Was ist mit dem „Übergewicht verbaler Qualifikation"? Ist es überhaupt das Übergewicht verbaler Qualifikation? Geht es nicht vielmehr um das Übergewicht bestimmter Anforderungen?

Muß man die schöne Rede von der wichtigen erzieherischen Aufgabe, die zu akzeptieren ist, überhaupt in diesen Satz mit hineinpressen? Genügt es nicht, zu fördern, gleichgültig, als was man diese Förderung akzeptiert?

Schließlich: Ist es nicht sinnvoller, zuerst das Übergewicht sprachlicher Anforderungen abzubauen und dann mit der Förderung zu beginnen?

Verbesserungsvorschlag: Dem abzuhelfen ist möglich. Wir dürfen das sprachliche Können nicht so überbewerten, wie es heute geschieht, und wir müssen die Arbeiterkinder durch ausgleichenden Sprachunterricht fördern.

Oder: Diese ungünstige Situation läßt sich verbessern. Dazu ist zweierlei erforderlich: 1. Wir dürfen das sprachliche Können nicht länger überbewerten. 2. Wir müssen Arbeiterkindern durch ausgleichenden Sprachunterricht helfen.

Oder: Vor allem durch zwei Veränderungen läßt sich Abhilfe schaffen: 1. Das sprachliche Können nicht länger überbewerten. 2. Arbeiterkindern durch ausgleichenden Sprachunterricht helfen.

18.
Gegenüber dem Strukturalismus aber zeichnet sich die generative Grammatik durch die Einbeziehung der Semantik in ein Gesamtmodell der Sprache und durch ihr Interesse an geistigen Prozessen aus.

Verbesserungsvorschlag: Gegenüber dem Strukturalismus aber zeichnet sich die generative Grammatik dadurch aus, daß sie die Semantik in ein Gesamtmodell der Sprache einbezieht und an geistigen Prozessen interessiert ist.

16.
Wir dürfen Ihnen heute mitteilen, daß wir bereit sind, mit den nachstehend aufgeführten Zahlungsbedingungen unser Einverständnis zu erklären.

Leicht verständlich? Nein. Man überlegt, ob mit „bereit sind . . . zu erklären" die Erklärung schon ausgesprochen sein soll oder ob das Tun noch an eine Voraussetzung gebunden ist.

Verbesserungsvorschlag: Wir sind mit den Zahlungsbedingungen einverstanden.

Oder: Wir sind bereit, uns mit den Zahlungsbedingungen einverstanden zu erklären, wenn . . .

Wenn mit „bereit sein" wirklich noch ein Vorbehalt verbunden werden soll, muß er genannt werden.

17.
Wir bestätigen dankend den Erhalt Ihrer Gebührenordnung und der Aufgabe der uns entstehenden Kosten für die Marktanalyse.

Was macht den Satz umständlich und schwerfällig, dazu unsicher in seiner Aussage?

„bestätigen dankend den Erhalt“! Warum nicht einfach für die Sache, die man erhalten hat, danken?! „Aufgabe der Kosten“: Die Kosten aufgeben, das ist zwar eine übliche kaufmännische Redewendung, da aber „aufgeben“ sonst einen anderen Sinn als „angeben“ hat, fühlen sich Normalbürger nie so ganz wohl dabei.

Verbesserungsvorschlag: Wir danken Ihnen für die Gebührenordnung und die Kostenaufstellung für die Marktanalyse.

18.
Die Debatte im Bundestag über den Wehretat war sehr heftig, aber wenig ausgiebig.

Verständlich? Ja. Aber ganz sicher sein kann man nicht. Vermutlich meint der Schreiber, daß die Debatte wenig „ergiebig“ gewesen ist. Aber wer weiß! Denkbar ist ja auch, daß sie ihm zwar heftig, aber zu kurz erschienen ist!

Aufgabenlösung, falls wir die Informationsabsicht richtig erraten haben: Die Debatte im Bundestag über den Wehretat war sehr heftig, aber wenig ergiebig.

19.
Diesmal haben wir den Urlaub zusammen mit der ganzen Familie ergiebig genossen.

„Ergiebig genossen“ ist zwar denkbar, aber wahrscheinlich nicht gemeint.

Aufgabenlösung: Diesmal haben wir den Urlaub zusammen mit der ganzen Familie ausgiebig genossen.

Halt! Wen oder was, was und wen haben wir genossen: den Urlaub zusammen mit der ganzen Familie? den Urlaub und die ganze Familie? Ein bißchen klingt der Satz in dieser falschen Richtung. Wie können wir die Aussage eindeutig machen? Durch Kommata, vor „zusammen“ und hinter „Familie“? Das allein hilft auch nicht recht. Vielleicht so:

Diesmal haben wir, zusammen mit der ganzen Familie, den Urlaub ausgiebig genossen.

Die „Familie“ mußte näher an „wir“ heran.

20.
Die zum Signieren geeigneten Farbstoffe, welche unter der Typ-Bezeichnung 1248 lieferbar sind, stellen bei entsprechender Auswahl ein auf nahezu allen Fasern, außer Wolle anwendbares Sortiment dar.

Stellen diese Farbstoffe ein Sortiment dar? Stellen sie es nur bei entsprechender Auswahl dar?

Verbesserungsvorschlag: Die zum Signieren geeigneten Farbstoffe, unter der Typ-Bezeichnung 1248 lieferbar, bilden ein Sortiment, das für nahezu alle Fasern, außer Wolle, verwendbar ist.

21.
Auf Zellwollgeweben werden bei der Kondensationsfixierung im allgemeinen etwas schwächere Drucke erhalten als auf Baumwolle.

Das Wort „erhalten" kann „bekommen" bedeuten, aber auch „aufrechterhalten". In der Wendung „werden erhalten" schwingt „bleiben erhalten" und damit gerade der nicht gemeinte Sinn mit. In diesem Fall kann uns das „man" helfen.

Verbesserungsvorschlag: Auf Zellwollgewebe erhält man bei der Kondensationsfixierung im allgemeinen etwas schwächere Drucke als auf Baumwolle.

22.
Wir wissen, daß die Konkurrenz Fortschritte in der Fertigung gemacht hat, die sie zu Preisnachlässen befähigen, hinter denen wir zurückbleiben und die wir vorläufig nicht ausgleichen können.

Ungünstiger Satzbau! Der Hauptsatz heißt „Wir wissen". Davon ist ein „daß"-Satz abhängig, davon ein Bezugssatz, durch „die" eingeleitet, davon zwei weitere Bezugssätze, durch „hinter denen" und „die" eingeleitet.

Verbesserungsvorschlag: Wir wissen, daß die Konkurrenz Fortschritte in der Fertigung gemacht hat. Daher kann sie Preisnachlässe geben, die uns vorläufig nicht möglich sind.

Oder: Die Konkurrenz hat Fortschritte in der Fertigung gemacht, die ihr Preisnachlässe ermöglichen. Wir können diese Nachlässe vorläufig nicht ausgleichen.

Oder: Den Preisnachlässen, die der Konkurrenz durch Fertigungsfortschritte möglich geworden sind, können wir vorläufig nicht folgen.

23.
In Erledigung der uns in dieser Angelegenheit zugegangenen Kundenschreiben möchten wir Sie bitten, unseren Geschäftsfreunden mitzuteilen, daß wir z.Z. leider noch nicht in der Lage sind, eine Richtrezeptur zu nennen, die den neuesten Anforderungen gerecht wird.

Es hapert am Satzbau. Einer bürokratischen Einleitung, „In Erledigung . . .", folgt eine erweiterte Grundform mit „zu"; davon hängt ein

„daß“-Satz ab, davon wiederum eine erweiterte Grundform mit „zu“ und davon schließlich ein Bezugssatz, durch „die“ eingeleitet. Diese einfache Aufzählung der Konstruktionsglieder läßt bereits die Umständlichkeit der Satzgestaltung erkennen.

Verbesserungsvorschlag: Bitte teilen Sie unseren Geschäftsfreunden mit, daß wir noch keine Richtrezeptur nennen können, die den neusten Anforderungen entspricht.

24.
Im Interesse der nach unserer Auffassung vorrangigen Sicherung der Versorgung kann unsere Produktion nicht umhin, dieser Entwicklung auch eine Erhöhung der Verkaufspreise für schweres Heizöl Rechnung zu tragen.

10 Hauptwörter sollen durch „kann nicht umhin“ und „(Rechnung) zu tragen“ bewegt werden. Unmöglich.

Verbesserungsvorschlag: Da die Versorgung auf jeden Fall gesichert werden muß, können wir bei dieser Entwicklung nicht umhin, die Preise für schweres Heizöl zu erhöhen.

25.
Gemäß § 23 kann der Unternehmer die ihm den beförderten Personen gegenüber obliegende Haftung für Personenschäden nicht ausschließen. Die Haftung für Sachschäden indes darf gegenüber jeder beförderten Person nur insoweit ausgeschlossen werden, als der Schaden 1000,– DM übersteigt.

Verbesserungsvorschlag: Nach § 23 kann der Unternehmer die Haftung für Personenschäden gegenüber Personen, die er befördert, nicht ausschließen. Die Haftung für Sachschäden darf er ausschließen, soweit die Schäden 1000 DM/Person übersteigen.

26.
Dabei bleiben wir uns bewußt, daß man, um eine tüchtige Sekretärin zu sein, auch ohne eine ähnlich hohe Anschlagzahl auskommt. Aber als Hobby haben wir allen Respekt vor den zehn schnellen Fingern dieser Frau.

Man weiß, was gemeint ist, stockt aber, weil der zweite Satz komisch klingt. Woran liegt das? „Als Hobby haben wir allen Respekt“: demnach ist unser Respekthaben das Hobby. Außerdem ist das lobenswerte Bemühen um Anschaulichkeit nicht ganz erfolgreich gewesen: Respekt vor schnellen Fingern?

Verbesserungsvorschlag: Dabei vergessen wir nicht, daß man auch ohne eine so hohe Anschlagsleistung eine tüchtige Sekretärin sein kann. Aber – das Hobby dieser Frau mit ihren zehn schnellen Fingern verlangt Respekt.

27.
Unter teilweiser Zitierung unserer Spezifikation wird die Befürchtung geäußert, die Säure könne beim Auftauen möglicherweise explosionsartig polymerisieren.

Man zitiert nicht und befürchtet nicht, sondern äußert unter teilweiser Zitierung die Befürchtung. – Nebenbei bemerkt: Der Gebrauch eines Umstandswortes mit der Endsilbe „weise“ als Eigenschaftswort – „teilweise Zitierung“ – bürgert sich zwar immer mehr ein, klingt aber dennoch in vielen Ohren falsch, und eine „teilweise Schwerfälligkeit“ bleibt er in jedem Fall. – Und was halten Sie von „Befürchtung ... könne .... möglicherweise“?

Verbesserungsvorschlag: Man befürchtet – und zitiert dabei teilweise unsere Spezifikation –, daß die Säure beim Auftauen explosionsartig polymerisiert.

28.
Bei einer Übernahme der Zahlung durch Sie ab 1. Januar 1976 wird die Vermögensbildungs-Versicherung unter Beibehaltung der Versicherungssume sowie der Monatsprämie, allerdings mit einer geringfügigen Reduzierung der Gewinnbeteiligung, an unseren Normaltarif angepaßt.

Der arme Versicherungsnehmer oder VN, wie er kurz genannt wird! Kann man ihm das nicht auch einfacher sagen?

Verbesserungsvorschlag: Wenn Sie ab 1. Januar 1976 selbst zahlen, wird die Vermögensbildungs-Versicherung unserem Normaltarif angepaßt. Versicherungssume und Monatsprämie bleiben dabei gleich, die Gewinnbeteiligung wird geringfügig kleiner.

29.
Als Fahrzeug mußte ein innengeräumiges, auf Wald- und Feldwegen gut bewegliches mit dem erforderlichen hohen Bodenabstand versehener Wagen ausgewählt werden.

Da ist alles dran und drin. Aber kann man ein Fahrzeug nicht auch einfacher beschreiben? Man darf nur nicht alle geforderten Eigenschaften als Beifügungen vor das Hauptwort setzen. Wozu gibt es Nebensätze?

Verbesserungsvorschlag: Wir mußten einen geräumigen Wagen wählen, der einen hohen Bodenabstand hat, damit er auf Wald- und Feldwegen gut beweglich ist.

Wer meint, daß sich der hohe Bodenabstand von selbst versteht, wenn man fordert, daß der Wagen auf Wald- und Feldwegen fahren soll, kann auch schreiben: Wir mußten einen geräumigen Wagen wählen, der auf Wald- und Feldwegen gut beweglich ist.

30.
Es wäre noch zu prüfen, ob man die Dosierpumpe (Zubringerpumpe) um durch die Anschlußflanschen gehende Längsachse um 180° drehen könnte, damit die Dosierungseinstellung bequemer auf der Bedienungsseite erfolgen kann.

Umständlich: „um durch die"! Und die Dosierungseinstellung, die erfolgen kann, macht den Satz auch nicht einfacher.

Verbesserungsvorschlag: Es ist noch zu prüfen: Läßt sich die Dosierpumpe (Zubringerpumpe) um 180° um die Längsachse drehen, die durch die Anschlußflanschen geht? Damit würde erreicht, daß auf der Bedienungsseite bequemer dosiert werden kann.

31.
Betr.: Handbuch der Absatzwerbung
hier: Allgemeine Information
Bezug: DK-Informationen Heft 13 – April 76 – Inf. 112 – Abs. 3 –

Sehr geehrte Herren,

bezugnehmend auf die DK-Information Heft 13 – Inf. 112 – Abs. 3 – bittet das Deutsche Werbe- und Marketinginstitut DEWEMA – D 1 – Verwaltungsbücherei um Einzelheiten über die objektive und fachkundige Übersicht sowie das Erscheinen der anderen Bände, einschl. des Anschaffungspreises für das Grundwerk der Loseblattausgabe (der einzelnen Bände) und der Kosten pro Jahr für die erscheinenden Ergänzungslieferungen sowie um Angabe, ob das Grundwerk und die fortlaufenden Ergänzungen auch über unseren am Ort befindlichen Buchhandel bezogen werden können. Ihrer gesch. Antwort bald entgegensehend, verbleiben wir mit

vorzüglicher Hochachtung

Die Genauigkeit ist gut gemeint. Aber die Form macht die Genauigkeit zur Qual.

Verbesserungsvorschlag:

Handbuch der Absatzwerbung
DK- Informationen Heft 13, April 76, Information 112, Absatz 3

Sehr geehrte Herren,

wir sind an diesem Werk interessiert; bitte informieren Sie uns über Einzelheiten, vor allem über: Preis des Grundwerks, Kosten für die Ergänzungslieferungen. Sind Grundwerk und Ergänzungen auch über den Buchhandel erhältlich?

Wann erscheinen die angekündigten Bände „Vertrieb“ und „Organisation“? Wie werden dafür die Konditionen sein?

Mit freundlichem Gruß

32.
Um Unstimmigkeiten aus Unkenntnis der Materie in der Einwohnerschaft zu vermeiden und allen Einwohnern einen Einblick in die Baumaßnahmen und deren Finanzierung zu ermöglichen, beschloß die Gemeindevertretung, demnächst eine Bürgerversammlung einzuberufen. Hierzu werden schon heute alle interessierten Einwohner herzlich eingeladen, wozu der Termin an den Anschlagtafeln zu entnehmen ist. Um zahlreichen Besuch und um Beiträge zu einer wirklich sachlichen Diskussion wird gebeten.

Kritik? Erster Satz zu lang! Zu viele Hauptwörter! Passivkonstruktionen! Papierdeutsch!

Verbesserungsvorschlag: Wer nicht weiß, was die Gemeinde bauen will und wie sie sich die Finanzierung denkt, wird allgemeinen Ankündigungen skeptisch begegnen und für negative Gerüchte ein offenes Ohr haben. „Zu Recht“, sagten die Gemeindevertreter auf ihrer letzten Sitzung und beschlossen, zu einer Bürgerversammlung einzuladen. Der Termin der Veranstaltung wird durch die Anschlagtafeln bekanntgemacht. Sinn des Treffens: Die Baupläne sollen ausführlich vorgestellt und sachlich diskutiert werden. Wir meinen: Das ist ein faires Verfahren.

5.2 Normgerechtheit als Hilfe und Visitenkarte

Gibt es nicht schon genug Normen? Müssen wir auch noch im Bereich des Denkens und Formulierens normen?

Es ist weder sinnvoll, alles zu normen, noch ist es sinnvoll, jegliche Normung abzulehnen.

Wie oft schimpfen wir, wenn wir für ein Gartengerät, eine Büromaschine, ein Auto nicht im nächsten Laden das passende Ersatzteil bekommen! Warum können zum Beispiel nicht alle Textautomaten mit den gleichen Magnetbandkassetten arbeiten?

Ja, aber in der Sprache? Gegenfrage: Wäre es nicht peinlich, wenn zwei Ärzte bei einer Operation unter einem Fachausdruck Verschiedenes verstünden? Ist es nicht störend, provoziert es nicht Mißverständnisse und Mehrarbeit, wenn sogar in ein und demselben Unternehmen die Konstrukteure für eine technische Einrichtung fünf verschiedene Ausdrücke benutzen?

Bestimmte Normen können auch auf stilistischem Gebiet hilfreich sein.

Wächst damit aber nicht, zum Beispiel in der Korrespondenz, die Eintönigkeit? Ganz sicher, wenn kein diktierender Sachbearbeiter mehr wagte, auch nur ein Schrittchen von der üblichen Ausdrucksweise abzuweichen! Ganz sicher nicht, wenn sich alle an gleiche Rechtschreib-, Zeichensetzungs-, Grammatik- und Schreibnormen halten! Ist es denn zweckmäßig oder wirkt es etwa individuell, wenn jede Dame an der Schreibmaschine ihre Briefe äußerlich nach Lust und Laune gestaltet! Und wie sollte, wie könnte man dieses „nach Lust und Laune" in den Schulen lehren und lernen? Wir würden viel zu viel Energie verschwenden, und da nicht jeder immer viel Lust und gute Laune hat, kämen auch massenhaft schlechte Ergebnisse heraus.

Bestimmte Normen im formalen Bereich dienen der Vereinfachung und tragen dazu bei, den Schriftstücken eines Unternehmens oder einer Behörde ein „Gesicht" zu geben.

Sicherlich kann man gewisse Normen auch überschätzen. Ein fehlendes „h" in „R(h)ythmus", ein falscher Fall nach „dank" und ein nicht sinnveränderndes fehlendes Komma, das alles richtet keinen Schaden an. Vorsicht: brauchte keinen Schaden anzurichten – wenn alle Menschen in diesen formalen Dingen in vernünftigem Rahmen großzügig wären. Aller Erfahrung nach aber sind sie es nicht. Der Ausspruch oder der Gedanke „Deutsch können die auch nicht" wird sehr leicht getan oder gedacht, wenn einem Briefempfänger Regelverstöße dieser Art auffallen.

Schon deshalb erweist sich niemand – als einzelner oder als Unternehmensverantwortlicher – einen Gefallen, wenn er Normungsregeln mehr oder weniger ignoriert. Hinzu kommt, daß Nicht-Normung immer erhöhten Aufwand bedeutet, also Geld kostet.

5.2.1 Probleme der Rechtschreibung

Wer ist für Rechtschreibung in der Büroarbeit verantwortlich? Die Schreiberin u n d der diktierende Sachbearbeiter.

Für alle „Normalfälle" ist die Typistin zuständig. Der Diktant sagt ja Text an und nicht Rechtschreibung. Sie muß die Rechtschreibung der deutschen Sprache weitgehend beherrschen.

Ob man „im folgenden" oder „im Folgenden", „in bezug auf" oder „in Bezug auf", „3fach" oder „3-fach", „um so" oder „umso", „nichtsdestoweniger", oder „nichts desto weniger", „anhand" oder „an Hand" schreibt, diese und viele andere Fragen muß die Dame an der Schreibmaschine Tag für Tag unzählige Male richtig beantworten.

Dazu kommen Fremdwörter wie: Referent, Katalysator, Marketing, Renommee, interdisziplinär, oktroyieren, Rezession, de jure, Police, irreparabel, Stagnation, Veto, Transmission ... Die Liste ist lang.

In jedem Fachgebiet wird man von der Schreibkraft außerdem verlangen, daß sie auch solche Fachausdrücke richtig schreibt, die dem Laien nicht geläufig sind: von „Hausse" bis „grampositiv", von „Grand-Tourisme-Rennen" bis „Granierstahl", von „Numerator" bis „Synchronlocher", von „Hochfrequenz-Leistungstransistor" bis „Homogenität", von „Validität" bis ...

Dazu kommen die Probleme des Bindestrichgebrauchs und die Schwierigkeiten der Silbentrennung: „Arbeiter-Unfall-Versicherungsgesetz" oder „Arbeiterunfallversicherungsgesetz", „Mag-netband" oder „Magnetband", „Symp-tom" oder „Sym-ptom", „Korres-pondenz" oder „Korre-spondenz", „trans-zendent" oder „tran-szendent"?

Daß solche „Kleinigkeiten" zu unfreiwilliger Komik und Blamage führen können, das beweist die Ankündigung eines renommierten Schuhhauses „Reparatur von Damen und Kinderschuhen"!

Und was hat der diktierende Sachbearbeiter damit zu tun? Er muß erstens seltene Fach- und Fremdwörter buchstabieren, ebenso viele Eigennamen, und er muß zweitens alles, was die Typistin schreibt, kontrollieren.

Um einwandfrei diktieren zu können, braucht er wiederum bestimmte Kenntnisse. Wie diktiert, insbesondere wie phonodiktiert man folgenden Satz einwandfrei, wenn die Schreibweise von „Bourdon" und „Layout" nicht als bekannt vorausgesetzt werden kann?

Wir haben heute von Herrn	Wir haben heute von Herrn
	stop
Bourdon	ich buchstabiere Bourdon
	Berta Otto Ulrich Richard
	Dora Otto Nordpol
	text
ein neues	ein neues
	stop
Layout	ich buchstabiere Layout
	Ludwig Anton Ypsilon Otto
	Ulrich Theodor
	text
erhalten.	erhalten
	Punkt

Bei jeder Diktierweise, besonders aber beim Phonodiktat, ist eine eindeutige, einheitliche Diktiersprache unerläßlich – es sei denn, man nimmt bewußt viele Mißverständnisse, Briefrückgaben, Neuschriften als vermeidbaren Aufwand und vermeidbaren Ärger in Kauf. Das Thema „Diktieren" ist in dem Duden-Taschenbuch 19, „Wie diktiert man im Büro?" ausführlich behandelt.

Sicher hängt die Leistungsfähigkeit des Teams „Sachbearbeiter – Schreiberin" unter anderem auch stark von den Deutschkenntnissen der Schreiberin ab. Der schlechteste Fall: Sie ist ziemlich unsicher in der Rechtschreibung, merkt selten, daß sie im Duden nachsehen müßte, weiß nicht mit dem Duden umzugehen. Das ergibt viele Fehler, und viele Fehler resultieren entweder in ebensovielen Briefrückgaben, Korrekturen oder Neuschriften oder in einem schlechten Eindruck beim Briefempfänger. Der zweitschlechteste Fall: Die Schreiberin ist zwar unsicher, merkt aber, wo sie unsicher ist und weiß gut mit dem Duden umzugehen. Hier liegt der Nachteil nur in dem erhöhten Zeitaufwand, den die Schreiberin braucht. Aber die Schriftstücke, die sie herstellt, werden immerhin sofort richtig.

Ein Hinweis für Phonotypistinnen: In zahlreichen Firmen werden für hohe Schreibleistungen – neben dem normalen Gehalt – zusätzliche Prämien bezahlt, die auch bei sehr jungen Kräften schon zu stattlichem Verdienst führen. Wie erreicht man mit einiger Leichtigkeit solche Prämienzahlungen? Dadurch daß man, neben guter Schreibfertigkeit, gute Deutschkenntnisse mitbringt. Wer häufig gegen die Rechtschreibregeln verstößt oder häufig nachschlagen muß, verschwendet den Vorteil wieder, den er durch fleißiges Schreiben erzielt hat.

5.2.2 Zeichensetzung nach Gefühl?

Das Kapitel „Zeichensetzung" ist ein trauriges Kapitel. In der Schule wird es meistens mehr schlecht als recht behandelt, und kaum jemand hat Lust, sich damit zu beschäftigen. Die Folge: Nur wenige fühlen sich in der Zeichensetzung sicher, und noch weniger s i n d es. Aber: Wer in diesem oder jenem Fall weiß, ob ein Satzzeichen und welches Satzzeichen zu setzen ist, besteht darauf, daß es richtig gemacht wird, und tadelt den, der danebentrifft.

Danebentrifft? Ja, es erinnert an ein Glücksspiel, das man mit mehr oder weniger Gefühl betreibt. Es ist ein menschenfreundliches Spiel, denn man trifft oft, ohne genau gezielt zu haben und ohne genau zu wissen, warum. Viele Menschen setzen die meisten Satzzeichen, vor allem auch die verflixten Kommata, richtig. Wenn man sie aber fragt, warum sie hier ein Komma gesetzt und dort keins gesetzt haben, antworten sie: „Ich mache das nach Gefühl."

Allerdings trifft oder tippt man auch gelegentlich daneben. Das ist manchmal harmlos, manchmal nicht. Auf harmlose Verstöße darf man, wenn sie sich nicht häufen, großzügig reagieren, auf bedenkliche Verstöße dagegen darf man nicht großzügig reagieren. Die Praxis dagegen, vor allem im Bürobetrieb, sieht oft genug so aus: Wer einen Fehler erkennt und außerdem „das Sagen" hat, meckert und verlangt Korrektur, gleichgültig, ob der Fehler schwer wiegt oder nicht. Also nicht das Gewicht des Fehlers, sondern allein das Erkennen entscheidet.

Als Henri Nannen vom „stern" einmal in einem Artikel einem Gegner, dem Deutschen Richterbund, mit einer schlechten Deutschzensur einen Seitenhieb verpaßte und ich ihn, als kleinen Ausgleich, auf einen Kommafehler im gleichen Artikel aufmerksam machte, schrieb er mir:

„Sehr geehrter Herr Manekeller,

herzlichen Dank für Ihren Brief vom 29.6. und für die Belehrung, die ich mir zu Herzen nehmen werde, wenngleich ich nicht viel Hoffnung habe, daß sie fruchten wird. Mit der Grammatik hat's bei mir immer ganz gut geklappt, weil ich sie im Gehör zu haben glaube. In der Interpunktion aber – da gibt's halt Fälle, in denen man am besten auf die Schlußredaktion vertraut. Und die, wie Exemplum zeigt, ist auch nicht immer ganz sicher.

Mit freundlichen Grüßen
Ihr Henri Nannen"

Die Antwort scheint mir bemerkenswert zu sein. Henri Nannen hat sich gut aus der Affäre gezogen. Seine sympathische Antwort gehört in unseren Teil „5.3 Wie sag' ich's meinem Leser?". Ferner hat er sich offenbar nicht geärgert, weder über mich noch über sich selbst, sondern seinen Regelverstoß akzeptiert.

Eben das aber ist, wenn es um die deutsche Sprache geht, selten. Den Hinweis auf einen mathematischen Kurzschluß oder gar einen simplen Rechenfehler nehmen die meisten ungerührt hin, und nicht wenige bemerken fast stolz dabei, daß sie in Mathematik immer ein bißchen wackelig gewesen seien. Einen Deutschfehler dagegen? Da werden viele bissig. „Ich habe doch schließlich Deutsch gelernt!"

Sicherlich sollte jeder, der diktiert und schreibt, die Zeichensetzung genauso ernst nehmen wie die Grammatik oder die Rechtschreibung. Aber wenn nun einmal ein Fehler passiert – ein Fehler, der den Gedanken nicht „beschädigt" –, sollte man, meine ich, nicht zu kleinlich sein. Man muß hier unterscheiden.

Bevor wir uns einige Fälle, die immer wieder zu Zweifeln führen, näher ansehen, auch hier – wie bei der Rechtschreibung – die Frage: Wer ist für die richtige Zeichensetzung verantwortlich?

In den meisten Arbeitsgruppen ist diese Frage nicht geregelt, und daraus entwickeln sich öfter, als man vermutet, Meinungsverschiedenheiten und sogar Streitereien. Keine Regelung ist die schlechteste Regelung.

Welche besseren Lösungen bieten sich an? Nur zwei sind praktikabel:

1. Lösung: Der Diktierende sagt alle Satzzeichen mit an. Dann ist die Verantwortung eindeutig, und die Typistin kann ihre volle Schreibfertigkeit anwenden, weil sie nicht über Satzzeichen nachzudenken braucht. Besonders günstig ist das für das Phonodiktat, weil sie nie ein Textstück erst abhören und dann das Band zurücklaufen lassen muß, um das aus dem Satzsinn erschlossene Zeichen setzen zu können.

2. Lösung: Der Diktierende sagt alle Satzzeichen außer dem Komma an. Da die Satzzeichen außer dem Komma in sehr vielen Fällen Ermessenszeichen sind, muß die Entscheidung beim Diktierenden liegen. Die Kommasetzung ist im Deutschen dagegen so streng geregelt, daß auch die Schreibkraft dafür zuständig sein kann. Sinnvoll ist es allerdings, daß der Diktierende durch Stimmführung und Pausengestaltung seine Auffassung zur Kommasetzung deutlich macht und ihr so die Arbeit wesentlich erleichtert.

In diesem Kapitel ist es nicht möglich, eine Zeichensetzungslehre zu liefern. Dafür sind der Duden-Band 1 mit seinem Teil „Zeichensetzung" und das Duden-Taschenbuch 1 „Komma, Punkt und alle anderen Satzzeichen" da. Hier greife ich nur einige Fälle heraus, die nach meiner Erfahrung in der Büroarbeit oft Zweifel auslösen. Und darüber hinaus zeige ich einige weitere Fälle, denen nicht mit Regeln, sondern nur mit dem Denken beizukommen ist.

5.2.2.1 Das Komma beim Vergleichen

Es gibt Fragen, bei denen man regelmäßig von einem Unsicherheitstick erwischt wird. Nicht daß sie eigentlich schwer zu beantworten wären, nein, sie haben nur etwas an sich, man ist ihnen gegenüber „allergisch". Hierzu gehört aller Erfahrung nach die Frage: Steht vor vergleichendem „wie" oder „als" ein Komma oder nicht?

„Unsere diesjährige Anzeigenwerbung hat ebensoviel Erfolg gebracht (?) wie die im letzten Jahr."
„Heute braucht das britische Empire mehr Verwaltungsbeamte (?) als vor dem Ersten Weltkrieg, obwohl es damals um ein Vielfaches größer war."
„Wir verschicken unsere Kalender (?) wie wir es immer getan haben."
„Unser neuer Prospekt hat der Konkurrenz mehr gesagt (?) als gut war."

Machen wir der Unsicherheit ein für allemal ein Ende. In den beiden ersten Sätzen darf kein Komma stehen, in den beiden letzten darf es nicht fehlen. Der Grund? Zuerst haben wir es mit einfachen Vergleichen zu tun, nach dem Muster: „Ich bin so groß wie du; du bist größer als er.“ Dann aber werden aus den einfachen Vergleichen vollständige Vergleichssätze, vergleichende Nebensätze, Komparativsätze, nach dem Muster: „Ich bin so groß, wie du es bist; du bist größer, als er ist.“

Zur Erinnerung: Nebensätze erkennt man daran, daß sie meistens ein besonderes Einleitungswort haben (Relativpronomen: der welcher usw. – relatives Pronominaladverb: wo, wie usw. – Interrogativpronomen: wer, was usw. – unterordnende Konjunktion: daß, damit usw.); daß das Zeitwort oder, bei zusammengesetzten Zeiten, das Hilfszeitwort am Ende steht; daß ein eigener Satzgegenstand vorhanden ist; daß zum Hauptsatz oder einem Nebensatz höheren Ranges das Verhältnis der Unterordnung, der Abhängigkeit besteht.

Nun lesen wir allerdings bei Schopenhauer: „Demnach also sind die subjektiven Güter, wie ein edler Charakter, ein fähiger Kopf, ein glückliches Temperament, ein heiterer Sinn und ein wohlbeschaffener, völlig gesunder Leib, also überhaupt mens sana in corpore sano, zu unserem Glücke die ersten und wichtigsten; weshalb wir auf die Beförderung und Erhaltung derselben viel mehr bedacht sein sollten, als auf den Besitz äußerer Güter und äußerer Ehre.“

Das läßt uns gleich zweimal stutzen: Vor „wie“ steht ein Komma, obwohl ein einfacher Vergleich folgt, vor „als“ dasselbe. Was sollen wir davon halten?

Keine erneute Verwirrung! Bei diesem „wie“ handelt es sich nicht um einen Vergleich, sondern es beginnt eine Aufzählung, die nur deshalb mit „wie“ anfängt, weil Schopenhauer nicht alle subjektiven Güter aufzählt, sondern bloß ein paar, die wichtigsten, zum Beispiel einen edlen Charakter, einen fähigen Kopf, w i e einen edlen Charakter, einen fähigen Kopf. Bei diesem „als“ kommen wir jedoch nicht umhin, eindeutig festzustellen, daß verglichen wird: in einfacher Form, ohne Nebensatz. Dazu müssen wir wissen, daß man früher wirklich vor solch ein vergleichendes „als“ oder „wie“ ein Komma gesetzt hat. Wir finden es in alten Schriften überall. Aber – merken wir uns, daß die kommalose Schreibweise heute Duden-Vorschrift ist.

Zur endgültigen Überwindung der „Allergie“ noch einmal vier Sätze, wie sie sein sollen. Den ersten Satz haben wir schon niedergeschrieben, als wir ihn ankündigten. Den zweiten werden sie ebenso schnell wie den dritten entdecken. Der vierte Satz ist nicht eher als vermutet zur Stelle, nämlich als letzter.

5.2.2.2 Ein fragliches Komma vor „und“

Vor „und“ hat sich ein Komma einzustellen, wenn dieses „und“ einen vollständigen Hauptsatz einleitet:

„Im August bin ich im Urlaub gewesen, und gerade zu dieser Zeit hat die entscheidende Besprechung stattgefunden.“

Wenig bekannt scheint aber zu sein, daß vor diesem beiordnenden Bindewort selbst dann ein Komma notwendig sein kann, wenn sich k e i n vollständiger Hauptsatz anschließt. Manche Leute bestreiten hartnäckig, daß dies so ist, und nehmen sogar Wetten darauf an. Schon haben wir's:

„... bestreiten hartnäckig, daß dies so ist, und nehmen sogar Wetten darauf an.“

Der Duden hat die Regel mit gutem Grund aufgestellt, denn er kann sich mit Recht auf jene andere Regel berufen, wonach ein Nebensatz am Anfang und am Ende durch ein Komma begrenzt werden muß. Der Nebensatz heißt hier: „daß dies so ist“. Was dann folgt, gehört nicht mehr zum Nebensatz, sondern zum Hauptsatz, ruft also nach der Abtrennung.
Daß der Rest wirklich ein Teil des Hauptsatzes ist, können wir uns ganz deutlich machen, indem wir den Nebensatz – „daß dies so ist“ – in einem Ersatzwort – „Tatsache“ – zusammenfassen.

Dabei ergibt sich:

„Manche Leute bestreiten die Tatsache hartnäckig und nehmen sogar Wetten darauf an.“

Die neue Form zeigt unzweifelhaft, daß zu dem Nebensatz nur die vier Wörter „daß dies so ist“ gehören.

Dem Irrtum, daß auch das übrige zum Nebensatz zähle, verfallen wegen des vertrauten „und“ täglich Tausende von Korrespondenten, in der berühmten schlechten Schlußwendung:

„Wir hoffen, Ihnen damit gedient zu haben und grüßen Sie ... “

Die erweiterte Grundform mit „zu“ ist hinter „haben“ zu Ende; folglich hat hier ein Komma seinen Platz.

„Ich hoffe, Ihnen mit dieser Erläuterung geholfen zu haben, und danke Ihnen für Ihre Aufmerksamkeit.“

5.2.2.3 Noch ein „üblicher“ Zweifel: das heißt

Um eine Aussage deutlicher zu machen, verwenden wir gern und oft zwei Wörtchen, die meistens abgekürzt erscheinen: d.h. – das heißt. Sicher ist, daß ihnen ein Komma vorangehen muß:

„Sie tragen 10 % der Kosten, d.h. der Werbekosten."

Das gilt auch für „und zwar" und in vielen Fällen für eine Reihe anderer erläuternder Ausdrücke, zum Beispiel: also, in erster Linie, vornehmlich, vor allem, hauptsächlich, nämlich, insbesondere.

„Wir haben diese Art Artikel gestrichen, und zwar alle." – „Die Ware wurde an dem vereinbarten Tag, also gestern, verschickt."
„Kümmern Sie sich bitte um die Lehrlinge, in erster Linie jetzt um alle, die vor der Prüfung stehen."
„Die Preise haben angezogen, vornehmlich in den mittleren Qualitäten."
„Die Korrespondenten, vor allem die Werbekorrespondenten, müssen gute Deutschkenntnisse haben."
„Die Veranstaltung wurde verschoben, hauptsächlich wegen der ungünstigen Witterung."
„Wir werden Ihnen den fähigsten Mann schicken, nämlich Herrn Nordring."
„Die Geschäftslage ist recht gut, insbesondere in den Monaten September und Oktober."

Über das Komma gibt es in solchen Fällen wohl kaum eine Meinungsverschiedenheit. Unser „das heißt" bereitet uns aber eine andere Sorge. Es kann nämlich auch ein zweites Komma verlangen, manchmal, nicht immer. Wann also? Wenn ihm ein ganzer Satz folgt:

„Herr Friedberg ist ein sehr tüchtiger Mitarbeiter, das heißt, sein Können geht bemerkenswert über das Durchschnittliche hinaus."

Dabei ist es ratsam, sich von der beliebten Abkürzung „d.h." zu trennen, denn wie sieht so etwas aus, wenn zwei Kommata und zwei Punkte ganze zwei Buchstaben umarmen:

„Ich gehe um fünf Uhr nach Hause, d.h., ich werde keine Minute länger auf ihn warten."

Kehren wir zu unserem ersten Beispiel zurück: „Sie tragen 10 % der Kosten, d.h. der Werbekosten." Auch dieser Satz kann, bei geringfügiger Umstellung, ein zweites Komma erfordern:

„10 % der Kosten, d.h. der Werbekosten, tragen Sie."

Aber wir sehen, daß dieses zweite Komma nicht hinter „d.h." steht, sondern erst hinter der Erläuterung selbst, es schließt sie ein, während es das ja nicht tut, wenn die Erläuterung ein ganzer Satz ist. Hier eine abschließende Gegenüberstellung der drei Möglichkeiten:

„Der Betrag ist nach 30 Tagen fällig, d.h. 30 Tage nach Ausstellung der Rechnung."

„Jedoch nach Ehre, d.h. gutem Namen, hat jeder zu streben." (Schopenhauer)
„Der Wettbewerb ist hart, das heißt, wir können uns keineswegs auf unseren Lorbeeren ausruhen."

5.2.2.4 Bitte: mit und ohne Komma

Es sind oft Kleinigkeiten, die im Berufsalltag zu Meinungsverschiedenheiten führen oder gar ernste Verstimmung hervorrufen, zum Beispiel die Anwesenheit oder Abwesenheit eines Kommas hinter „bitte". Hat der Korrespondent diktiert: „Bitte, teilen Sie uns recht bald mit, was Sie von unserem Vorschlag halten", so schreibt seine Stenotypistin vielleicht: „Bitte teilen Sie uns recht bald mit, was Sie von unserem Vorschlag halten." Auf den Hinweis, daß hinter „Bitte" ein Komma fehle, antwortet sie, daß man das Komma auch weglassen dürfe. Rede und Gegenrede, Hin und Her – die gute Laune ist schnell verdorben. Was hat es mit diesem Komma auf sich?

„Bitte, laß mich nicht im Stich!" So mag ein von Gläubigern hart bedrängter Schuldner an seinen Freund schreiben, der ihm helfen soll. Vergleichen Sie damit den zitierten Satz aus einem Geschäftsbrief. Erkennen Sie den Unterschied?
Im Fall des Schuldners wird dringend um Hilfe gebeten. Das „Bitte" ist in vollem Umfang des Wortes zu verstehen. Man könnte statt eines Kommas sogar einen Gedankenstrich folgen lassen, der die deutliche Sprechpause noch schärfer betonte. Im Fall des Geschäftskorrespondenten ist das „Bitte" nicht in demselben Maße ernst zu nehmen, es erfüllt nur die Pflicht der Höflichkeit, man spricht es ohne Nachdruck und ohne Pause gegenüber dem, was sich anschließt. Setzte man ein Komma, so widerspräche dieses Komma dem Charakter eines akzentlosen Einleitungswortes.

Also, das „Bitte" mit Komma bleibt dem nachdrücklichen Anruf vorbehalten. Das oft gebrauchte „Bitte" der Höflichkeit wollen wir nicht so dick unterstreichen, es soll seinen Dienst bescheiden tun. Bitte denken Sie daran.

5.2.2.5 Weder – noch

In Prospekten der Farbenfabriken Bayer AG über das Mottenabwehrmittel „Eulan®" lesen wir:

„Eulan ist weder flüchtig noch zersetzlich."

Im „Traktat" des Philosophieprofessors Max Bense dagegen finden wir:

„Die Erfahrungen werden in ihnen weder ergänzt, noch bestätigt."

Und: „Alle Theoreme, die weder durch den Zweifel, noch durch den Beweis hindurchgegangen sind und das Handeln einer Menge oder eines Einzelnen bestimmen, nennen wir Ideologien."

Und: „Also können sich weder Christentum, noch der Kommunismus rational verantworten."

Wieder ein Fall, an den kaum jemand denkt, wenn er von den Kommaregeln spricht. Man meint, man kenne diese Regeln, man fühlt sich seiner Sache sicher, und plötzlich wird man durch so ein scheinbar lächerliches „weder – noch" zum Einhalten, zum Überlegen, zum Nachschlagen gezwungen.

Wie ist das nun? Müssen die beiden durch „weder" und „noch" eingeleiteten Satzglieder durch ein Komma voneinander getrennt werden? Soll das Komma fehlen? Darf man nach Gutdünken verfahren? – Das Komma soll fehlen. Der Philosophieprofessor hat die schlechtere Wahl getroffen. Warum?

Wenden wir den ersten Satz von Max Bense ins Positive. Dann lautet er: „Die Erfahrungen werden in ihnen sowohl ergänzt als auch bestätigt." Niemand käme darauf, vor „als auch" ein Komma zu setzen. Daß ein Komma überflüssig, ja falsch wäre, wird vollends klar, wenn wir die starke Betonung des Satzes verringern, indem wir das „sowohl – als auch" auf das schlichte „und" zurückführen: „Die Erfahrungen werden in ihnen ergänzt und bestätigt." Und jetzt fragen wir: Warum sollte für die Bejahung anderes gelten als für die Verneinung? Warum kein Komma zwischen „sowohl – als auch", aber ein Komma zwischen „weder – noch"?

Werfen wir noch einen Blick auf die an zweiter Stelle zitierte Aussage Max Benses. Der Hauptsatz heißt: „Alle Theoreme nennen wir Ideologien." Auf „Theoreme" bezogen, ist ein begrenzender zweigliedriger Bezugssatz eingeschoben: „die weder durch den Zweifel noch durch den Beweis hindurchgegangen sind und das Handeln einer Menge oder eines Einzelnen bestimmen". Dadurch daß ein Komma das erste Glied ungefähr in der Mitte spaltet, während vor dem zweiten, mit „und" beginnenden Glied – den Regeln entsprechend – kein Komma steht, empfinden wir den zweiten Teil des ersten Gliedes infolge des typografischen Bildes als zum zweiten Glied gehörig. Entgegen den wirklichen Verhältnissen! Das Komma vor „als auch" befindet sich also an dieser Stelle sogar in Widerspruch zum gedanklichen Aufbau.

Daß auch einen so gescheiten Mann wie den Philosophen Max Bense in Kommafragen gelegentlich die Unsicherheit befallen kann, zeigt ein viertes Beispiel, das er uns zu unserem Thema spendiert:

„Cartesische Rationalität ist die methodisch ‚an sich haltende Vernunft', um einen Ausdruck Lessings zu zitieren, eine Vernunft, die weder den Zeigefinger der Dichter noch den Zeigefinger der Moralisten nötig hat, um der Entartung zu entgehen."

Was er sonst falsch gemacht hat, hier macht er es richtig. Das störende Komma, das er so oft gesetzt hat: hier fehlt es. Und damit der Leser nicht an eine Bekehrung zum Korrekten zu glauben braucht:

„Weder in der Interpretation als Prinzip, als Axiom noch in der Interpretation als Syllogismus wird die Seinsthematik des Zweifels verlassen."

Diesmal greift Bense nicht zum Komma, und – wir vermissen es. Denn „als Axiom" steht als Beifügung zu „Prinzip" und muß daher auch gegen das Folgende durch ein Komma abgegrenzt werden.

Alle angeführten Fälle ereignen sich in dem genannten „Traktat" innerhalb von nicht mehr als fünf Seiten.

Das letzte Beispiel, das, weil es eine Ausnahme war, ein Komma vor „noch" verlangte, geleitet uns zu einer Erweiterung der Konstruktion mit „weder – noch", die das Komma vor „noch" erfordert:

„Ich hatte damals weder Geld genug zum Bauen, noch konnte mein Beauftragter ein Grundstück finden."

Wir haben es mit zwei vollständigen Sätzen zu tun, die (ähnlich wie in einer Konstruktion mit „zwar – aber") durch „weder – noch" zusammengehalten werden. Die Gliederung durch das Komma entspricht hier sowohl der Sprechpause als auch dem gedanklichen Einschnitt.

Noch mehr Kommata verlangen unsere anreihenden Bindewörter „weder – noch", wenn sie mehrfach auftreten, wenn mehrere Weder- und Noch-Glieder aufgezählt werden.

„Ich hatte damals weder Geld, weder Gönner, weder Kredit genug zum Bauen, noch konnte ich ein Grundstück finden, noch hatte ich Lust, überhaupt in dieser Gegend zu bleiben."

Das Komma vor „noch konnte ich" steht, weil ein vollständiger Satz folgt; die Kommata nach „Geld", nach „Gönner" und nach „finden" stehen, weil Glieder einer Aufzählung folgen.

5.2.2.6 Eine erweiterte Grundform mit „zu" ohne Komma

„Wir bitten Sie, die anliegenden Schriftstücke bald zurückzuschicken." Vor dem Komma steht der Hauptsatz, dahinter die erweiterte Grundform mit „zu", die nach unseren Zeichensetzungsregeln ein Komma verlangt. Eine geringfügige Umstellung, die man gelegentlich vornimmt, um die Akzente ein wenig zu verschieben und drohender Eintönigkeit entgegenzuwirken, diese Umstellung kann zu einem Fehler führen oder doch Zweifel aufkommen lassen: „Die anliegenden Schriftstücke bitten wir, (?) bald wieder zurückzuschicken." Das Komma hat sein Plätzchen nach „bitten wir", genau wie im ersten Satz. Und doch ist uns nicht ganz wohl dabei. Woran liegt das?

Wir sehen beruhigt, daß hinter dem Komma wie vordem die erweiterte Grundform mit „zu" folgt, der zuliebe wir abtrennen. Aber wenn wir dann schärfer hinblicken, bemerken wir, diesmal beunruhigt, daß ein Teil der Erweiterung des ersten Satzes fehlt. Wo ist er? Natürlich, wir hatten mit ihm einen Umzug an den Anfang veranstaltet. Darf das sein?

Gewiß darf das sein, unsere Sprache gewährt uns, was die Wortstellung betrifft, viel Freiheit. Nur, wir müssen erkennen und anerkennen, daß sich die erweiterte Grundform mit „zu" nun in zwei Glieder geteilt hat und daß es nicht angebracht ist, das Zusammengehörige durch ein Komma auseinanderzureißen. Weil „Die anliegenden Schriftstücke bald wieder zurückzuschicken" als Inhalt der Bitte gedanklich eine Einheit ist, die nur äußerlich durch dazwischentretende Wörter ein bißchen zurücktritt, deshalb können wir nicht umhin, das in der anderen Wendung notwendig gewesene Komma hier zu streichen. Also: „Die anliegenden Schriftstücke bitten wir bald zurückzuschicken."

Kniffliger wird die Frage, sobald der Satz n o c h eine kleine Erweiterung erfährt: „Die anliegenden Schriftstücke bitten wir Sie, (?) bald zurückzuschicken." Nach dem gerade vorgetragenen Argument hätte das Komma auch jetzt zu verschwinden, aber eine unbestimmte Ahnung läßt uns trotzdem nach diesem anscheinend überflüssigen Komma schielen. Unsere Ahnung trügt uns nicht. Nehmen wir sie zum Anlaß, den Satz noch einmal zu durchdenken.

In der kommalosen Fassung hieß es: „Die anliegenden Schriftstücke bitten wir . . . " Das stiftet keinen Sinn. Um was sollte man Schriftstücke bitten? Erst durch das sofort folgende „bald zurückzuschicken" wird es im Dunkel des Satzbaus hell. Diese Form empfinden wir deshalb als erträglich, weil „bitten wir" und „zurückzuschicken" ganz dicht beieinander stehen, bloß durch das winzige „bald" getrennt. Hinter „bitten wir" setzen wir nicht ab, wir erfassen „bitten wir bald zurückzuschicken" mit einem einzigen Blick und damit den vollen, richtigen Sinn.

Allerdings ist das schon ein Balanceakt, ein Kunststück, das gerade noch gelingt. Hüpft uns irgendetwas Störendes in den Weg, so fallen wir vom Seil. Dieses Störende heißt „Sie". Wir bleiben daran hängen, und der Satz bricht uns auseinander. Daraus folgt? Die Überlegung, ob wir ein Komma setzen sollen, hilft uns diesmal nicht mehr weiter; wir brauchen einan anderen Ansatzpunkt, die Frage nämlich, ob die Satzkonstruktion in Ordnung ist. Nein, sie ist es nicht, denn sie erweist sich als nicht tragfähig für den mitzuteilenden Gedanken. Also – lassen wir die Finger von solchen Sätzen!

5.2.2.7 Dem Sinn entsprechend

Wie „bitte“ manchmal ein Komma oder, eingeschoben, auch Kommata erlaubt oder verlangt und manchmal nicht, so tun es auch Wörter, die wir Mittelwörter nennen, die Mittelwörter der Gegenwart (lesend, laufend, fragend, beobachtend) und der Vergangenheit (gestürzt, bestohlen, übermüdet, angesprochen).

Unzweifelhaft ist, daß diese Mittelwörter ohne Komma stehen, wo sie als einfache Umstandsbestimmung verwandt sind:

„Er schaute versunken vor sich hin“.
„Der Kölner landete überrundet im geschlagenen Feld.“
„Das Wasser schoß gurgelnd aus der Öffnung.“

Wird ein solches Mittelwort ergänzt, erläutert, so breitet sich die einfache Bestimmung zu einer Art Nebensatz aus. Das Mittelwort wird zu einem satzwertigen Mittelwort:

„Er schaute, tief in sich selbst versunken, lange vor sich hin.“
„Der Kölner landete, von seinen Konkurrenten mehrfach überrundet, im geschlagenen Feld.“
„Wild und ganz unheimlich gurgelnd, schoß das Wasser aus der Öffnung.“

Dem Mittelwort, das in den ersten Formulierungen an die Aussage des eigentlichen Satzes geschmiedet war, wächst jetzt ein eigenes Terrain zu. Es ist nicht mehr nur Teil der Hauptaussage, sondern auch eine selbständige Information, allerdings weiterhin formal abhängig. Daraus ergibt sich die Möglichkeit, Berechtigung, ja Angemessenheit der Abteilung durch das Komma, aber auch die Unmöglichkeit der völligen Trennung durch den Punkt.

Bis hierher ist die Unterscheidung leicht. Schwierig wird sie bei Mittelwörtern, die von vielen Menschen gar nicht mehr als Mittelwörter erkannt und anerkannt werden, zum Beispiel bei „entsprechend“.

Also: „Sie haben der Vorschrift entsprechend gehandelt.“
Oder: „Sie haben, der Vorschrift entsprechend, gehandelt.“

Wo die Regel nicht überzeugt, frage man nach dem Sinn. Betrachten wir noch einmal den Satz „Er schaute, tief in sich selbst versunken, lange vor sich hin“. Lösen wir den Mittelwortteil heraus, so behält die Aussage dennoch ihren Sinn; sie wird nur allgemeiner, unbestimmter.

Behandeln wir den Satz mit „entsprechend" in gleicher Weise, so merken wir, daß er sein Wesentliches verliert. Übrig bleibt: „Sie haben gehandelt." Im ersten Satz war entscheidend, daß jemand lange vor sich hin schaut, im zweiten, daß jemand den Vorschriften entsprechend, vorschriftsmäßig handelt. Der Kern der Aussage steckt dort im Haupt-, hier aber im Nebensatz. Demnach ist der Mittelwortteil im zweiten Fall notwendig, im ersten dagegen bloß vorteilhaft. Dieses „der Vorschrift entsprechend" ist nicht ausklammerbar, es ist fest mit der Umgebung, mit dem Rahmen verbunden, so fest, daß Kommata eher störten als nützten.

Hinzu kommt, daß „entsprechend" hier fast ganz den Charakter eines Verhältniswortes angenommen hat; man könnte es unbedenklich durch ein ursprüngliches Verhältniswort ersetzen: „Sie haben n a c h der Vorschrift gehandelt."

Ein letztes Wort zum Komma bei Mittelwörtern: Das Komma ist in der Regel auch dann zu setzen, wenn das Mittelwort selbst, in der Form von „habend" oder „seiend", eingespart worden ist, aber mitgedacht werden muß. Beispiele:

„Die Faust des Konkurses im Nacken, wagte er nichts mehr."
„Den Revolver in der Hand, drangen die Banditen in den Kassenraum ein."
„So machte er sich dann, allerlei Flausen im Kopf, auf die Wanderschaft."

5.2.2.8 Alles fließt; manches rennt auch!

Das Semikolon trennt stärker als das Komma, aber schwächer als der Punkt. Es sagt: Hier ist ein Gedanke abgeschlossen; der folgende Gedanke steht allerdings in enger Beziehung zu ihm. Die Regeln, wann ein Semikolon zu setzen ist, sind nicht streng. Ob die Verbindung des einen Gedankens mit dem anderen gerade so ist, daß ein Komma zu leicht, ein Punkt jedoch zu schwer wirkt: bei dieser Entscheidung verlassen wir uns mehr als sonst auf unser Sprachgefühl.

Wie sehen die zu trennenden Teile gewöhnlich aus? Es sind Hauptsätze, gleichwertige oder voneinander abhängige. Beispiele: „Vom Essen lernt man nicht kochen; vom Lesen lernt man nicht schreiben; vom Zuschauen lernt man nicht handeln." – „Wer andere begreifen will, prüfe sich selbst; denn was wir an anderen zu kritisieren haben, sind oft genug unsere eigenen Fehler." – „Nur wenige Menschen finden heute noch Ruhe und Muße; daher haben es gute Bücher schwer in dieser Zeit." – „Auch im Bereich der Sprache ist es leichter, Ratschläge zu geben, als sie zu befolgen; selbst wer sie erteilt, hat oft seine liebe Müh' und Not mit ihnen." – „Die Demokratie ist eine recht unvollkommene Staatsform; aber gibt es eine bessere?"

Vom Duden nicht genannt ist die Trennung eines Hauptsatzes von einem Nebensatz durch ein Semikolon. Deshalb nicht, weil man Haupt- und Nebensatz als so eng zusammengehörig empfindet, daß ein Semikolon zu stark unterbricht. Dennoch, viele Sätze unserer besten Schriftsteller weichen von dieser Regel ab. Begnügen wir uns mit einer Aussage Schopenhauers: „Dieses, also unser Dasein in der Meinung anderer, wird, infolge einer besonderen Schwäche unserer Natur, durchgängig viel zu hoch angeschlagen; obgleich schon die leichteste Besinnung lehren könnte, daß es, an sich selbst, für unser Glück, unwesentlich ist.“ Wenn wir bedenken, daß zwischen einem Haupt- und einem Nebensatz heute oft sogar ein Punkt gesetzt wird . . . . : „Wir kennen uns nun schon über dreißig Jahre und wissen doch im Grunde wenig voneinander. Weil jeder stets zu viele Aufgaben gehabt hat. Weil jeder immer zu sehr bei sich selbst gewesen ist.“ . . . kann man dann das Semikolon an dieser Stelle sehr tadeln?

Die Funktion, zu gliedern, hat das Semikolon in Aufzählungen, deren Teile sich a) unterschiedlich zueinander verhalten oder b) in sich selbst noch durch Kommata gegliedert sind:

a) „Zu den Geisteswissenschaften gehören vor allem: Gesellschaftswissenschaften, Staatswissenschaften, Wirtschaftswissenschaften; Rechtswissenschaft; Geschichte, Kulturgeschichte, Volkskunde; Philosophie, Psychologie; Erziehungswissenschaft; allgemeine Religionswissenschaft, Theologie; Sprachwissenschaft, Literaturwissenschaft; Kunstwissenschaft; Musik- und Theaterwissenschaft; Kriegswissenschaft; Geographie, Kartographie, Völkerkunde.“ Sie werden ohne weiteres einsehen, daß Kartographie und Völkerkunde mehr miteinander zu tun haben als beispielsweise Kartographie und Rechtswissenschaft. Durch die Verwendung des Semikolons können Gruppen gebildet werden.

b) „In der Erkenntnistheorie unterscheiden wir: den Empirismus, der alle Erkenntnis aus der Erfahrung herleitet; den Rationalismus, der alle Erkenntnis aus dem abstrakten Denken herleitet; den Kritizismus, der Erfahrung und Vernunft als ebenbürtige Faktoren der Erkenntnis betrachtet.“

5.2.2.9 Der Doppelpunkt: ein vielseitiger Helfer

Der Doppelpunkt steht nach Ankündigungen. Erstens – und das ist allgemein bekannt – nach der Ankündigung wörtlicher Reden. Zum Beispiel: „Der Kanzler sagte: ‚Wir sind dagegen.‘“ Und: „In dem Brief unseres Kunden heißt es: ‚Die neuen Etiketten müssen unbedingt bis zum 1. März verfügbar sein; spätere Lieferung hat keinen Zweck.‘“

Zweitens nach Ankündigung vollständiger Sätze, die keine wörtliche Rede wiedergeben. Zum Beispiel: „Sein größter Fehler war: Er war zu nachgiebig." Und: „Der Hauptvorzug dieser Bauart: Jede Beschädigung des Fundamentes ist ausgeschlossen."

Drittens nach Ankündigung von Satzteilen. Zum Beispiel: „Wie soll man übersetzen: mit einem neuartigen Preßschmierverfahren?" Und: „Was bedeutet: Lohn- und Preis-Spirale?"

Viertens nach Ankündigung von Aufzählungen. Zum Beispiel: „Das Bündeln besteht aus zwei einfachen Arbeitsgängen: dem Zusammenschieben der Stäbe und dem Verwinden des Bündeldrahtes." Und: „An Lieferfirmen kommen dafür in Frage: Bayer, Hoechst, BASF."

Neben den genannten Muß-Fällen gibt es andere, die den Doppelpunkt zwar nicht verlangen, aber erlauben. Sie sind wenig bekannt, und das ist schade. Gerade in diesen besonderen Fällen kann der Doppelpunkt viel leisten: eine klare Gedankengliederung schaffen, Abhängigkeiten deutlich machen, Betonungen nahelegen, Akzente setzen, Zäsuren bilden.

Der Doppelpunkt kann stehen:

– vor Zusammenfassungen. Beispiele: „Die Anrede des Briefes, die Einleitung, Behauptung, Beweisführung und Schlußformel: alles muß wie aus einem Guß sein." „Schaftdurchmesser, Kopfrundung, Kopfhöhe, Hohlkehle und Schaftlänge: alle Abmessungen sind beim Niet genormt."

– vor Folgerungen. Beispiele: „Sein Mantel zeigt keine Regenspuren: er muß im Auto gekommen sein." – „Konische Büchsen ersetzen die Gegenmuttern auf dem Unterholm: ein Säulenbruch infolge Gewindekerbwirkung ist unmöglich."

– vor Begründungen. Beispiele: „Das Laufen bereitete ihm Schwierigkeiten: er hatte ein schwaches Herz." – „Die Presse steht ohne Verankerung auf den Säulenfüßen: vier Unterholmstützen machen sie kippsicher."

– vor Erläuterungen: Beispiele: „Die Werbung verlangt Menschen mit vielseitigen Fähigkeiten: das liegt schon an ihrer Mittlerstellung zwischen Fabrikanten, Technikern und Kaufleuten einerseits und Verbrauchern andererseits." – „Die Sprache ist nicht nur ein Instrument der Verständigung: wir denken auch in ihr."

– nach Einräumungen. Beispiele: „Obwohl seine Leistungen gut waren: er konnte nicht recht Fuß fassen." – „Wenn dieses Präparat auch nicht alle Wünsche erfüllt: auf dem europäischen Markt ist es das beste."

- vor oder nach Nebensätzen – anstelle des Kommas – zu einer starken Betonung der folgenden Aussage. Beispiele: „Wichtig ist: den am besten geeigneten Werkstoff zu wählen." – „Ich weiß nur: daß dies die Stelle ist, wo wir einen Fehler gemacht haben müssen."
- zwischen Gegensätzen. Beispiele: „Die freie Marktwirtschaft fördert persönliche Leistungen: Zwangswirtschaft hemmt sie." – „Der Wissenschaftler und Techniker verlangt von der Sprache vor allem Genauigkeit und Eindeutigkeit: dem Werbemann kommt es mehr auf ihre Überzeugungskraft an."

Und nun noch einige Vorbilder aus der Literatur ohne Erläuterung; finden Sie bitte selbst heraus, in welcher Weise die vor und nach dem Doppelpunkt stehenden Satzteile voneinander abhängen. Aus der „Stilkunst" von Ludwig Reiners: „Es gibt einen einfachen Ratschlag: Sooft du schreibst, stellle dir vor, du redest, und zwar nicht zu einer unbekannten Menge, sondern zu einem bestimmten guten Freund."

Aus den Aphorismen Walther Rathenaus: „Geduld ist ebenso schmachvoll wie Eile: beide sind Furcht." – „Hart, blank, scharf und biegsam, einer edlen Klinge vergleichbar: das ist die Schönheit des Gedankens." – „Gegen Nationalitätsbestrebungen kleiner Völker gibt es nur ein Mittel: Demokratie." Aus den Schriften Johann Gottfried Herders: „Indessen geht die menschliche Vernunft im Ganzen des Geschlechts ihren Gang fort: sie sinnt aus, wenn sie auch noch nicht anwenden kann: sie erfindet, wenn böse Hände auch lange Zeit ihre Erfindung mißbrauchen." – „Malerei wirkt durch Farben und Figuren fürs Auge: Poesie durch den Sinn der Worte auf die untern Seelenkräfte, vorzüglich die Phantasie."

Aus dem „Tractatus logico-philosophicus" von Ludwig Wittgenstein: „In der Logik ist nichts zufällig: Wenn das Ding im Sachverhalt vorkommen kann, so muß die Möglichkeit des Sachverhalts im Ding bereits präjudiziert sein." Aus Alexis Carrels Werk „Der Mensch, das unbekannte Wesen": „Unsere Unwissenheit läßt sich auf drei Ursachen zurückführen: auf die Lebensform unserer Vorfahren; auf die Vielgestaltigkeit unserer Natur; zum dritten auf die Anlage unseres Geistes." – „Es hat den Anschein, als präge sich der Körper nach seinen Erlebnissen: statt sich abzunutzen, wandelt er sich."

Aus Schopenhauers „Aphorismen zur Lebensweisheit: „Immer kommt es darauf an, was einer sei und demnach an sich selber habe: denn seine Individualität begleitet ihn stets und überall, und von ihr ist alles tangiert, was er erlebt. In allem und bei allem genießt er zunächst nur sich selbst: dies gilt schon von den physischen, wieviel mehr von den geistigen Genüssen." – „Ohne tägliche gehörige Bewegung kann man nicht gesund bleiben: alle Lebensprozesse erfordern, um gehörig vollzogen zu werden, Bewegung sowohl der Teile, darin sie vorgehen, als des Ganzen."

Sie werden erkannt haben: der Doppelpunkt ist wirklich ein vielseitiger Helfer. Allerdings kann genaue Kenntnis seiner vielfältigen Anwendungsmöglichkeiten gerade den sorgfältigen Schreiber leicht dazu verführen, sich des Doppelpunktes allzu oft zu bedienen. Deshalb für den Kenner und Könner eine Warnung: Wer einen Doppelpunkt setzt, verhält sich wie ein Regisseur, der das Aufziehen des Vorhanges verzögert. Er steigert so die Spannung, verpflichtet sich aber damit zugleich, auch etwas Sehenswertes zu zeigen.

5.2.2.10 Was können Fragezeichen für uns tun?

Natürlich Fragen abschließen, in einem Satz wie: „Wo wirst Du deinen Urlaub verbringen?" Aber läßt sich das Fragezeichen nur mit dieser Art von Fragen verbinden?

Außer den direkten, gradlinig auf ihr Ziel losmarschierenden Fragen kennen wir andere, die mehr zum Schein gestellt werden. Sehen Sie sich den zweiten Satz des vorigen Absatzes an. Er hat die Form einer Frage. Aber als ich ihn schrieb, wußte ich schon die Antwort. Das heißt, ich hätte die Frage gar nicht zu stellen brauchen, sondern statt dessen schlicht schreiben können: „Aber das Fragezeichen läßt sich nicht nur mit dieser Art von Fragen verbinden." Warum habe ich es nicht getan? Weil die Frage der Denkweise des Menschen viel näher steht als die Aussage. Unser Denken verläuft ja nicht wie das automatische Verpacken einer Schachtel Zigaretten, sondern sprunghaft, in Bildern und Begriffen, mit Wortfetzen, unmotivierten Pausen, Ausrufen, Fragen, halben Fragen und paradoxen Gedankenblitzen, die überhaupt nicht zur Sache gehören.

Um von dieser Lebendigkeit, die auch im alltäglichen Gespräch noch stark vorhanden ist, ein wenig in unsere Schriftsprache hinüberzuretten, benutzen wir den Fragesatz als Stilmittel: wir tun es, um zu viele Aussagesätze zu unterbrechen; um mögliche Einwände des Lesers zu berücksichtigen; um anzudeuten, daß man selbst, als Autor, auch nicht alle Erkenntnisse in der Schublade parat hat, sondern sein Thema oft noch während des Schreibens hin und her wendet, die eigenen Einsichten anzweifelt, sie zur Prüfung, zur Sicherheit noch einmal in Frage stellt.

Schließlich will der Autor auch seine Leser zum Fragen ermuntern, aufrufen. Maximilian Volk schreibt: „Ob ein Mensch um den Blick für das Ganze bemüht ist, läßt sich daran erkennen, ob er die Kunst der Frage versteht." Wer Wahrheit will, muß die Probleme mit Fragen und immer neuen Fragen einkreisen. Sonst wird er ihnen nie gerecht, unterschätzt er ihre Weite und Tiefe.

Ein Meister des Fragens ist Friedrich Nietzsche gewesen. Hier zwei Stellen aus seinen Schriften über Richard Wagner: „Was bedeuten asketische Ideale? – Oder, daß ich einen einzelnen Fall nehme, in Betreff dessen ich oft genug um Rat gefragt worden bin, was bedeutet es zum Beispiel, wenn ein Künstler wie Richard Wagner in seinen alten Tagen der Keuschheit eine Huldigung darbringt? In einem gewissen Sinne freilich hat er dies immer getan; aber erst zu allerletzt in einem asketischen Sinne. Was bedeutet diese Sinnes-Änderung, dieser radikale Sinnes-Umschlag? – denn ein solcher war es, Wagner sprang damit geradewegs in seinen Gegensatz um. Was bedeutet es, wenn ein Künstler in seinen Gegensatz umspringt?" „Was verlangt ein Philosoph am ersten und letzten von sich? Seine Zeit in sich zu überwinden, ‚zeitlos' zu werden. Womit also hat er seinen härtesten Strauß zu bestehn? Mit dem, worin gerade er das Kind seiner Zeit ist."

Und um keine Frage ungefragt zu lassen, schrieb der ruheloseste aller Wahrheitsfanatiker endlich: „Das Verlangen nach Wahrheit bedarf selbst der Kritik. Dies sei die Definition meiner philosophischen Aufgabe. Versuchsweise will ich einmal den Wert der Wahrheit in Frage stellen."

Wo begannen wir? Bei dem Satz: „Wo wirst Du Deinen Urlaub verbringen?" Und wohin führte uns dieses erste, harmlose Fragezeichen unserer kleinen Betrachtung? Bis zu einer der edelsten Menschlichen Bemühungen: zu der Sisyphosfrage nach letzter Wahrheit.

5.2.2.11 Nicht so forsch, bitte!

Das Ausrufungszeichen, einst Symbol einer bombastischen Zeit, ist brüchig geworden. Wir trauen ihm nicht mehr ganz. Gewiß hier und da mag der schwarze Strich – die senkrechte Falte zwischen den Augen – noch unentbehrlich – die begeisterte Hebung der Stimme – noch angebracht sein. Aber insgesamt sind wir nüchterner, skeptischer geworden, fliehen wir das Pathos, bevorzugen wir Zurückhaltung, wenn nicht Bescheidenheit.

Der Zug zu neuer Sachlichkeit reicht bis in unsere Geschäftssprache hinein. Mehr und mehr Korrespondenten und sogar Werbebrieftexter schreiben: „Sehr geehrte Herren," – statt: „Sehr geehrte Herren!"

Die Vorstellung des markigen Tons, die sich mit der Gestalt des Ausrufungszeichens mühelos verbindet, weckt unbehagliche Empfindungen in uns. Maximilian Volk schreibt: „So wie das Wort ‚Befehl' schon den ‚Fehl' in sich trägt, keimt in jedem Befehl, besonders aber im Befehl aus Machtvollkommenheit, auch der Fehlschlag." Wir wissen es und geben deshalb dem leichtfüßigen Komma an vielen Stellen, die früher vom Ausrufungszeichen besetzt gehalten waren, den Vorrang. Wer Karriere machen will, der trete kräftig auf! Aber – weniger ist oft mehr.

5.2.2.12 Klammern (leise Gesprochenes)

Was zwar erwähnenswert, aber weniger wichtig, mehr eine Randbemerkung ist, kann der Redner mit gesenkter Stimme sprechen. Der Schreibende hat es schwerer; er muß die Senkung durch Zeichen ausdrücken. Dazu dienen ihm unter anderem die Klammern.

Während viele Autoren Klammern nur im Notfall verwenden (sie empfinden sie wohl als Stilschwäche), haben andere (und nicht die schlechtesten) eine Vorliebe dafür. So Karl Kraus und Ludwig Marcuse. Einige Beispiele aus Ludwig Marcuses Buch über Sigmund Freud: „Im einundvierzigsten Jahr seines Lebens, im Sommer 1897, vivisezierte Freud sich selbst und teilte die Ergebnisse (oder einige?) dem einzigen Freunde mit, den er damals besaß." – „Man lernt aus diesem Briefwechsel (und auch später) nicht recht, wie sich diese fast vierzig Jahre zurückliegenden Ereignisse (falls sie stattgefunden haben sollten) im Lauf des Lebens auswirkten. Und wieweit beeinflußten diese Ausgrabungen (Freud liebte die damals hochaktuellen Vergleiche mit der Archäologie) das Leben des armen, jüdischen, glücklich verheirateten, mit Kindern gesegneten Privatdozenten für Nervenkrankheiten an der Universität Wien?" – „Diese Gereiztheit – nicht ein (angeblich) tyrannisches Temperament wollte Schüler, nicht Kritiker." Man kann sich auch vorstellen, daß ein Redner diese Sätze ohne das Eingeklammerte spricht, während ein sachkundiger Zuhörer einem Freund hinter der Hand erläuternde Stichworte zuflüstert, damit er das Ganze noch besser verstehe.

Neben dem Vorteil, Erläuterungen und Randbemerkungen einzuschliessen, hat man durch Klammern die Möglichkeit, sachliche Hinweise zu geben, die sich im Satz nicht oder nur schlecht unterbringen lassen. Beispiele: „Das Wort ‚anbei' (vergleiche Seite 15) ist eine Mißbildung." – „Die ‚metaphysische Barbarei' (Bense) bedroht die Entwicklung des Menschen." – „Edmund Husserl (1859-1938) wollte die Philosophie als strenge Wissenschaft ausgebildet wissen." – „Es ist üblich geworden, bestimmte Lebensmittel steril (keimfrei) zu machen."

5.2.2.13 Man kennt den Gedankenstrich, aber –

Wie würden Sie den Satz ergänzen? Ich schlage vor, so: „aber – man weiß nicht viel mit ihm anzufangen.“ Denn die einen benutzen dieses Zeichen so gut wie gar nicht, die anderen gebrauchen es im Übermaß, also mißbrauchen es.

Fragen wir uns: Wozu kann der Gedankenstrich dienen? Sein Name gibt uns Anhaltspunkte: 1. Strich als Ersatz eines Gedankens; 2. Strich zur Herausforderung eines Gedankens; 3. Strich zur Vorbereitung eines Gedankens; 4. Strich zur Einschaltung eines Zwischengedankens.

Zu 1: „Sie glauben doch nicht im Ernst, daß ich –“ Der Sinn ist klar: Man spricht einen Gedanken nicht aus; der Zusammenhang legt ihn so nahe, daß der Partner ihn sich selbst denken kann. Dieser Gedankenstrich ist allerdings gefährlich, denn er verlockt dazu, ihn dort zu setzen, wo der Leser sich denken soll, was wir selbst uns gerade nicht denken können, oder, weil wir bequem sind, nicht denken wollen. Aus diesem Grunde hat man den Gedankenstrich ein Zeichen für Gedankenlosigkeit genannt. Er wuchert in schlechten Romanen. Die gesprochene Rede ersetzt ihn durch die Kunstpause. Karl Kraus hat diesen gedankenreich scheinen sollenden, in Wirklichkeit aber gedankenarmen Stil in seinem satirischen Weltkriegsdrama „Die letzten Tage der Menschheit“ unübertrefflich wiedergegeben: „Meine Herren – also – nachdem unser Offizierskorps ein vierjähriges beispielloses Ringen – also gegen die Übermacht einer Welt – überstanden hat – also setze ich das Vertrauen auf meinen Stab – indem ich überzeugt bin – wir werden auch fernerhin – unerschrocken – tunlichst – die Spitze zu bieten. Kampfgestählt gehen unsere heldenmütigen Soldaten – diese Braven – gehen sie neuen Siegen entgegen – wir wanken nicht – wir werden den bis ins Mark getroffenen Feind – zu treffen wissen, wo immer es sei – und der heutige Tag – der heutige Tag, meine Herren – wird einen Markstein bilden – in der Geschichte unserer glorreichen Wehrmacht immerdar.“

Zu 2: „Man kennt den Gedankenstrich, aber –“ Unsere Überschrift beginnt einen Gedankengang, führt ihn jedoch nicht zu Ende, sondern fordert durch einen Gedankenstrich den Leser auf, es selbst zu tun. Diesmal allerdings nicht, weil der Rest klar auf der Hand läge wie bei „Sie glauben doch nicht im Ernst, daß ich –“; vielmehr soll die Phantasie des Lesers angeregt werden, der Leser soll seinen Verstand auf die Fährte setzen.

Zu 3: Wer einen ungewöhnlichen Gedanken vorbringen will, möchte seine Leser auf das Überraschende vorbereiten. Hierzu ebenfalls einige Beispiele aus Arbeiten von Karl Kraus: „Und das Chaos sei willkommen – denn die Ordnung hat versagt!" – „Sie sagte sich: Mit ihm schlafen, ja – aber nur keine Intimität!" – „Mir scheint alle Kunst nur Kunst für heute zu sein, wenn sie nicht Kunst gegen heute ist. Sie vertreibt die Zeit – sie vertreibt sie nicht!"

Zu 4: Der Strich zur Einschaltung eines Zwischengedankens – er tritt in dieser Rolle stets zweifach auf – ist bei Leuten, die wenig lesen und schreiben, unbekannt, bei Leuten, die viel, aber Mittelmäßiges Lesen und schreiben, allzu beliebt. Aus einem vier Seiten umfassenden Sonderdruck „Was tut die Marketing-Agentur – und warum":

„Er sieht ‚Marketing' – unabhängig davon, ob man in dieser Formulierung eine wissenschaftlich exakte Definition sieht – als die Zusammenschau, die Koordinierung aller Tätigkeiten, die dazu dienen, das marktgerecht geplante, gestaltete, angebotene Produkt vom Hersteller zum Endverbraucher zu bringen."
„Viel wichtiger erscheint es zu betonen, daß er es tun muß, weil diese Aufgabe – wie oben aufgezeigt – nur von einem Team bewältigt werden kann . . . "
„Begriff und Praxis des Marketing sind – wie in einem umfangreichen Schrifttum oft und ausführlich behandelt – Ausfluß einer neuen Betrachtungsweise . . . "
„Hat man sich zu der Erkenntnis durchgerungen, daß die Werbung – so wichtig diese Aufgabe ist – nicht allein im luftleeren Raum hängt, . . . "
„Dabei ist es wichtig zu erkennen, daß die Agentur zusätzliche Funktionen – wie die genannten, aber auch andere – zu übernehmen gezwungen ist . . . "
„Auch die Agentur ist – was nicht immer klar erkannt wird – ein Unternehmen, das . . . "
„Eine solche Doppelarbeit wird in den niederen Phasen der Arbeit nicht zu vermeiden sein – etwa in der Führung von Absatzstatistiken –, die dafür aufgewendeten Mittel stehen jedoch . . . "
„Marketing als eine Funktion, die . . . , ist immerhin noch so neu, daß man nicht erwarten darf, daß alle Agenturen – selbst abgesehen von qualitätsmäßigen Differenzen – sich mit Berechtigung Marketing-Agentur nennen können oder überhaupt wollen."

Ein stattliches Angebot, ein zu stattliches. Der Gedankenstrich ist eigentlich ein besonders feines Stilmittel; das heißt jedoch: man muß sparsam mit ihm umgehen. Nicht geizig, aber sparsam. Flicht man ihn überall ein, wo er auch nur halbwegs hinpaßt, so wirkt er wie Schokolade, wenn man sie in Massen ißt.

Und wohin paßt der doppelte Gedankenstrich, die Parenthese? Hier einige Faustregeln:

Wir bedienen uns der Parenthese,

a) wenn das in den Satz Eingeschobene nicht durch Kommata abgetrennt werden kann, weil es in diesem Satz ein Fremdkörper ist, also den Fluß des Satzes, des Gedankens,unterbricht: „Er sagte – ist das nicht unerhört? –, er habe die Nase voll.“

b) wenn der eingeschobene Zwischengedanke zwar durch Kommata abgetrennt werden kann, weil er den Satzfluß nicht stört, aber die Betonung dann, gemessen an der Wichtigkeit der Aussage, zu schwach ist, so daß der besondere Hinweis leicht überlesen wird: „Erst Sprachkritik – die nicht nur grammatische Kontrolle, sondern zugleich ein Stück Zeitkritik ist – macht solche Mißbräuche kenntlich.“ (Aus „Kritik aus dem Glashaus“, Glossen der Frankfurter Allgemeinen Zeitung über gutes und schlechtes Deutsch.)

c) wenn das Eingeschobene lang ist und der Satz infolgedessen bei Kommasetzung schlecht zu überblicken wäre: „Solange die Dichter Fremdwörter nicht verschmähen – weil ihnen die darin geborgene Vorstellung kein deutsches eingibt, das mit der Macht der Selbstverständlichkeit dastünde, um in den Sprachgebrauch einzugehen –, so lange müssen sich die Pfuscher gedulden, mögen sie auch der Meinung sein, der Erlebnisgehalt des Fremdworts, der ihm eingeborne und der ihm zugewachsene, werde ihrem Zuspruch oder ihrer nationalen Entrüstung parieren.“ (Karl Kraus: „An die Anschrift der Sprachreiniger“)

Oft werden Sätze oder Satzbrocken eingeschoben, die zwar einer dieser Forderungen entsprechen, aber entweder leicht vorher oder hinterher gebracht werden könnten oder überflüssig sind. „Begriff und Praxis des Marketing sind – wie in einem umfangreichen Schrifttum oft und ausführlich behandelt – Ausfluß einer neuen Betrachtungsweise, des ‚Denkens-vom-Markt-her‘, das in den letzten Dekaden das ‚Denken-von-der-Produktion-her‘ immer mehr ersetzt hat.“

Das Einschiebsel wäre sinnvoll und sogar notwendig gewesen, wenn man nur gesagt hätte, daß Begriff und Praxis des Marketings Ausfluß einer neuen Betrachtungsweise seien. Da man sich so die Definition der neuen Betrachtungsweise erlassen hätte – vielleicht weil sie zu lang und kompliziert gewesen wäre –, hätte das Zwischenglied zugleich als plausible Begründung oder Entschuldigung und als Literaturhinweis Wert gehabt. Definiert man aber den schwammigen Begriff „Ausfluß einer neuen Betrachtungsweise“ selbst, so ist es überflüssig, betont, aber ohne genaue Angaben, auf umfangreiches Schrifttum hinzuweisen, dessen Autoren angeblich derselben Meinung sind. Warum man trotzdem darauf hinweist? Weil man sich wichtig machen möchte. Und weil man seine Behauptungen durch großartige (wenn auch nebulöse) Anmerkungen stützen möchte.

Ein Wort noch zu anderen Zeichen in Verbindung mit der Parenthese. Wenn die eingeschobenen Teile Ausrufe oder Fragen sind, so steht an ihrem Ende, aber vor dem zweiten Gedankenstrich, ein Ausrufungs- oder Fragezeichen. Beispiele: „Der Kurs der Bayer-Aktien ist – man höre und staune! – um 80 Punkte gestiegen." – „Für solche Schäden – wußten Sie das schon? – kommt die Versicherung nicht auf."

Setzte man, falls nichts eingeschoben würde, hinter den ersten Satzteil ein Komma, so setzt man dieses Komma auch bei Hinzutreten eines Zwischengedankens, dann allerdings nicht direkt hinter den vorangehenden Satzteil, sondern hinter das eingeschobene Glied. Beispiel: „Wer schludrig schreibt – und wie viele tun das! –, mißachtet seine Leser." Ob dieses Komma notwendig ist, darüber kann man streiten. Aber – der Duden schreibt es vor, und nach dessen Regel sollten wir uns richten.

5.2.2.14 Das sinnverändernde Komma

Da so viele Menschen sagen, sie setzten die Kommata nach Gefühl, kommt von Zeit zu Zeit der Gedanke auf, die Kommasetzung dementsprechend dem Gefühl freizugeben, also ihre Regelung grundsätzlich aufzugeben. Ich weiß nicht, ob man denen, die sich nicht gern an Regeln halten, damit wirklich einen Gefallen täte. Und ob man damit den Lesern einen Gefallen täte! Wenn die Zeichensetzungsregeln, insbesondere die Kommaregeln, in ihrer straffen Form verschwinden, geht die Interpunktion in die Stilkunde über. Man kann dann zwar nicht mehr sagen, daß einer einen Fehler gemacht habe, weil er gegen eine Zeichensetzungsregel verstoßen habe, aber man kann ihm schlechten Stil vorwerfen. Will er dann seinen Stil verbessern, so hat er nicht die Möglichkeit, sich an Regeln zu orientieren; er muß sinnvolle Regeln immer wieder selbst entdecken und sie sich selbst auferlegen.

Wie schwer das ist, merken wir heute dort, wo es nach dem Regelwerk erlaubt ist, ein Zeichen zu setzen oder nicht zu setzen, ein Zeichen hierhin oder dahin zu setzen. Wer an solchen Stellen das Zeichen, meistens das Komma, so anwendet, daß anderes herauskommt, als er gemeint hat, der muß sich den Vorwurf gefallen lassen, er habe ungenau gedacht.

Halten wir zunächst fest: Es gibt Fälle, in denen die Zeichensetzung nicht nach einer Regel, sondern nur nach dem gemeinten Sinn entschieden werden kann.

„Als der Spanier Solis 1516 den Rio de la Plata entdeckte, traf er keine organisierte indianische Bevölkerung an wie an der Westküste."

Daraus geht hervor, daß Solis an der Westküste eine organisierte indianische Bevölkerung angetroffen hatte.

Will ich sagen, daß er dort, ebenso wie an der Westküste, keine organisierte indianische Bevölkerung angetroffen habe, muß ich schreiben: „Als der Spanier Solis 1516 den Rio de la Plata entdeckte, traf er keine organisierte indianische Bevölkerung an, wie an der Westküste."

Ein Beispiel aus dem Walzwerkswesen: „Der Steuermann hat die Möglichkeit, über diesen Rollgang Fehlknüppel in seitliche Sammeltaschen auszufahren; alle anderen für die Produktion bestimmten Knüppel werden vom Schrägaufzug erfaßt."

Dieser Satz ist mit dem Sprachgefühl durchaus vereinbar. Und doch! – Aus ihm müßte man schließen, daß auch die Fehlknüppel, die zunächst einmal aussortiert werden, für die Produktion bestimmt seien; vielleicht werden sie nur noch einer zusätzlichen Bearbeitung unterworfen, ehe man sie auswalzt. Die Annahme ergibt sich daraus, daß hinter „alle anderen" kein Komma steht. Ohne Komma betonen wir: alle a n d e r e n für die Produktion bestimmten Knüppel werden vom Schrägaufzug erfaßt. Mit Komma dagegen: alle a n d e r e n , für die P r o d u k t i o n bestimmten Knüppel werden vom Schrägaufzug erfaßt. Dabei wird klar, daß die anderen Knüppel und die für die Produktion bestimmten identisch sind, daß „für die Produktion bestimmten" lediglich eine kleine Nachhilfe, eine Erinnerung, eine erläuternde Randbemerkung ist, die man auch so schreiben könnte: alle anderen Knüppel (also die für die Produktion bestimmten) werden vom Schrägaufzug erfaßt.

In Schwierigkeiten gerät das Gefühl auch an folgender Stelle eines Kundenrundschreibens: „Unser Mitarbeiter, Herr Meier, wird Sie nächste Woche besuchen, um Ihren Auftrag entgegenzunehmen." Die nachgestellte Beifügung besagt, daß man nur einen einzigen Mitarbeiter hat. Ausführlicher geschrieben, sieht das so aus: „Unser Mitarbeiter – und das ist der Herr Meier – wird Sie nächste Woche besuchen, um Ihren Auftrag entgegenzunehmen." Richtig wird der Satz sofort, wenn man die Kommata wegläßt: „Unser Mitarbeiter Herr Meier wird Sie nächste Woche besuchen, um Ihren Auftrag entgegenzunehmen."

Was heißt „richtig"? Sprachlich sind beide Sätze richtig. Der erste trifft zu, wenn man nur einen Mitarbeiter hat, der zweite, wenn man mehrere hat.

Theodor Häcker: „Karl Kraus ist der einzige große, von der Ethik gedeckte Polemiker und Satiriker der Zeit."

Was sagt der Satz? Er sagt, Karl Kraus sei der einzige große Polemiker und Satiriker der Zeit, und er sei auch der einzige, der von der Ethik gedeckt sei.

Falls ausgedrückt werden sollte, daß Karl Kraus der einzige unter den großen Polemikern und Satirikern der Zeit sei, der von der Ethik gedeckt sei, hätte es heißen müssen: „Karl Kraus ist der einzige große von der Ethik gedeckte Polemiker und Satiriker der Zeit."

Der Sinnunterschied wird auch sofort deutlich, wenn man das Komma in der Originalfassung durch ein „und" ersetzt.

5.2.3 Grammatik – eine Schikane der Lehrer?

Wie oft beobachten wir, daß Menschen aneinander vorbeireden, im Kollegenkreis, in der Familie, in der Politik. Oft liegt das daran, daß die Beteiligten zwar dieselben Ausdrücke verwenden, sie aber mit unterschiedlichem Sinn verbinden. Die Gefahren, einander mißzuverstehen, sind um so größer, je weniger gemeinsame Regeln die „Sender" und „Empfänger" haben und einhalten.

Jedes Verständigungssystem hat a) einen bestimmten Vorrat an Zeichen und b) an Verknüpfungsvorschriften. Man nennt a) + b) auch den Kode des Systems. Jeder Kodebenutzer beherrscht aber nur einen Teil des Kodes, je nach Herkunft, Ausbildung, Erfahrung. Das bedeutet: Niemand hat genau denselben Kode-Ausschnitt zur Verfügung wie ein beliebiger anderer. Wenn zwei Menschen miteinander sprechen, decken sich ihre Kode-Ausschnitte nur teilweise.

Legen Sie bitte einmal ein 5-DM-Stück auf den Tisch und stellen Sie sich vor, seine Fläche kennzeichne den Gesamtkode der deutschen Sprache, also seine Wörter und seine Grammatik. Legen Sie nun zwei 1-Pf-Stücke auf das 5-DM-Stück, und zwar leicht gegeneinander verschoben. Beide Pfennigstücke haben als Untergrund einen Teil des 5-DM-Stücks; sie stellen also einen Ausschnitt aus dem Gesamtkode dar. Und inwieweit stimmen die beiden Kode-Ausschnitte überein? Nur insoweit, als die beiden Pfennigstücke aufeinanderliegen. Das heißt: Die beiden durch die Pfennigstücke symbolisierten Sprecher können sich nur im Rahmen der sich deckenden Flächen miteinander verständigen.

Genau aufeinanderlegen dürften wir die beiden Pfennigstücke zur Situationsdarstellung nur, wenn zwei Menschen genau dasselbe gerlernt hätten, behalten hätten und anwenden könnten. Mit diesem Glücksfall brauchen wir nicht zu rechnen; vielleicht wäre es auch gar keiner, weil dabei eine gehörige Portion Individualität verlorenginge.

Überaus wichtig ist jedoch für die Verständigung, daß die individuellen Kode-Ausschnitte wenigstens zu einem großen Teil übereinstimmen.

Alle Normen, die wir vereinbaren, tragen dazu bei, die Verständigung zu erleichtern. Zu den wichtigsten Normen gehört die Grammatik.

Um unsere Titelfrage aufzugreifen: Die Grammatik ist keineswegs eine Schikane der Lehrer, wie mancher verärgerte Schüler denken mag, sondern eine unentbehrliche Verständigungshilfe.

Hier einige Überlegungen zu zwei grammatischen Fragen:

5.2.3.1 Gehofftes Wissen

Fehler, die sich leicht einschleichen, sind keine sich eingeschlichenen Fehler; eine Sitzung, die stattgefunden hat, ist keine stattgefundene Sitzung; und Sportler, die radgefahren sind, sind keine radgefahrenen Sportler. All dem werden Sie gewiß zustimmen, ob Sie den Grund für die Behauptung kennen oder nicht; Ihr Sprachgefühl sagt Ihnen, daß man nicht von sich eingeschlichenen Fehlern, stattgefundenen Sitzungen und radgefahrenen Sportlern sprechen kann. Aber versuchen wir nun, den Schritt vom Sprachgefühl zum Sprachwissen zu tun! Läßt sich eine Regel finden?

Wir kennen Eigenschaftswörter, die nie etwas anderes gewesen sind als eben Eigenschaftswörter: klein, groß, dick, dünn. Daneben kennen wir aber auch eine andere Sorte von Eigenschaftswörtern: leidend, geschlagen, schreibend, genarrt. In Verbindung mit einem Hauptwort: der leidende Kranke, das geschlagene Heer, das schreibende Kind, der genarrte Betrüger. Diesen Eigenschaftswörtern sieht man von weitem an, daß sie aus Tätigkeitswörtern entstanden, ja daß sie, noch als Eigenschaftswörter, besondere Formen von Tätigkeitswörtern sind. Man nennt diese Formen Mittelwörter der Gegenwart (leidend, schreibend) und Mittelwörter der Vergangenheit (geschlagen, genarrt). Stellt man solche Mittelwörter vor Hauptwörter (der leidende Kranke, das geschlagene Heer), so versehen sie die Aufgabe von Eigenschaftswörtern, bringt man sie aber mit den Hilfszeitwörtern „haben" oder „sein" zusammen, so benehmen sie sich wieder wie richtige Tätigkeitswörter (der Kranke hat gelitten, das Heer wurde geschlagen). Wegen dieser Zwitterstellung, wegen der „Fähigkeit", einmal als Tätigkeitswort und einmal als Eigenschaftswort aufzutreten, heißen sie eben Mittelwörter.

Zum Leidwesen der Lernenden gilt auch hier: Wenn zwei dasselbe tun, so ist es nicht dasselbe.

Nicht alle Mittelwörter dürfen sich als Eigenschaftswörter geben. Davon ausgenommen sind:

1. die Mittelwörter der Vergangenheit rückbezüglicher Tätigkeitswörter, deren rückbezügliches Fürwort im vierten Fall steht, zum Beispiel „eingeschlichen".

   Richtig: Der Fehler hat sich eingeschlichen.
   Falsch: Der sich eingeschlichene Fehler wurde entdeckt.

2. die Mittelwörter der Vergangenheit nichtzielender Tätigkeitswörter, die mit „haben" verbunden werden, zum Beispiel „stattgefunden".

Richtig: Die Sitzung hat stattgefunden.
Falsch: Die gestern stattgefundene Versammlung war aufschlußreich.
Anmerkung: Nichtzielende Tätigkeitswörter können keine Ergänzung im vierten Fall bei sich haben.

3. die Mittelwörter der Vergangenheit nichtzielender Tätigkeitswörter, die mit „sein" verbunden werden und dabei die Dauer eines Geschehens oder eines Zustandes bezeichnen, zum Beispiel „radgefahren".
Richtig: Er ist radgefahren.
Falsch: Der radgefahrene Sportler war durchnäßt.

Hier noch einige Beispiele, die man gelegentlich in Geschäftsbriefen findet: „Wir schätzen den uns betroffenen Schaden auf 480,– DM." – „Die stark nachgelassene Konjunktur macht sich auch in unserer Branche bemerkbar." – „Die zugenommenen Importe aus Japan machen uns schwer zu schaffen." – „Der sich vorige Woche ereignete Betriebsunfall kostete zwei Menschenleben." – „Der sich zu Beginn des Jahres eingestellte Umsatzrückgang ist längst wieder ausgeglichen." – „Die sich nachträglich herausgestellte Lichtempfindlichkeit gibt uns Rätsel auf." – „Der sich jetzt bestätigte Verdacht wirft alle Berechnungen über den Haufen."

Nicht genug mit diesen Schwierigkeiten; auch die gerade erläuterten Regeln gestatten Ausnahmen. Nicht daß sie es gern täten, aber die Umgangssprache hat sich so wenig um sie gekümmert, daß sich einige im Grunde falsche Wendungen durchgesetzt haben: der gelernte Handwerker, der gediente Soldat, der geschworene Feind des Kaiserreichs, der verdiente Wissenschaftler.

Aber vergessen Sie bitte nicht: Dies sind und bleiben, zumindest für die nächste Zeit, Ausnahmen; daraus, daß sie zu anerkannten Ausnahmen geworden sind, dürfen Sie nicht den Schluß ziehen, wenn Sie andere, nicht zu eigenschaftswörtlichem Gebrauch zugelassene Mittelwörter nur recht häufig falsch benutzen, würden sie sich das Ausnahmerecht auch erwerben. Wer Wert darauf legt, richtiges Deutsch zu schreiben und mit seinem Wort zu überzeugen, wird sich bemühen, die „sich eingeschlichenen Fehler" auszumerzen und seine schon erarbeiteten Kenntnisse zu vermehren.

5.2.3.2 Ein besonders schwieriger Fall

Greifen wir auf eine spritzige Glosse in der Frankfurter Allgemeinen Zeitung zurück. Sie drehte sich um die Formulierung: „Als Vater von drei Kindern hat Ihr Aufsatz mich besonders verdrossen." Merken Sie's?

Der beabsichtigte Sinn ist klar, aber der ausgedrückte stimmt damit nicht überein. Dem grammatischen Zusammenhalt nach zu urteilen, hat den Briefschreiber ein Aufsatz verdrossen, der Vater von drei Kindern ist, denn das fehlende Geschlechtswort vor „Vater" läßt diesen als im ersten Fall stehend empfinden, wie „Ihr Aufsatz". Er müßte sich indessen auf „mich" beziehen, also den vierten Fall zeigen. Das hätte man so machen können: „Als einen Vater von drei Kindern hat Ihr Aufsatz mich verdrossen." Oder: „Ihr Aufsatz hat mich als Vater von drei Kindern verdrossen." In der zweiten Fassung ist zwar der vierte Fall von „Vater" auch nicht erkennbar, doch macht ihn die Stellung unmittelbar hinter dem Bezugswort „mich" selbstverständlich.

Verallgemeinert: Der Fall einer Beifügung muß in der Regel derselbe sein wie der des Wortes, auf das sie sich bezieht. Bei unserem Vater mit drei Kindern wurde die Beifügung durch „als" an das Bezugswort gebunden; solche Bindungen kann auch durch „wie" erzielt werden oder – und so ist es meistens – durch Nachstellung, wobei dem Nachgestellten stets ein Komma vorausgehen und folgen muß, es sei denn, der Satz ist mit der nachgestellten Beifügung zu Ende, so daß das zweite Komma durch einen Punkt ersetzt wird. Hier ein Beispiel, das den Gebrauch der nachgetragenen Beifügung in den vier Fällen zeigt:

1. Fall: Der Werbeleiter, ein alter Hase, ließ seinen Texter den Brief umschreiben.
2. Fall: Die Meinung des Werbeleiters, eines alten Hasen, war, daß sein Texter den Brief umschreiben müsse.
3. Fall: Dem Werbeleiter, einem alten Hasen, kam der Brief zu forsch vor.
4. Fall: Der Texter fragte seinen Werbeleiter, einen alten Hasen, ob er den Brief umschreiben solle.

Woher kommt es eigentlich, daß Beifügung und Bezugswort im selben Fall stehen müssen? Die Beifügung ist aus einem vollständigen Nebensatz entstanden: „Dem Werbeleiter, der ein alter Hase war, kam der Brief zu forsch vor." Obwohl hier „der Werbeleiter" im dritten Fall steht, tritt das, was beifügend über ihn gesagt wird – „ein alter Hase" – im ersten Fall auf; es kann dies tun, weil der Nebensatz einen eigenen Satzgegenstand hat, nämlich „der", und eine eigene Satzaussage, nämlich „(ein alter Hase) war"; „ein alter Hase" bezieht sich nicht direkt auf „dem Werbeleiter", sondern über die Brücke des bezüglichen Fürwortes. Verkürzt man den Nebensatz, indem man „der" und „war" streicht, so ist „ein alter Hase" gezwungen, den richtigen Anschluß zu „dem Werbeleiter" selbst herzustellen, und das gelingt ihm nur dadurch, daß es sich in dessen Fall setzt: „Dem Werbeleiter, einem alten Hasen, kam der Brief zu forsch vor."

Da wir das Kapitel mit der Frankfurter Allgemeinen Zeitung begonnen haben, wollen wir es auch mit ihr schließen. In derselben Ausgabe, die uns das erste Beispiel und die Kritik daran lieferte, finden wir ein zweites Beispiel: „Als beratende Psychologen sind dem Autor viele Betriebe und viele Personalabteilungen bekannt . . . . " Demnach sind die vielen Betriebe und die vielen Personalabteilungen, die der Autor kennt, beratende Psychologen. Nicht doch, der Autor ist der Psychologe. Gut, dann aber: „Als beratendem Psychologen sind dem Autor viele Betriebe und viele Personalabteilungen bekannt . . . . "

Damit Sie keine falschen Schlüsse ziehen: Glauben Sie nicht, die FAZ schreibe besonders schlechtes Deutsch. Im Gegenteil, sie ist eine der wenigen Zeitungen, die gutes Deutsch schreiben und sich um das Gespräch mit der deutschen Sprache bemühen. Aber von ihr zu verlangen, nun gar keine Fehler zu machen, hieße Unmenschliches verlangen. Dies gilt auch für jede andere Institution und ebenso für jeden einzelnen. In Abwandlung eines Wortes von Karl Kraus läßt sich sagen: „Die Verantwortung der Wortwahl – der schwierigsten, die es geben sollte, der leichtesten, die es gibt –, nicht sie zu haben: das sei keinem Schreibenden zugemutet; doch sie zu erfassen, das ist es, worauf es ankommt und woran man erkennt, ob jemand das Wohl der Sprache oder nur das eigene Prestige im Auge hat."

5.2.3.3 Wegweiser im Dschungel

Die in 5.2.3.1 und 5.2.3.2 besprochenen Fragen sind ein winziger Teil des ganzen Grammatik-Regelwerks unserer Sprache. Unsere Schulgrammatik war dagegen ein beachtliches Stück aus dem Gesamtwerk, aber immer noch nicht . . . noch längst nicht das Ganze.

Der Vergleich zeigt bereits: Es ist nicht möglich, die Grammatik in einem Teilstück dieses Buches unterzubringen. Aber das ist auch gar nicht nötig, denn Bücher dieser Richtung gibt es ja schon.

Band 4 des „Großen Duden" („Grammatik der deutschen Gegenwartssprache") und Band 9 („Hauptschwierigkeiten der deutschen Sprache – Wörterbuch sprachlicher Zweifelsfälle") geben auf alle Grammatikfragen Auskunft. Diese beiden Bücher sollten auf keinem Schreibtisch fehlen. Außerdem steht aus der Duden-Taschenbuchreihe Band 14 „Fehlerfreies Deutsch" („Grammatische Schwierigkeiten verständlich erklärt") zur Verfügung. Besonders empfehle ich Ihnen auch „Gutes Deutsch in allen Lebenslagen" von Edith Hallwaß (Econ Verlag). Die Autorin stellt unsere typischen sprachlichen Zweifelsfragen ebenso gewissenhaft und zuverlässig wie leicht verständlich und praxisnah dar. Ein Schuß Humor macht das Buch zu einer geradezu spannenden Lektüre.

Noch ein Wort zu den beiden vorausgegangenen Kapiteln: Das „gehoffte Wissen" und der „besonders schwierige Fall" stehen nicht zufällig als Stellvertreter für das Ganze. Beim „gehofften Wissen" geht es um eine grammatische Formfrage. Der „besonders schwierige Fall" macht deutlich, daß Grammatikfragen oft zugleich Sinnfragen sind. Sehen Sie den Zusammenhang mit unserem Kapitel „Übereinstimmung zwischen Informationsabsicht und Text" (4.3)?

5.2.4 Sind Stilfragen reine Geschmacksfragen?

Auf diese Titelfrage wird man oft „ja" zur Antwort bekommen. Aber ist die Antwort richtig?

Kann man noch von Geschmacksfragen sprechen, wenn sich nahezu alle Kenner einer Materie, hier die Sprachlehrer, ganz oder weitgehend einig sind? Wohl kaum. Praxiserfahrungen haben zu einer Art Normung, also zu Regeln geführt.

Mit der Stilistik ist es wie mit der Grammatik. Das bekannteste Stilbuch ist die „Stilkunst" von Ludwig Reiners: knapp 800 Seiten! Lesenswert von der ersten bis zur letzten Seite! Wissenswert ist in diesem Zusammenhang: Ludig Reiners war kein Germanist oder Lehrer, sondern im Hauptberuf Textilkaufmann. Und außerdem: Der „Lehrer" Ludwig Reiners befolgt seine eigenen Ratschläge.

In der Duden-Taschenbuch-Reihe finden Sie in Band 7 „Wie schreibt man gutes Deutsch?" einen preiswerten Ratgeber. – Ferner ist das schon erwähnte Buch „Gutes Deutsch in allen Lebenslagen" von Edith Hallwaß zu empfehlen.

Damit Sie aber auch auf dem hier sehr begrenzten Raum nützliche Hinweise erhalten, einige Stilregeln, die – als „Faustregeln" – in die Nähe von Normen gekommen sind:

1. Wählen Sie das treffende Wort!

   Schlecht: „. . . die für einen besseren Schlaf kämpfen"

   Besser: „. . . die für einen besseren Schlaf arbeiten"

   Das Wort „kämpfen" paßt nicht zur Aussage, hier einer Überschrift.

2. Bevorzugen Sie einfache Wörter!

   Schlecht: „Diese Problemstellungen müssen wir noch überprüfen."

   Besser: „Diese Probleme müssen wir noch prüfen."

3. Verzichten Sie auf nichtssagende Beiwörter, gehen Sie mit schmückenden Beiwörtern sparsam um!

   Schlecht: „Ihre gemachten Erfahrungen werden wir außerordentlich zu schätzen wissen."

   Besser: „Ihre Erfahrungen werden wir zu schätzen wissen."

4. Bevorzugen Sie Tätigkeitswörter anstelle von Hauptwörtern mit der Endsilbe „ung", wenn diese Hauptwörter Tätigkeiten ausdrücken sollen!

   Schlecht: „In Erledigung dieses Schadens möchten wir um baldige Übermittlung Ihrer Unterlagen bitten."

   Besser: „Bitte schicken Sie uns Ihre Unterlagen, damit wir den Schaden ausgleichen können."

5. Meiden Sie „Streckkonstruktionen", soweit ihr Sinn auch durch ein Tätigkeitswort darstellbar ist!

   Schlecht: „Die Ware wurde gestern zum Versand gebracht."

   Besser: „Wir haben die Ware gestern abgeschickt."

6. Verzichten Sie auf überflüssige Fremdwörter!

   Schlecht: „Wir bitten Sie, den uns unterlaufenden Fauxpas zu entschuldigen, wären Ihnen jedoch sehr verbunden, wenn Sie die von uns initiierte Konzeption akzeptieren würden."

   Besser: „Bitte entschuldigen Sie unser Versehen. Wir würden uns jedoch freuen, wenn Sie unserer Konzeption zustimmen könnten."

7. Meiden Sie „Papierwörter"!

   Schlecht: „Gegebenenfalls werden wir diesbezüglich auch im Alleingang vorgehen und unsere Meinung hinsichtlich der Übergehung unseres Angebots bei der Vergabe dieser Aufträge insoweit nachdrücklich vertreten."

   Besser: „Sie wissen genau, wie diese Aufträge vergeben und wir übergangen werden. Dazu werden wir notfalls auch ohne Unterstützung nachdrücklich unsere Meinung sagen."

8. Schreiben Sie „der, die, das" statt „welcher, welche, welches", „er, sie, es" statt „derselbe, dieselbe, dasselbe"!

   Schlecht: „Was die fraglichen Informationen anbetrifft, so können wir Ihnen mitteilen, daß der Herr, welcher uns dieselben zur Kenntnis gebracht hat, absolut zuverlässig ist."

Besser: „Was diese Informationen betrifft: Der Herr, der sie uns gegeben hat, ist zuverlässig.“

9. Gehen Sie mit Steigerungsformen sparsam um!

Schlecht: „Hier dürfte die weitreichendste Entwicklung auf diesem außerordentlich zukunftsträchtigen Gebiet durch unsere Forschung gelungen sein und uns auf Jahre eine absolute Spitzenstellung garantieren.“

Besser: „Diese wesentliche Entwicklung auf dem Gebiet der Textautomaten wird uns auf Jahre einen Vorsprung sichern.“

10. Wählen Sie die Leideform nur, wenn der Handelnde für die Aussage keine Rolle spielt oder gar nicht bekannt ist!

Falsch: „Die Versicherungsunterlagen wurden Ihnen von Herrn Wolter am 15.08. eigenhändig übergeben.“

Richtig: „Herr Wolter hat Ihnen die Versicherungsunterlagen am 15.08. gegeben.“

Aber: „Die Messehallen wurden um 9 Uhr geöffnet.“

11. Vermeiden Sie „wenn“ mit „würde“!

Falsch: „Wir würden uns freuen, wenn Sie uns baldmöglichst Ihre Benachrichtigung zukommen lassen würden.“

Richtig: „Wir würden uns freuen, wenn Sie uns so schnell wie möglich benachrichtigten.“

(Noch besser: „Bitte benachrichtigen Sie uns so bald wie möglich!“)

12. Benutzen Sie den Gedankenstrich und den Doppelpunkt als Stilmittel: – aber sparsam!

Schlecht: „Was den 3. Punkt anbetrifft, so sind wir bereit, unter Umständen Zugeständnisse zu machen.“

Besser: „Zu Punkt 3: Wir sind bereit, Zugeständnisse zu machen.“

Schlecht: „Auch diese Frage, welche eine entscheidende Frage für uns ist, konnte man uns nicht beantworten.“

Besser: „Auch diese Frage – eine entscheidende Frage für uns – konnte man nicht beantworten.“

13. Unterbrechen Sie die Eintönigkeit gleichartiger Sätze!

Schlecht: „Wir haben Ihre Nachricht noch rechtzeitig erhalten. Unser Techniker ist noch am Mittwoch zum Kunden gefahren.

Er konnte den Schaden ohne Schwierigkeiten beheben. Ein Wiederauftreten des Fehlers ist nicht zu erwarten. Wir wären Ihnen für Ihre Mitteilung sehr verbunden, ob diese Angelegenheit damit für Sie erledigt ist."

Besser: „Wir haben Ihre Nachricht so rechtzeitig erhalten, daß unser Techniker noch am Mittwoch zum Kunden fahren und den Schaden beheben konnte. Es ist nicht zu erwarten, daß der Fehler noch einmal auftritt. Ist die Sache damit für Sie erledigt?"

14. Schreiben Sie konkret, nicht abstrakt!
Beispiel: s. 15!

15. Schreiben Sie anschaulich und lebendig!

Schlecht: „Der Verein ist eine auf die Dauer berechnete Verbindung einer größeren Anzahl von Personen zur Erreichung eines gemeinsamen Zweckes, die nach ihrer Satzung körperschaftlich organisiert ist, einen Gesamtnamen führt und auf einen wechselnden Mitgliederbestand angelegt ist."

Besser: „Was ist ein Verein? Die körperschaftliche Organisation von Menschen, die zu einem bestimmten Zweck dauerhaft zusammenarbeiten wollen. Der Verein muß einen Namen haben. Die Mitglieder können wechseln."

Jeder weiß: wer sportlich gut in Form bleiben will, muß seinen Sport ausüben und außerdem trainieren. Ähnliches gilt auch für den, der gut formulieren will. Er muß diesen geistigen „Sport" fleißig ausüben (das tun wir im Beruf reichlich), und er muß sich auch immer wieder – man könnte sagen „trainierend" – mit Stilfragen beschäftigen.

Sie haben zum Glück täglich bei Ihrer Arbeit Gelegenheit auch dazu. Sehen Sie sich wenigstens einmal am Tag einen Text, einen eigenen oder einen fremden, kritisch an! Prüfen Sie, ob er Verstöße gegen die Normen enthält, vor allem gegen Grammatik- und Stilregeln! Geben Sie sich Antwort auf die Frage, ob er leicht verständlich ist und ob die gedanklich-sprachliche Kodierung gelungen ist! Eine Anleitung, wie Sie schnell bestimmte Fehler und Schwächen kennzeichnen können, erhalten Sie in Kapitel 7.

Damit Sie aber nicht immer nur im Kreis Ihrer vertrauten Gedanken umherlaufen, sollten Sie von Zeit zu Zeit auch für Anregungen von draußen sorgen. Besonders zu empfehlen sind zwei Sprachzeitschriften. „Der Sprachdienst" befaßt sich umfassend mit unserer Gegenwartssprache. Bezug durch die Gesellschaft für deutsche Sprache in Wiesbaden. Mitglieder der Gesellschaft erhalten die Zeitschrift als Teil der Vereinsleistung. Die andere Zeitschrift heißt „Die Korrespondenz". Bezug durch den Hans Holzmann Verlag in Bad Wörishofen. Wie der

Name sagt, hat sich diese Zeitschrift auf die „Sprache im Berufsleben" konzentriert, als deren wichtigster und umfangreichster Teil der Schriftverkehr anzusehen ist.

5.3 Wie sag' ich's meinem Leser?

„Ich habe doch gesagt, daß ich es tue", brummt der Teenager verärgert vor sich hin. „Der Ton macht die Musik", erwidert die Mutter.

So ist das auch in der Geschäftskorrespondenz: Es kommt nicht allein auf das Was, sondern auch auf das Wie an. Oder habe ich vielleicht einen guten Brief formuliert, wenn ich jemandem klar, leicht verständlich, in korrekter Form und in flüssigem Stil einige Unverschämtheiten an den Kopf werfe, ihn belehrend abkanzle oder ihm ironisch Vorwürfe mache?

Hierher gehört auch die Frage: Will ich mich aufspielen, will ich imponieren, will ich rechtbehalten – oder: Erfolg haben?

Die Antwort ist eindeutig: Im Privatleben darf ich mit meinen Partnern korrespondieren, wie es mir beliebt; im Berufsleben habe ich – als Beauftragter meines Arbeitgebers – vor allem dafür zu sorgen, daß die gesteckten Ziele erreicht werden. Selbständigen braucht man das gar nicht erst zu sagen; sie wissen es aus täglicher Erfahrung, weil ihre Existenzsicherung wesentlich direkter an den Erfolg geknüpft ist.

In diesem Kapitel habe ich die wichtigsten Fehler in knapper Form zusammengestellt. Bitte unterbrechen Sie das Lesen nach jedem Punkt, und fragen Sie sich: Wie sehen meine Texte in dieser Beziehung aus?

5.3.1 Anonym mit Unterschrift

Unter vielen Briefen steht eine Unterschrift, die kaum einer entziffern kann. Und im Brief finden wir, zum Beispiel:

„Die Lieferung erfolgt in der zweiten Hälfte August."

„Der vorgenannte Entschädigungsbetrag wird Ihnen mittels des beigefügten Verrechnungsschecks ausgezahlt, so daß der Schaden seine Erledigung gefunden hat."

„Dementsprechend wird der obige Vertrag zur Aufhebung gebracht."

„Es ist ein Grundsatz unseres Hauses, keine längerfristigen Bindungen dieser Art einzugehen."

„Die einzelnen Arbeitsgänge des Walzprozesses gestalten sich in ihrer Durchführung wie folgt:"

„Es wird gebeten, dem Staatsministerium für .... Einzelheiten hierzu mitzuteilen."

„Das ... Staatsministerium der ... wäre dankbar, wenn Sie 10 Exemplare davon übersenden könnten."

Mehr Unpersönlichkeit ist kaum denkbar. Alles erfolgt und wird gemacht. Nur wer es tut, erfährt der Leser nicht. Oder aber er wird von einer Institution statt von einem Menschen angesprochen. Dazu kommen Papierausdrücke und Papierstil, die den Eindruck des Anonymen, „rein Verwaltungsmäßigen", noch verstärken.

Daß es auch anders geht, beweisen einige Behörden in einer Form, die wiederum in der sonst fortschrittlichen Wirtschaft selten ist:

„Ich bedanke mich für ... " schreibt zum Beispiel ein Beauftragter des Oberstadtdirektors der Stadt Aachen. Vielleicht weil dort der „Orden wider den tierischen Ernst" verliehen wird?

Es mag sein, daß auch eine alte Regel einer alten Korrespondenztradition mithilft, unpersönlich zu formulieren: Man darf sich nicht durch „wir" oder gar „ich" in den Vordergrund stellen! In dieser Form ist die Regel ganz brauchbar, denn ein Brief, in dem jeder zweite Satz mit „wir" anfängt, fördert beim Leser das Gefühl, der andere denke nur an sich, nie an seinen Partner. Wenn aus der vernünftigen Regel allerdings die Forderung abgeleitet wird, man dürfe in einem Geschäftsbrief nie „wir" oder „ich" sagen, so wird aus Sinn Unsinn.

Sagen Sie getrost „wir" und „ich", auch am Anfang! Wir vertreten unsere Sache, wir und nicht Ämter und Firmen, die ohne uns Menschen leblose Gebilde sind. Allerdings, wie schon angedeutet: Achten Sie darauf, daß nicht der Schreiber, sondern der Empfänger im Vordergrund steht!

5.3.2 Belehrungsversuche am falschen Platz

Unsere Erzieher haben uns belehrt, als wir Kinder und Jugendliche waren, als wir „noch nicht fertig", noch nicht voll anerkannt waren, als wir noch zu gehorchen hatten. Aus dieser Zeit haben die meisten von uns eine heftige Abneigung gegen jegliche Belehrung ins Erwachsenendasein mitgenommen. Und das ergibt: Eine der besten Chancen, erfolglos zu bleiben, bieten uns Belehrungsversuche.

Schopenhauer sagt: „Was für ein Neuling ist doch der, welcher wähnt, Geist und Verstand zu zeigen wäre ein Mittel, sich in Gesellschaft beliebt zu machen!" – „Auf keine Vorzüge aber ist der Mensch so stolz wie auf die geistigen: beruht doch nur auf ihnen sein Vorrang vor den Tieren. Ihm entschiedene Überlegenheit in dieser Hinsicht vorzuhalten und noch dazu vor Zeugen, ist daher die größte Verwegenheit."

Ein Textbeispiel:

„Für Ihr Fahrzeug besteht bekanntlich eine Teilkaskoversicherung welche u.a. sämtliche Glasbruchschäden deckt. Wenn wir Ihnen angesichts dessen anheimgestellt haben, uns nach erfolgter Reparatur die Kostenrechnung einzureichen, so konnte das nichts anderes bedeuten, als daß wir für die Kosten aufkommen werden. – Wir hoffen, Ihnen mit diesen Angaben nunmehr gedient zu haben und begrüßen Sie mit vorzüglicher Hochachtung“

„Bekanntlich“, „so konnte das nichts anderes bedeuten als“ (nur du Esel hast es nicht kapiert!), „nunmehr gedient zu haben“: Der Empfänger mag ja manches nicht gleich verstehen, aber daß der Schreiber ihn nicht nur belehrt, sondern auch für einen Trottel hält, das bleibt ihm bestimmt nicht verborgen. Ist es sinnvoll, so mit seinen Lesern umzuspringen, mit Lesern, von denen man etwas will, die Kunden sind?

Am Rande sei bemerkt: Die unangebrachte Belehrung, dazu Formulierungen wie „angesicht dessen anheimgestellt“, „nach erfolgter Reparatur“, „begrüßen wir Sie“ (am Schluß!), das alles weist den Absender auch nicht gerade als Geisteshelden aus.

Belehrung muß manchmal sein; wir haben dem Partner etwas zu sagen, was er nicht weiß, ihm etwas zu erklären, was er ohne Erklärung nicht versteht. Aber – Belehrung sollte nicht im Kleid der Belehrung auftreten. Sie meinen, das sei schwierig? – Nein, so schwierig ist das gar nicht. Meistens genügt es, einfach sachlich zu bleiben.

„Da die Teilkaskoversicherung für Ihr Fahrzeug auch alle Glasbruchschäden deckt, werden wir die Reparaturkosten übernehmen. Bitte schicken Sie uns die Rechnung, Sie erhalten dann sofort ihr Geld.“

Man darf sogar noch dazuschreiben: „Wenn wir uns in unserem Brief vom . . . . nicht klar genug ausgedrückt haben: bitte entschuldigen Sie es!“ Selbst wenn der andere wirklich ein Trottel ist!

5.3.3 Wer droht, züchtet Trotz

Wer wütend ist, droht gern, oft mit dem Gericht, meistens, wenn es um Geld geht. Ist das zweckmäßig? Zahlt der andere seine Schulden dann schneller?

Wenn er kann, vielleicht. Aber als Kunden habe ich ihn ein für allemal verloren. Denn wer läßt sich ungestraft drohen, falls ihm eine wirksame Strafe einfällt?

Natürlich, wenn einer nach der dritten oder vierten Mahnung noch keine Anstalten macht zu zahlen, bleibt uns nur der Weg zum Gericht übrig. Und damit der säumige Partner sich keinen falschen Vorstellungen hingibt, ist es auch richtig, ihm das zu sagen. Aber – sagen wir es ihm sachlich.

Nicht so:

„Nachdem Sie die letzte von mir gesetzte Zahlungsfrist zu meinem größten Erstaunen wiederum unbeachtet gelassen haben, sehe ich mich nunmehr gezwungen, drastische Maßnahmen gegen Sie zu ergreifen. Nur diese Sprache scheinen Sie ja zu verstehen. Sie dürfen sicher sein, daß ich mit allen erdenklichen Mitteln gerichtlich gegen Sie vorgehen werde, um zu meinem Recht zu kommen. Die dadurch entstehenden Kosten, die natürlich vollständig zu Ihren Lasten gehen, werden unter Umständen ein Vielfaches der geschuldeten Summe ausmachen. Aber dies haben Sie sich in jedem Fall selbst zuzuschreiben."

Sondern, zum Beispiel, so:

„Die letzte Zahlungsfrist ist verstrichen. Bitte rufen Sie mich gleich an, damit wir einen vernünftigen Ausweg vereinbaren können. Wenn ich bis zum 12.10. nichts von Ihnen höre, muß ich den in solchen Fällen üblichen Weg gehen."

Die Moral von der Geschicht'? Jürgen von Manger würde sie vielleicht ungefähr so ausdrücken:

Wenn Se mal so richtig schön zu Gange sind und Ihrem Gegner also . . dem Geschäftsfreund, woll'n wir mal sagen, da 'n Ding verpassen möchten, zum Beispiel weil der Ihnen irgendwas vermasselt hat . . . keine Moneten rausrückt oder so . . . in derartigen Augenblicke kommt dann also die „Korrespondenz" und sagt: „Halt stop, mein lieber Schwan, so geht das nicht, das kannste nich machen. Mensch, bleibe sachlich!" Sagt die.

Da biste aber vonne Socken, woll? Erst kein Geld kassieren, und denn nich mal aufe Pauke hauen! Das is vielleicht . . . . Na ja, wenn Se sich solch eine Angelegenheit da aber mal hinterher überlegen . . ganz in Ruhe, nach'n Dienst vielleicht . . . . eigentlich haben die Leute gar nich mal so unrecht: Von Schimpferei . . . . ich meine, das macht den Piesepampel bei der andern Firma auch nich gerade willfähriger gegenüber Ihre Wünsche . . . . oder geneichter, könnte man sagen.

Wenn Se dem aber so ganz höflich, als wenn überhaupt nix vorgefallen wäre, die Frage stellen, ob er nich jetzt mal langsam berappen will . . . . da wird der direkt hellhörig . . . . na, kann ja sein . . . . Einsicht is 'ne schöne Tugend, woll?

(Könnte er gesagt haben . . . . Ährlich!)

5.3.4 Es lohnt sich nicht, gegen die Etikette zu verstoßen

Manche „Benimm"-Regeln sind sinnvoll, manche erscheinen uns albern oder veraltet. Die Frage ist, ob wir uns im Berufsleben mehr an unsere Vorstellungen oder mehr an das Übliche halten sollten? Wenn wir andere in unserem Sinn beeinflussen wollen, ist das keine Frage. Es ist gefährlich, die Etikette zu mißachten.

Wer sich an die Regeln halten will, muß sie kennen. Das ist nicht einfach. Es gibt viele, zu viele solcher Regeln. Da hilft nur eins: Im Schreibtisch sollte ein Nachschlagwerk liegen. Für Firmen, zum Beispiel Versicherungen, ist es unerläßlich, einen vollständigen und zuverlässigen Anredenkatalog zu haben. Wie redet man einen Baron an, einen Medizinalrat, der einen Doktortitel hat, den Rektor einer Universität, einen Erzbischof, einen Direktor, einen Diplom-Ingenieur, einen Minister, einen hohen Offizier?

Bitte tun Sie diese „Äußerlichkeiten" nicht als Nebensache ab! Von einer falschen Anrede, von einem übersehenen Doktortitel kann das Korrespondenzklima, kann sogar ein Geschäft abhängen. Es hat keinen Sinn, gegen irgendwelche Etikettevorschriften um jeden Preis modern oder progressiv zu sein.

In diesem Zusammenhang wird oft gefragt, ob man diese stereotypen Anreden und Grußformeln denn nicht einmal durch etwas Neues, etwas Frisches ersetzen könne. Man kann schon. „Guten Tag" statt „Sehr geehrter Herr . . . " ist ein häufig zu hörender Vorschlag. Warum eigentlich nicht!? Aber – es ist ein Risiko. Nicht gerade wenige Menschen wollen nicht irgendeine, sondern d i e , die vereinbarte Form gewahrt wissen. Nichts gegen Versuche! Doch sie sollten gut überlegt, das Risiko sollte abschätzbar sein.

5.3.5 Gönner sind unbeliebt

„Ausnahmsweise gewähren wir Ihnen in diesem Fall einen Sondernachlaß von 2 %."

Lassen Sie sich gern etwas „gewähren"? Vielleicht sogar, falls Sie Sekretärin sind, einen „Hausarbeitstag", der Ihnen zusteht?

Dieses kleine Wort „gewähren" macht besonders deutlich, worauf es uns ankommen muß: Nie den Eindruck erwecken, als behandele man den Partner „gnädig", worauf er pflichtschuldigst Dankbezeugungen zu äußern hat. Selbst wenn er es tut – womöglich aus einer Zwangslage heraus –, gern tut er es nicht; er wird sich dafür revanchieren.

„Obwohl wir grundsätzlich der Meinung sind, daß durch die ausgesprochene vorzeitige Kündigung auch die Provisionsansprüche des Herrn

Wildemann erloschen sind, sind wir im vorliegenden Fall ausnahmsweise bereit, ihm die lfd. Provision zu gewähren."

Wieder das scheinbar unvermeidliche „gewähren". Im übrigen ist man grundsätzlich der Meinung und im vorliegenden Fall ausnahmsweise bereit. Dieser Satz klingt nicht nur wiederum gönnerhaft, für den Hellhörigen enthält er noch ein anderes Element, nämlich den Ausdruck einer Unsicherheit. Man spürt geradezu, daß sich der Schreiber seiner Sache gar nicht so sicher ist, wie er tut.

Machen Sie es sich bitte zur Regel: Selbst bei freiwilligen Zugeständnissen sachlich formulieren, nicht gönnerhaft! Wer als Gönner „Geschenke" verteilt, entwertet sie.

Eine sachliche Formulierung für unseren Beispieltext: „Obwohl Herrn Wildemann infolge der vorzeitigen Kündigung keine Provision mehr zusteht, wollen wir uns so verhalten, als wenn er fristgerecht gekündigt hätte: damit eine gute Zusammenarbeit auch kollegial beendet wird."

Dicht neben dem Gönnerton liegt der Ton der Herablassung; er ist ebenso gefährlich.

„Wir dürfen annehmen, daß alle künftigen Regulierungen Ihnen entsprechend den getroffenen Vereinbarungen möglich sein werden, und grüßen Sie . . . "

Woher weiß er, daß er annehmen darf? Anmaßung! Diesen Ton lieben kleine Firmen an großen Firmen ganz besonders.

Es mag stimmen, daß Gönnergeschenke meistens angenommen und Herablassungsäußerungen meistens still geschluckt werden: aber unbeliebt macht man sich damit bestimmt.

5.3.6 Wer imponieren will, hat's nötig

Wer sich der 30er Jahre erinnert, weiß, wie großartig man damals zu imponieren wußte. „Die Garanten der Zukunft besichtigen die heimische Flora." In Normalverbraucherdeutsch: „Kinder pflücken Gänseblümchen."

Aber auch unsere Zeit braucht sich nicht zu verstecken.

„Werbung ist eine Beeinflussungsform, die durch planmäßige Mittelanwendung veranlassen will zum selbstgewollten Aufnehmen, Erfüllen und Weiterpflanzen des von ihr dargebotenen Zwecks."

Wenn das stimmt und wenn das nicht Haschen nach Wind ist, will ich den berühmten Besen fressen.

„Das gesellschaftspolitische Problem von morgen ist es, daß es uns in Deutschland gelingt, nicht in einer Vereinseitigung der Anwendung unserer Industrien nichts anderes zu sein und zu werden als ein hochentwickelter Industriestaat mit den modernsten Apparaturen, sondern daß wir uns daneben als einen echten, gesellschaftspolitischen, als einen menschlichen, als einen seelischen und sittlichen Wert auch das erhalten, was gerade den schönsten und reifsten Ausdruck in der handwerklichen, in der künstlerischen Arbeit findet . . . . "

Unserer frührerer Wirtschaftsminister hatte ja so recht, und er war mit dieser Überzeugung seiner Zeit um soviel voraus: aber mußte er das Richtige so pompös ausdrücken? Allerdings, ohne diese Verpackung wäre der Satz wohl kaum in das Informationsblatt einer Werbeagentur geraten, die große Worte liebte.

„In ihrer geistvoll kontrastierten Mischung köstlicher Tabake weit auseinanderliegender Gebiete stecken neue Rauchvergnügen einer weiten . . . einer großen . . . einer begeisternden Welt!" Um mit einem Imponiersatz zu antworten: „Ich glaube, ich stehe in der Weser!"

Und wie finden Sie das: „Die sachliche Schönheit moderner Hochhäuser und Brücken verleiht großen Städten die Silhouette unserer Zeit."

Wohin man blickt, dieser fatale Hang zum „höheren Niveau". Denkmäler und Girlanden. Das wirkt bis in die letzte Fachinformation fort: „Beim Druck auf automatischen Filmdruckmaschinen gestaltet sich das Arbeiten mit Emulsionsverdickungen besonders vorteilhaft."
Es gestaltet sich . . .

Eine Spielart dieses sprachlichen Imponiergehabes ist der Umgangsjargon.

Ein Reporter im Gespräch mit einem Politiker: „Es gibt noch andere Abkommen, die in der Mache sind."

Und im Büro heißt es: „Ist Ihnen das schon aufgestoßen?" Oder: „Den werde ich mir mal zur Brust nehmen."

Solange dergleichen nicht in die Schriftsprache eindringt, darf man großzügig sein. Manche Imponiersprüche, wie „Arbeit ist nur durch Erfolg entschuldbar", mögen sogar reizvoll und auflockernd sein, vor allem, wenn sie durchblicken lassen, daß sich der Sprecher zugleich selbst ein bißchen auf den Arm nimmt. Aber man darf des Guten nicht zuviel tun und muß außerdem immer wieder abschätzen, ob die Situation den Jargon verträgt.

Ist Ihnen der „Clown" sympathisch, der ein Zitat nach dem anderen „drauf hat"? Wohl kaum. Unser neudeutscher Bürojargon ist dieselbe Angeberei mit anderen Mitteln. In Grenzen und am richtigen Platz eine Bereicherung, als Dauergerede unerträglich! „Gehen Sie mit dieser Idee im Prinzip einig?"

5.3.7 Die gefährliche Waffe der Ironie

Die Ironie hat viele Gesichter und Absichten. Wenn ein Philosoph über einen anderen sagt „Sein Fleiß und mein Kopf, das gäbe einen Philosophen!", so muß man das wohl als ebenso geistvoll wie bissig nennen. Und sicherlich hat dieser bissige Philosoph die Ironie als Angriffswaffe verwendet. Ein anderer, einer, der sich in einer ohnmächtigen Position befindet und erkennt, hat in der Ironie vielleicht die einzige Waffe seiner Verteidigung. Im Extremfall kann es notwendig sein, diese Waffe so geschickt zu führen, daß sie den Gegnern gar nicht oder zunächst gar nicht ins Blickfeld gerät. Nach Karl Kraus: Was der Zensor versteht, wird zu Recht verboten.

Wer die Ironie einsetzt, muß sich darüber im klaren sein, daß er sich auf einem schmalen Grat bewegt.

Auf eine Gratwanderung sollte man sich jedoch nie einlassen, wenn man geschäftliche Mitteilungen formuliert. Gewinn kann das nicht bringen, Verlust aber höchstwahrscheinlich.

„Damit wir zu Ihrem Ersatzanspruch abschließend Stellung nehmen können, dürfen wir Sie wohl bitten, uns noch die nachstehenden Fragen zu beantworten."

Warum „Dürfen wir Sie wohl bitten"? Warum nicht schlicht „bitten wir Sie"? Was soll der ironische Unterton?

Das Schlimmste an der Geschichte: Vermutlich sind viele ironische Wendungen dieser Art gar nicht einmal ironisch gemeint. Bestimmte Formulierungen, vor allem mit „dürfen", scheinen in den Köpfen so fest verankert zu sein, daß man kaum noch an ihnen vorbeikommt.

Wenn ich jemandem schreibe „Es dürfte Ihnen seit langem bekannt sein, daß wir uns strikt neutral verhalten", dann ist die darin anklingende bissige Ironie beabsichtigt. Habe ich eine solche Formulierung gut überlegt und mich für sie entschieden – in Ordnung. Hier und da kann sie durchaus zweckmäßig oder zumindest nicht schädlich sein. Im großen und ganzen aber gilt: die Ironie ist eine zweischneidige Waffe; wer sie leichtfertig benutzt, kann sich dabei leicht selbst Schaden zufügen.

5.3.8 Wer sich langweilt, liest, ohne zu denken

Eintönigkeit ist ein Todfeind des Wirkungsstils. Unsere Stilregel 13 unter „5.2.4 Sind Stilfragen wirklich Geschmacksfragen?" lautete: „Unterbrechen Sie die Eintönigkeit gleichartiger Sätze!" Ob Sätze sehr lang oder sehr kurz sind, ob es lauter Aussagesätze sind, ob eine Fragesatz- oder Ausrufesatzkette zu lang ist: Gleichartigkeit ermüdet. Und oft fragt sich der Empfänger erstaunt: Was habe ich da nun eigentlich gelesen? In dem Sinn von verstanden und behalten!

Die Gefahr, monoton zu schreiben, besteht besonders stark beim Formulieren von Geschäftsbriefen. Man hat Tatsachen festzustellen; das macht man mit Aussagesätzen. Aber nur Aussagesätze? Eben sie, so können wir immer wieder feststellen, verbreiten doch diese beklagte Langeweile.

Wir brauchen nicht in eine gespreizte oder gaghafte Schreibweise zu verfallen, um diesem Übel zu entgehen. Es genügt, einige Auflockerungsmittel dort, wo sie angebracht sind, auch einzusetzen. Über Gedankenstriche und Doppelpunkte – diese vielseitigen Helfer – haben wir schon gesprochen: sie bringen den Leser aus dem Gleichschritt, verursachen Rhythmuswechsel und damit Abwechslung. Ein anderes „natürliches" Mittel: Drücken Sie Fragen nicht durch Aussagesätze aus!

„Wir wären Ihnen sehr verbunden, wenn Sie uns mitteilen würden, ob Sie mit unserem Vorschlag einiggehen."

Die Aussage enthält doch eine Frage. Warum fragen wir nicht direkt?

„Stimmen Sie unserem Vorschlag zu?"

„Der Textautomat, für den wir uns entscheiden möchten, ist zweifellos ein gutes Gerät. Die Frage ist nur, ob er gerade für unsere Aufgabengebiete geeignet ist. Es ist schwierig für uns, das eindeutig herauszufinden. Wir erhoffen uns, daß Sie uns bei der Klärung dieser Frage behilflich sein können."

In diesem Textstück sind mehrere Fragen enthalten, aber kein Fragesatz mit einem Fragezeichen. Warum nicht? Es geht auch so:

„Der Textautomat, für den wir uns entscheiden möchten, gehört zweifellos zu den guten Geräten. Aber ist er auch gerade für unsere Aufgaben geeignet? Uns fehlt die Erfahrung, das eindeutig zu beurteilen. Können Sie uns helfen?"

Noch einmal die Frage: Warum nicht? Es gibt Korrespondenten, die der Meinung sind, ein richtiger Fragesatz mit einem Fragezeichen am Ende habe in einem seriösen Geschäftsbrief nichts zu suchen. Woher diese Meinung kommt: ich weiß es nicht. Bestimmt nicht von den Korrespondenten selbst. Irgendwo muß man es ihnen gesagt haben. Oder, was noch wahrscheinlicher ist: sie haben die Praxis des fragesatzlosen Formulierens so gründlich in sich aufgenommen, daß sich die entsprechende Regel zwangsläufig in ihrem Kopf entwickeln mußte.

Sagt man solchen Mitarbeitern, daß ihre Meinung nicht zutreffe, daß sie jederzeit Fragesätze schreiben dürften, wenn sie etwas zu fragen hätten, antworten sie meistens ungefähr: „Das ist ja auch eigentlich ganz vernünftig."

Zusammengefaßt: Benutzen Sie mehr Stilmittel, als allgemein üblich sind, vom Gedankenstrich über den Doppelpunkt bis zum direkten Fragesatz! Sie beleben den Text, sprechen ihren Partner unmittelbarer an, wie im Gespräch, sie verhindern, daß er beim Lesen Ihrer Informationen mehr oder weniger „abschaltet". Werden Sie dieser Empfehlung von diesem Augenblick an folgen? Ich wünsche es Ihnen – und Ihren Lesern.

5.3.9 Sagen Sie es positiv!

Gute Ratschläge geben ist oft leicht, sie beherzigen schwer. Aber nicht zu schwer!

Wie ist die Lage? Wir müssen unseren Partnern oft negative Auskünfte geben, ihnen Unangenehmes sagen. Das läßt sich nicht leugnen, wir können uns nicht davor drücken. Wenn einer nicht zahlt, müssen wir mahnen. Wer etwas von uns will, was wir nicht geben können, dürfen oder wollen, ist vor einer Absage nicht zu bewahren. Es geht also nur um das Wie.

„Wir bestätigen dankend den uns erteilten Auftrag über 140 kg PV, den wir jedoch leider nicht zur Ausführung bringen konnten, da hierfür unser Verkaufsbüro in Freiburg zuständig ist. Wir bitten Sie daher, sich dorthin zu wenden, so daß die Bestellung schnellstens ab dem entsprechenden Lager erledigt werden kann."

Man lehnt ab und mutet dem anderen zu, noch einmal zu versuchen, die gewünschte Ware zu erhalten. Ob er das tut? Vielleicht hat ihm die Art und Weise der Abwicklung die Lust genommen.

Wie kann man nur einen Auftrag, den man schon in der Tasche hat, leichtfertig zurückgeben? Die Darstellung des Sachverhalts ist nicht nur negativ, sie ist auch noch inhaltlich falsch – vorausgesetzt, man möchte Geschäfte machen. Die Auskunft sollte einfach lauten:

„Ihren Auftrag über 140 kg PV – vielen Dank! – haben wir an unser zuständiges Verkaufsbüro in Freiburg weitergeleitet. Er wird dort so schnell wie möglich bearbeitet."

„Nach Durchsicht unserer Produktenliste haben wir leider festgestellt, daß Sie bis 30.09. lediglich 10 t dieses Erzeugnisses von uns bezogen haben. Wir wären Ihnen sehr verbunden, wenn Sie anhand des in der Anlage beigefügten Informationsblattes einmal überprüfen würden, ob sich nicht auch bei Ihnen erweiterte Einsatzmöglichkeiten finden lassen. Wir sehen Ihrem Kommentar mit großem Interesse entgegen und begrüßen Sie . . . "

Zuerst ein paar Anmerkungen: Hat man n a c h Durchsicht der Produktliste festgestellt? Tut es einem leid, daß man die Tatsache festgestellt hat? – Welche Schwächen entdecken Sie außerdem?

Zur Hauptsache: Man möchte den Partner zu verstärktem Kauf bewegen. Um das zu erreichen, wirft man ihm vor, freundlich natürlich, daß er nicht mehr bezogen hat, und erwartet dann von ihm, daß er sich Gedanken darüber macht, wie er den Umsatz des Absenders erhöhen kann. Ist das sinnvoll? Oder ist die folgende Formulierung nicht angemessener und – erfolgversprechender?

„Sie beziehen XY schon seit Jahren und haben gute Erfahrungen damit gemacht. Als wir jetzt unsere Anwendbarkeitsliste durchsahen, kam uns der Gedanke: Können Sie dieses Produkt nicht auch für ..... einsetzen? Wir fügen ein Informationsblatt bei, in dem alle Einsatzmöglichkeiten von XY beschrieben sind."

Das ist ja ein ganz anderer Text? Richtig. Wer negative Formulierungen vermeiden möchte, muß nachdenken.

„Wir verweisen hiermit auf unser Schreiben vom 11.1. ds. J., in welchem wir bereits schon die Ansicht widerlegt haben, daß die festgestellten Oberflächenfehler infolge mangelhafter Beschaffenheit unseres Produkts entstanden sein sollen. Vielmehr betonen wir, daß unseres Erachtens nach allein eine unsachgemäße Verarbeitung hierfür verantwortlich sein kann.

Ihr jetziger Brief ist nur eine Wiederholung der alten, schon vorgetragenen Argumente. Wenn wir keine weiteren Nachrichten in dieser Angelegenheit von Ihnen erhalten, so betrachten wir die Sache somit als erledigt.

Ihren weiteren Aufträgen sehen wir gern entgegen und verbleiben inzwischen .... "

Am Ende eines so negativen Briefes zu sagen, daß man weiteren Aufträgen gern entgegensehe, ist schon eine überdurchschnittliche Fehlleistung. Wie läßt sich der Sachverhalt weniger negativ formulieren?

„Wir sind nach wie vor der Überzeugung, daß die Oberflächenfehler nur durch die Art der Verarbeitung entstanden sein können. Es geht uns nicht darum, unbedingt rechtzubehalten. Aber was wäre gewonnen, wenn wir jetzt gegen unsere fachlich begründete Meinung sprächen und Sie wie wir in Kürze vor demselben Problem stünden?

Bitte überprüfen Sie den Verarbeitungsweg noch einmal so, wie wir es in unserem Brief vom 11. Januar vorgeschlagen haben. Wir werden zugleich mit unseren Anwendungstechnikern diskutieren, ob irgendeine andere Ursache denkbar ist. Bitte informieren Sie uns, sobald Ihre Untersuchung abgeschlossen ist. Vielen Dank."

Zum Abschluß zwei Beispiele aus der Leidensgeschichte des Mahnwesens:

„1. Mahnung – unsere Rechnung Nr. 3486

Sehr geehrter Herr Friedemann,
nach Durchsicht unserer Bücher stellen wir fest, daß die obengenannte Rechnung bereits überfällig ist. Wir bitten Sie, den entsprechenden Betrag nun umgehend auf eins unserer Konten zu überweisen.
Mit freundlicher Empfehlung"

„3. Mahnung – Unsere Rechnung Nr. 3486
Sehr geehrter Herr Friedemann,
nachdem Sie auch unsere zweite Mahnung unbeantwortet gelassen und den seit langem überfälligen Betrag in Höhe von 480,30 DM bis heute nicht überwiesen haben, sehen wir uns gezwungen, Ihnen eine letzte Frist zu setzen. Sollten Sie bis zum 26.04.76 nicht zahlen, werden wir den Erlaß eines Zahlungsbefehls gegen Sie beantragen. Es ist in Ihrem eigensten Interesse, die zusätzlichen Kosten, die mit einer gerichtlichen Maßnahme verbunden sind, zu vermeiden.
Hochachtungsvoll"

Inhaltlich genauso deutlich und entschieden sind die folgenden Formulierungen:

„Sehr geehrter Herr Friedemann,
mit diesem Brief senden wir Ihnen eine Kopie unserer Rechnung 3486; offenbar ist der Fälligkeitstag in Ihrer Buchhaltung übersehen worden.
Mit freundlichem Gruß"

„Sehr geehrter Herr Friedemann,
Sie hatten sicherlich wichtige Gründe dafür, unsere Rechnung 3486 trotz zweier Erinnerungen nicht zu begleichen. Wir als Geschäftsleute wissen, daß man nicht immer so kann, wie man möchte; wir wissen auch, daß Versäumnisse in den besten Häusern vorkommen können.

Entscheidend dabei ist nur, daß man sich schnell verständigt. Da wir auf unsere Briefe keine Antwort erhalten haben, sind wir unsicher, können wir nichts mit Ihnen vereinbaren. Wenn die 480,30 DM bis zum 26.04.76 nicht auf unserem Konto eingegangen sind und wir auch nichts von Ihnen gehört haben müssen wir unsere Rechnung auf den in solchen Fällen üblichen Weg schicken.

Bitte setzen Sie sich schnell mit uns in Verbindung!

Freundliche Grüße"

Sagen Sie es positiv! Sagen Sie es so wenig negativ wie möglich!

5.3.10 Papierdeutsch ist zäh

Der Begriff „Papierdeutsch“ umfaßt alle „büromäßigen“ Ausdrucksweisen, ob sie nun in einem Wirtschaftsunternehmen oder in einer Behörde gepflegt werden.

Woran erkennt man Papierdeutsch? Fragen Sie sich, ob man das, was Sie auf Papierdeutschqualität prüfen wollen, auch im zwanglosen Gespräch benutzt. Ist das nicht der Fall, haben Sie es höchstwahrscheinlich mit Papierdeutsch zu tun.

Das Eigenschaftswort „zwanglos“ habe ich bewußt vor „Gespräch“ gesetzt. Denn mehr und mehr ist zu beobachten: Bei Leuten, die Papierdeutsch schreiben, sickert diese Sprache nach und nach auch in ihr Rededeutsch ein; sie benutzen es vor allem im Büro, im Amt, oft auch noch kurz nach Verlassen ihres Arbeitsplatzes. Schlechtes Deutsch nistet sich eben ein.

Allerdings, spätestens am häuslichen Herd ist der Spuk beendet; dort wirkt die Papierdeutsch-Pracht nicht mehr prächtig, sondern albern. „Ich wäre dir sehr verbunden, wenn du mir mitteilen wolltest, ob du hinsichtlich der Erziehung unseres Sohnes Franz-Dieter mit mir einiggehst.“ – Wer sagt so etwas schon!

Eine kleine Zusammenstellung typischer Papierdeutschwendungen zum Abgewöhnen:

„Das ist durchaus keine Floskel unsererseits.“ – „Die entstehenden Kosten wollen Sie uns bitte in Rechnung stellen.“ – „Lieferung zum baldmöglichsten Termin!“ – „Dennoch versichere ich Ihnen gern, daß ich im Bedarfsfall auf Sie zurückkommen werde.“ – „Nach Erhalt Ihrer Rechnung werden wir umgehend einen Zahlungsausgleich vornehmen.“ – „Die Bewertung der Thermofixierechtheit einer Ausfärbung auf Y-Faser hinsichtlich Ansublimieren der weißen Begleitfasern erfolgt zahlenmäßig anhand der internationalen geometrischen Grau-Skala, und zwar nach dem Grau-Maßstab zur Bewertung des Anblutens.“ – „Die raummäßige Anordnung ist in Ordnung.“ – „Von Ihren Ausführungen haben wir Kenntnis genommen und werden zu gegebener Zeit gerne Gelegenheit zu einem Standbesuch nehmen.“ – „In der Annahme, daß Sie die Offerte zwischenheitlich überprüft haben, wären wir Ihnen für umgehende Resultatsmitteilung dankbar.“ – „In der Anlage erhalten Sie die angefragten Akten zur vertraulichen Einsichtnahme. Da wir Ihnen dieselben jedoch nur kurzfristig überlassen können, bitten wir um baldgefällige Rücksendung.“ – „Über die wertmäßige Höhe des Nachfolgeauftrags werden wir uns nach Auslauf des z.Zt. in Kraft befindlichen Kontraktes mit dem Geschäftspartner ins Benehmen setzen.“ – „Bei sachgemäßer Anwendungsweise bestehen nach unseren Erfahrungen egalisierungsmäßig keine Bedenken." – „Andererseits kann die Beatmung auch durch die Nase des Verunfallten erfolgen." – „In Erledigung Ihrer Zuschrift übermittele ich Ihnen beifolgend das gewünschte Lichtbild des Jubilars in schwarzweiß hochglanz zur gefl. Bedienung." – „Wir sind gerne bereit, 50 % des von uns zugesagten Betrages unverzüglich zur Auszahlung zu bringen." – „Entsprechende Arbeitsvorschriften sind in Vorbereitung und werden in Kürze zur Ausgabe gelangen."

Durch kritisches Lesen und sorgfältiges Umformulieren der diesbezüglichen Sätze unter besonderer Beachtung der Papierdeutschmerkmale erfolgt Ihrerseits mit an Sicherheit grenzender Wahrscheinlichkeit eine immense Erhöhung der natürlichen Abwehrkraft in bezug auf dieselben. Verzeihung . . . ich meine:

Wenn Sie diese Sätze kritisch lesen und sorgfältig umformulieren, haben Sie bestimmt Ihre natürliche Abwehrkraft gegen das Papierdeutsch wesentlich erhöht.

5.3.11 Sind Vorwürfe sinnvoll?

Vorwürfe aller Grade, vom leichten Unterton bis zum Schimpfen und Poltern, sind sicherlich nicht gerade das, was dem Partner behagt. „Es soll ihm auch gar nicht behagen", läßt sich darauf sagen. Stimmt. Aber dazu ist die Frage notwendig: „Worauf kommt es uns an: daß es ihm nicht behagt oder daß er in unserem Sinn reagiert?" Kurz und gut: Vorwürfe sind nur dann sinnvoll, wenn Sie sich eine Reaktion in Ihrem Sinn davon versprechen dürfen. Und das dürfen Sie selten.

„Sie wollten uns Ende März Ihren Bescheid hinsichtlich unserer Preisbildung mitteilen. Wir erlauben uns heute, Sie höfl. daran zu erinnern und hoffen, daß es Ihnen möglich sein wird, unserer Bitte zu entsprechen, die Notierungen Ihrer bei uns laufenden Teile um 5 % zu erhöhen."

Komisch, da herrscht fast ein Überfluß an Höflichkeit – „Wir erlauben uns", „höfl.", „Ihnen möglich sein wird", „Bitte" –, und dennoch wird man das Gefühl nicht los, einem Vorwurf ausgesetzt zu sein. Warum nicht kurz, schlicht und ohne Unterton fragen: „Haben Sie schon prüfen können, ob . . . ?"

„Am 06.02.76 unterbreiteten wir Ihnen gemäß Ihrer Anfrage unser Angebot. Bisher haben wir jedoch keine Nachricht von Ihnen erhalten und wir erlauben uns daher anzufragen, ob Sie an dem Bezug der Teile Interesse haben. Sollten irgendwelche Unklarheiten in unserem Angebot bestehen, so geben wir Ihnen gern noch ergänzende Auskunft.

Bitte, lassen Sie uns in irgendeiner Form Nachricht zukommen. Wir möchten den Vorgang zum Abschluß bringen. Inzwischen grüßen wir Sie . . . “

Hier ist der Vorwurf, obwohl der Schreiber keinen sachlichen Grund dafür hat, schon stärker herauszulesen. Vielleicht hat er das selbst gespürt. Denn im dritten Satz versucht er „abzuwiegeln“. Doch selbst das geht daneben. Den Wert des eigenen Angebots in Frage zu stellen: wozu soll das gut sein? Zum Schluß wird unser Korrespondent deutlich: „Wir möchten den Vorgang zum Abschluß bringen.“ Wird das den Leser beeindrucken?

„Wir sind aufs höchste erstaunt über Ihr eigenmächtiges Vorgehen und können nicht umhin, Ihnen diesbezüglich nachdrücklich unser Befremden zum Ausdruck zu bringen. Es müßte Ihnen doch wohl eigentlich klar sein, daß unsere vertraglichen Vereinbarungen eine solche Handlungsweise strikt ausschließen.

In Ansehung unserer bisher im allgemeinen reibungslosen Zusammenarbeit sind wir unter Umständen geneigt, dieses Vorkommnis nicht zum Anlaß einer Kündigung unseres Vertragsverhältnisses zu nehmen, unter der Voraussetzung, daß Sie Ihrerseits uns schriftlich bestätigen, sich zukünftig in jedem Punkt an unsere Abmachungen zu halten.

Wir erwarten umgehend Ihre entsprechende Stellungnahme und verbleiben . . . “

Wenn jemand eine Vereinbarung verletzt, ist es verständlich, daß sich der Geschädigte ärgert. Nur – was nützen Vorwürfe, zumal dann, wenn man bereit ist, die Zusammenarbeit weiterzuführen? Schimpfen, Poltern und das Erheben des moralischen Zeigefingers sind das, so hat einmal jemand gesagt, was den kleinen Mann über Wasser hält. Mag sein, aber kann er nicht dort schimpfen, poltern und sich moralisch entrüsten, wo es ihm nicht schadet?

Daß manchmal deutliche Worte gesprochen werden müssen – kein Zweifel! Aber bitte, bleiben Sie sachlich! Sie erreichen mehr.

Wie würden Sie den zitierten Text formulieren? Bitte versuchen Sie ohne Vorwürfe auszukommen, und vergleichen Sie Ihr Ergebnis dann mit der folgenden Fassung:

„Bitte lesen Sie in unserem Vertrag noch einmal die Paragraphen 5 und 9, und beurteilen Sie selbst, ob Sie sich an diese Abmachungen gehalten haben.

Wie soll es nun weitergehen? Wir möchten gern weiter mit Ihnen zusammenarbeiten. Bitte schreiben Sie uns, ob Sie bereit sind, sich in Zukunft genau an unsere Vereinbarungen zu halten.“

6 Aufwand und Nutzen

In seiner Kritik „Das ‚unproduktive' Büro", am 2. November 1963 in der Frankfurter Allgemeinen Zeitung erschienen, schreibt Siegfried Sterner: „Was unbedingt individuell geschrieben werden muß – und das ist immer noch genug –, sollte rationell geschrieben werden. Das heißt in jedem Fall, daß man mit Worten geizt. Buchstaben sind das Material des Büros. Hier kann wie am Material in der Werkhalle gespart werden. Doch wer die üblichen Kaufmannsbriefe liest, ahnt, warum man das Büro für unproduktiv hält. Kurz schreiben gilt in der Regel als unhöflich."

Ist es wirklich unhöflich? Ich behaupte das Gegenteil, denn unhöflich ist es, dem Korrespondenzpartner die kostbare Zeit zu stehlen. Prüfen wir drei Absagen, bei denen in kleinem Umfang deutlich wird, was sich Tag für Tag an zahllosen Stellen in großem Umfang abspielt.

Die erste Fassung:

„Wir beziehen uns auf Ihre uns vorliegende Bewerbung und teilen Ihnen mit, daß bei Besetzung der von uns ausgeschriebenen Stelle die Wahl leider nicht auf Sie gefallen ist.

Da auch anderweitig innerhalb unseres Bereichs z.Z. keine Möglichkeit besteht, Ihnen einen Ihren Kenntnissen und Fähigkeiten entsprechenden Aufgabenkreis zu übertragen, senden wir die eingereichten Unterlagen zu unserer Entlastung zurück.

Wir bedauern, Ihnen keinen anderen Bescheid geben zu können, verfehlen aber nicht, für Ihre Bewerbung nochmals verbindlich zu danken."

Die zweite Fassung:

„Ihre Bewerbung lag zwar gut im Rennen, aber . . . die berühmte Nasenlänge! Leider können wir diese Position nicht zweimal vergeben, sondern Ihnen in diesem Fall nur für Ihr Interesse unseren Dank sagen."

Und wer eine etwas konservativere Form bevorzugt, mag wie in der folgenden dritten Fassung schreiben:

„Ihre Unterlagen kommen zurück, es hat also diesmal nicht geklappt. Seien Sie trotzdem nicht enttäuscht. Auch Ihre Bewerbung wurde bei uns gut beurteilt. Ihre weiteren Bemühungen werden sicherlich zum Erfolg führen."

Die erste Fassung beansprucht 77 Wörter, die zweite und dritte je 31 Wörter. Und ist der erste Brief, der gewiß nicht zu den „kalten Absagen" zählt, höflicher? Nein. Was macht die erste Fassung so lang?

„Wir beziehen uns auf Ihre uns vorliegende Bewerbung“: Das ist überflüssig, denn der Empfänger erwartet von dieser Firma zu dieser Zeit keine andere Post, und aus dem Vermerk „Ihre Nachricht vom ...“ geht hervor, worauf sich der Brief bezieht. Außerdem ist es selbstverständlich, daß die Bewerbung dem Schreiber vorliegt: sie wurde nur an ihn geschickt, und er könnte sonst auch nicht darauf antworten.

„... und teilen Ihnen mit“: Ein Brief teilt immer etwas mit. Warum betonen, daß man mitteilt – das Mitteilen selbst genügt.

Und so geht es weiter: Unterlagen geben sich in solchen Briefen als eingereichte Unterlagen zu erkennen; sie werden nicht zurückgesandt, sondern regelmäßig „zu unserer Entlastung“ zurückgesandt; man bedauert, verfehlt aber nicht, dankt nochmals, wenn es auch das erste Mal ist, dafür jedoch immer verbindlich, gerade so, als würde ein schlichtes „danken“ nicht ernst genommen.

Viele Büroarbeiter befürchten, die Rationalisierung in ihrem Bereich könne zu der Erkenntnis führen, daß ihre Tätigkeit längst nicht so „geistig“ sei, wie immer angenommen worden ist. Eins der Mittel, dies wenigstens zum Teil zu widerlegen, besteht darin, daß man Briefe schreibt, denen die gedankliche Arbeit anzusehen ist. Das heißt, sie müssen knapp, inhaltlich zutreffend, lebendig und höflich zugleich sein.

Was ich über den Brief gesagt habe, gilt für alle anderen schriftlichen Äußerungen eines Unternehmens ebenso, ob es sich um innerbetriebliche Rundschreiben, Fachaufsätze, Prospekte oder informierende Broschüren handelt. Sehen wir uns typische Merkmale dieses aufwendigen Stils an!

Sie werden dabei erkennen, daß alle Fehler und Schwächen in anderen Kapiteln dieses Buches, vor allem über Verständlichkeit und Stil, schon einmal behandelt oder zumindest berührt worden sind. Dies ist insofern bedeutungsvoll, als es folgende Tatsachen hervorhebt: Zu großer Textaufwand geht meistens mit anderen Fehlern Hand in Hand oder ist mit ihnen identisch.

Die gelegentlich zu hörende Hinterhaltsfrage „Dann sind die kürzesten Briefe also immer die besten?“ ist mit „nein“ zu beantworten. Kurze Texte, in denen notwendige Informationen fehlen oder die schwer verständlich sind, können nicht als gut gelten. Sinnvolle Information, Leichtverständlichkeit und angemessene Leseransprache haben vor der anzustrebenden Kürze stets den Vorrang.

Wenn die Verstöße gegen die Forderung „Fasse dich kurz!“ schon, aus anderen Gründen, an anderen Stellen behandelt worden sind: warum greifen wir sie hier noch einmal auf? Erstens, weil das Thema so wichtig ist. Zweitens, weil es notwendig ist, die Unwirtschaftlichkeit bestimmter Ausdrucksgewohnheiten und Stileigenarten noch einmal zusammengefaßt darzustellen. Daß in einem Kapitel, das dem knappen Stil das Wort redet, auch Kürze der Darstellung Trumpf ist, versteht sich.

Schmuck, der nicht schmückt

Der nutzlose Aufwand beginnt beim einzelnen Wort. Man begnügt sich nicht damit, mehr Wörter als notwendig zu gebrauchen, sondern heftet auch den notwendigen noch ein wenig „Schmuck" an. Da heißt es: „. . . der Mitarbeiter will als eigenverantwortlicher Mensch gewertet und behandelt werden". Genügt es nicht, verantwortlich zu sein? Scheinbar nicht, die Eigenverantwortlichkeit, die Eigeninitiative und das Eigenwohl haben so viel größeren Wert. Eigenwert sozusagen, daß es manch einem geradezu vermessen vorkäme, wenn einer etwas davon abknapsen wollte.

Vorsilberei

Wer ein echtes Eigeninteresse hat, wird niemals Verträge schließen, er wird sie abschließen; er wird niemals zugeben, daß man in seinem Betrieb Profile walzt, sondern betonen, daß man sie verwalzt. Sinken die Gewinne, so behauptet er, sie sänken ab, und steigen die Kosten, so dürfen wir sicher sein: bei ihm steigen sie an. Vielleicht muß er dann einigen seiner Mitarbeiter den Arbeitsvertrag kündigen – denkt man. Aber er tut etwas ganz anderes: er kündigt ihnen den Arbeitsvertrag auf. Glauben Sie nicht, das seien wichtige Entscheidungen, es sind stets wichtige Einzelentscheidungen, denn nur durch Einzelmaßnahmen kann man retten, was zu retten ist.

Nichtssagende Beiwörter

Was dem einen recht ist, ist dem anderen billig. Wer sich geschädigt fühlt, wird nicht protestieren, sondern nachdrücklichst protestieren. Er wird, da man Einzelmaßnahmen nicht mit Maßnahmen bekämpfen kann, durchgreifende Maßnahmen fordern oder gar ergreifen . . . Verzeihung: persönlich ergreifen. Denn wenn man heutzutage etwas tut, so tut man es nicht einfach: man tut es persönlich. Dafür haben dann alle vollstes Verständnis. Sie geben grundsätzliche Erklärungen ab, in denen sie ihr echtes Mitgefühl zum Ausdruck bringen.

Streckkonstruktionen

Hier stoßen wir auf eine weitere Möglichkeit, besser gesagt: eine weitere reelle Chance, das berechtigte Eigeninteresse unter Berücksichtigung aller einschlägigen Regeln voll und ganz wahrzunehmen. Man stellt in Aussicht, trägt ernste Sorge, erteilt Anordnungen, bringt Problemstellungen zum Bewußtsein, zeigt Bedenken auf, unternimmt geeignete

Schritte, erteilt Zustimmung, gibt in Auftrag, macht Versprechungen, zieht in Betracht, in Zweifel, in Erwägung, stellt in Frage, wendet Handhabungen an und versinkt, wenn das alles nichts nützt, schließlich und endlich in tiefe Nachdenklichkeit.

Und im Traum fällt einem vielleicht ein: Man kann auch ankündigen, sich sorgen, anordnen, auf Probleme hinweisen, bedenken, handeln, zustimmen, beauftragen, versprechen, betrachten, zweifeln, erwägen, handhaben, nachdenken.

Verdoppelungen

Sicherlich nicht aus Verschwendungssucht, sondern aus Unaufmerksamkeit kommt es häufig zu gedanklichen Verdoppelungen. Eine Bestätigung dafür bietet der sonst sehr genau arbeitende Sprachpädagoge Gustav Wustmann, indem er in seinen „Allerhand Sprachdummheiten" Ausgabe 1903, schreibt: „Ein abscheulicher Fehler, der wieder recht ein Zeichen der immer mehr zunehmenden Verrohung unseres Sprachgefühls ist, ist die gemeine Zusammenkoppelung des Dativs und des Akkusativs." Verdoppelung? Nein, nicht ganz. Die „Zusammenkoppelung" ist aus „Zusammenfügung" und „Koppelung" entstanden. Der zweite Teil der Zusammenfügung wurde durch „Koppelung" ersetzt, obgleich „Koppelung" schon ohne „Zusammen" eine „Zusammenfügung" ist. Solche Wortmischungen gibt es in großer Zahl, und ständig werden neue gebildet. Schon schreiben mehr Leute „nach rückwärts" und „nach vorwärts" statt „rückwärts" und „vorwärts" oder „nach hinten" und „nach vorn". Daß ein Parteitag die Entwicklung der Partei widerspiegelt, ist häufiger, als daß er sie spiegelt. Aus „unseres Erachtens" und „nach unserem Wissen" wird fortwährend „unseres Erachtens nach", aus „aufdrängen" und „oktroyieren" wird „aufoktroyieren", aus „beipflichten" und „zustimmen" wird „beistimmen".

Mit zwei gleichartigen Wörtern dasselbe sagt man mit der beliebten Formulierung „bereits schon"; mit ungleichartigen Wörtern bringt man Verbindungen wie „ambivalente Mehrdeutigkeit" und „einschränkender Vorbehalt" zustande.

Schwerer zu erkennen sind Verdoppelungen in Sätzen wie diesem: „Der Partner muß immer die Möglichkeit haben, sein Gesicht wahren zu können." Die Möglichkeit zu können?

Und noch etwas genauer muß man hinsehen, wenn man die Verdoppelung in dem folgenden Satz erkennen will: „Nach unseren Untersuchungen enthält das Produkt größere Mengen von Formaldehyd, die als Ursache für den Farbtonumschlag verantwortlich sind." Sie entdecken die Schwäche schnell, wenn Sie die nachstehenden Aussagen vergleichen und mit dem Beispielsatz in Verbindung bringen: „Die Arbeitslosigkeit ist verantwortlich für die Unsicherheit.“ – „Ursache der Unsicherheit ist die Arbeitslosigkeit.“

Vorreiter und Füllwörter

Aus diesen Ausführungen ergibt sich, daß die sprachlichen Mittel, die allenfalls einer Aufblähung entgegenstehen, recht naheliegend sind. Einen Augenblick: Sind wir da nicht schon wieder in einen unrationellen Stil gerutscht? Hier ist der Satz, dem meine „Ausführung“ nachgebildet worden ist: „Aus diesen Ausführungen ergibt sich, daß die rechtlichen Bestimmungen, die allenfalls einer Abwerbung entgegenstehen, recht kautschukartig sind.“ Zweierlei fällt auf: der „Vorreiter“ und die Füllwörter.

Was ist mit „Vorreiter“ gemeint? Eine gekünstelte Einleitung, die viel Platz beansprucht und wenig sagt. Noch einige Beispiele dazu: „Die Sache ist die, daß wir für eine solche Werbung zu wenig Mittel haben.“ – „Es dürfte kaum ein Zweifel daran bestehen, daß die Preise weiter steigen werden.“ – „Es ist allgemein bekannt, daß wir nie zu den Scharfmachern gehört haben.“ – Welche Nachteile haben diese Vorreiter? Sie verlängern den Satz, ohne seinen Inhalt wesentlich zu erweitern; sie schieben den Kern der Aussage in einen Nebensatz; sie machen aus einer deutlichen eine gewundene Erklärung. Wie kann man Vorreiter vermeiden? Entweder man ersetzt sie durch ein Umstandswort oder streicht sie ganz: 1. „Für eine solche Werbung haben wir zu wenig Mittel“ Oder besser: „Eine solche Werbung ist für uns zu teuer.“ 2. „Zweifellos werden die Preise weiter steigen.“ Oder besser: „Die Preise werden weiter steigen.“ 3. „Bekanntlich haben wir nie zu den Scharfmachern gehört.“ Oder besser: „Wir haben nie zu den Scharfmachern gehört.“

Welche Wörter sind Füllwörter? Wörter wie: an sich, als solcher, völlig, absolut, gänzlich, durchaus, selbstverständlich, eigentlich, hierfür, nun, wohl, freilich. Natürlich gibt es noch eine ganze Reihe mehr dieser recht überflüssigen Wörter, welche im allgemeinen dazu dienen, irgendwelche Gedankenlücken notdürftig zu überdecken, so daß es dem einigermaßen flüchtigen Leser kaum zum Bewußtsein kommt, wie sozusagen viel unnützer Ballast und wenig kräftige Nahrung in ihn hineingestopft wird. Da haben Sie einen ausgewachsenen Füllwörter-Satz. Sollte man ihn nicht lieber so formulieren: Es gibt noch viel mehr überflüssige Wörter; sie sollen Gedankenlücken verdecken, so daß der flüchtige Leser nicht merkt, wie er mit Ballast vollgestopft statt genährt wird.

Holen wir den Satz noch einmal hervor, von dem wir ausgegangen sind: „Aus diesen Ausführungen ergibt sich, daß die rechtlichen Bestimmungen, die allenfalls einer Abwerbung entgegenstehen, recht kautschukartig sind.“ Jetzt fällt es leicht, ihn umzuformen: Die rechtlichen Bestimmungen, die einer Abwerbung entgegenstehen, sind also dehnbar.

Weitschweifigkeit

Was heißt „Weitschweifigkeit“? Man spricht von Dingen, die nur am Rande zur Sache gehören oder längst bekannt sind.

„Wir bestätigen den Eingang Ihres an unsere Hauptverwaltung gerichteten Schreibens vom 1. ds. Mts. und haben davon Kenntnis genommen, daß Ihr Mann am 14.02.76 verstorben ist und daß die Praxis Ihres Gatten verkauft wird.

Dementsprechend sind wir bereit, die obige Versicherung zum 15.02.76 zur Aufhebung zu bringen. Gleichzeitig bitten wir Sie jedoch, uns den Namen und die Anschrift des Praxisnachfolgers bzw. des Erwerbers der Praxis mitzuteilen, damit wir uns mit diesem in Verbindung setzen können wegen einer Übernahme der Versicherung.

Gern wieder von Ihnen hörend verbleiben wir . . . “

Muß man den Todesfall noch einmal ansprechen? Und den Praxisverkauf? Die Witwe hat doch gerade alles mitgeteilt. Was ist noch überflüssig? Die Einleitung, die Schlußfloskel. Und einiges dazwischen läßt sich kürzer sagen. Zum Beispiel so:

„Ihre Versicherung . . .
Ihr Brief vom 01.03.76 an unsere Hauptverwaltung

Sehr geehrte Frau . . . ,

wir haben diese Versicherung zum 15.02.76 aufgehoben. Bitte geben Sie uns die Anschrift des Praxiserwerbers, damit wir ihm die Übernahme der Versicherung anbieten können. Vielen Dank.

Mit freundlichem Gruß Freiumschlag“

Sie erkennen: Ich habe die Weitschweifigkeit mit Recht als Übel bezeichnet. Aber Sie wissen auch, daß man leicht von einem Extrem ins andere gerät. Deshalb muß ich Sie zum Schluß davor warnen, die Sprachaskese zu weit zu treiben. Gehen Sie nicht mechanisch vor, indem Sie versuchen, bei sich und anderen alles, was Ihnen nach Überfluß aussieht, unnachsichtig zu streichen. Stilregeln sind Faustregeln. Was in neununddreißig Fällen schlecht ist, kann im vierzigsten Fall gut sein. Also: Stilregeln nicht blindlings anwenden, sondern immer den einzelnen Satz prüfen! Das Wort „freilich“ paßt nicht in eine Nachricht über einen Verkehrsunfall: „Auf der Kreuzstraße ereignete sich gestern nachmittag ein schwerer Verkehrsunfall, an dem vier Personen und zwei Lastwagen beteiligt waren. Freilich, Tote gab es nicht zu beklagen.“ – In einer Satire dagegen kann ein ironisches „freilich“ wertvoll sein: „Freilich bin ich ja nicht kompetent, weil ich mit der Sprache nur eine unerlaubte Beziehung unterhalte und sie mir nicht als Mädchen für alles dient.“ (Karl Kraus)

Zusammengefaßt: Unser Stil soll weder fett noch mager sein. Was wir anstreben, ist ein schlanker Stil. Denn in schlankem Stil machen wir uns am besten verständlich, überzeugen wir am ehesten, arbeiten wir am rationellsten – am vernünftigsten.

Übungsaufgaben und Lösungen zu 6

1.
Die ersten Anfänge dieser Entwicklung liegen schon weit zurück.

„Erste Anfänge“? Eine Mischung aus „Die Anfänge“ und „Die ersten . . . (zum Beispiel: „Anzeichen“).

2.
Wir schicken Ihnen hiermit ein Farbfoto, das vermutlich als Demonstrationsmittel für diesen Zweck geeignet sein dürfte.

Entweder: „Wir schicken Ihnen hiermit ein Farbfoto, das als Demonstrationsmittel für diesen Zweck geeignet sein dürfte.“ Oder: „Wir schicken Ihnen hiermit ein Farbfoto, das vermutlich als Demonstrationsmittel für diesen Zweck geeignet ist.“

3.
Wir möchten Ihnen mitteilen, daß wir nach wie vor an einer Kontaktaufnahme mit . . . interessiert sind. Bis heute haben wir jedoch noch keine Antwort auf unsere entsprechende Anfrage erhalten.

Vorreiter! Füllwort „entsprechende“!

„Kontaktaufnahme“ ist eine Tätigkeit. Warum nicht „Kontakt aufnehmen“? Die Gedanken passen besser zusammen, wenn man ihre Reihenfolge umkehrt.

Verbesserungsvorschlag: „Bis heute haben wir noch keine Antwort auf unsere Anfrage erhalten. Trotzdem sind wir nach wie vor daran interessiert, mit . . . . Kontakt aufzunehmen.“

4.
Es bleibt aber zu vermerken, daß trotz des einschränkenden Vorbehaltes die einbadige Methode des Bleichens und Weißtönens mit BK für einige Fasertypen des Handels die optimale Methode zur Erzielung eines maximalen Weißgrades sein kann."

Vorreiter! „Einschränkender Vorbehalt"? Doppelt ausgedrückt: Die „einbadige Methode des Bleichens und Weißtönens . . . die optimale Methode sein kann" sagt etwa dasselbe wie „zur Erzielung eines maximalen Weißgrades". Wenn man mit einer Methode einen maximalen Weißgrad erzielen kann, wird es wohl die optimale Methode sein.

Zur Logik: Ist die Methode einbadig?

Verbesserungsvorschlag: „Trotz des Vorbehalts bleibt festzuhalten, daß sich mit der Methode des einbadigen Bleichens und Weißtönens mit BK bei einigen Fasertypen ein maximaler Weißgrad erzielen läßt."

5.
Es hat sich ergeben, daß die genannten Berichte nur kurzen informatorischen Charakter besitzen können und, bedingt durch die Kürze der notwendigen Abhandlungen, ausführlich detaillierte Angaben über Erfahrungen, Rezepturen usw. nicht erfolgen kann.

Viel Lärm um fast nichts! Papierdeutsch! Imponierton!

Verbesserungsvorschlag: Da diese Berichte kurz sein müssen, können sie nicht im einzelnen über Erfahrungen, Rezepturen usw. informieren.

6.
Ich habe mich dafür eingesetzt, daß die neuen Aufgaben angepackt werden müssen.

Hat er sich dafür eingesetzt, daß etwas geschieht, oder dafür, daß etwas geschehen muß? Vermutlich hat er geschrieben: „Die neuen Aufgaben m ü s s e n angepackt werden." Nun berichtet er darüber. Er sagt: „Ich habe mich dafür eingesetzt . . . ", und dann rutscht ihm das „müssen" aus der wörtlichen Rede mit hinein.

Aufgabenlösung: Ich habe mich dafür eingesetzt, daß die neuen Aufgaben angepackt werden. Oder: Ich habe mich dafür eingesetzt, die neuen Aufgaben anzupacken.

7. Eine wesentliche Verbesserung des Verfahrens erzielt man, wenn neben der Materialbewegung noch für eine zusätzliche Flottenumwälzung gesorgt wird.

Verdoppelung: „noch" und „zusätzliche". Bruch: „erzielt man" – „gesorgt wird". Zu viele Hauptwörter machen den Satz schwerfällig.

Verbesserungsvorschlag: Das Verfahren läßt sich wesentlich dadurch verbessern, daß man nicht nur das Material bewegt, sondern auch noch die Flotte umwälzt.

8.
Die Freiheit, sich für die eine oder andere wirtschaftspolitische Richtung entscheiden zu können, bedeutete andererseits die Wahl zwischen zwei Experimenten.

„Die Freiheit ... zu können“? Wieso „andererseits“? Wo ist „einerseits“?

Aufgabenlösung: Die Freiheit, sich für die eine oder die andere wirtschaftspolitische Richtung zu entscheiden, bedeutete zugleich die Wahl zwischen zwei Experimenten.

9.
Es mag vielleicht verwundern, wenn wir angesichts so günstiger Umstände nicht umgehend zugestimmt haben.

Verdoppelung: „mag“ – „vielleicht“. Imponierton: „angesichts“. Papierdeutsch: „umgehend“.

Verbesserungsvorschlag: Es mag verwundern, daß wir bei so günstigen Umständen nicht sofort zugestimmt haben.

10.
Die gesamte Behandlungsdauer nach dem Abpuffern beträgt insgesamt ca. 30 Min., und ... “

Die „gesamte .... insgesamt“! – Im technischen Bereich sollte man sich an die technischen Normen halten. Nicht „Min.“, sondern „min“ (min. ≙ minimal!).

Verbesserungsvorschlag: Die Behandlung nach dem Abpuffern dauert rund 30 min, und ... “

11.
Bezugnehmend auf Ihr vorgenanntes Schreiben stellen wir fest, daß Sie die Fehlbeträge auf eine angeblich ‚fehlerhafte Arbeitsvorbereitung‘ in unserem Hause zurückführen. Dieses ist nicht der Fall.

Der Vorreiter ist überflüssig. Der Partner führt die Fehlbeträge nicht auf eine angeblich fehlerhafte, sondern auf eine fehlerhafte Arbeitsvorbereitung zurück; daß sie nur angeblich fehlerhaft sei, behauptet nur der Schreiber. „Dieses“ bezieht sich falsch; dadurch widerspricht der zweite Satz dem ersten.

Verbesserungsvorschlag: Sie führen die Fehlbeträge auf eine ‚fehlerhafte Arbeitsvorbereitung‘ in unserem Haus zurück. Dies ist falsch.

12.
Für Ihre Mühewaltung danken wir Ihnen und verbleiben, gern wieder von Ihnen hörend, mit freundlicher Empfehlung ... "

„Für Ihre Mühewaltung" – „und verbleiben" – „gern wieder von Ihnen hörend": Gut gemeint, aber hoffnungslos veraltet. Und – viel zu aufwendig.

Verbesserungsvorschlag: „Vielen Dank für Ihre Hilfe! Mit freundlichem Gruß ...

Ob „Hilfe" das richtige Wort ist, hängt davon ab, was der Partner für einen getan hat. Andere Formulierungen:

„Vielen Dank für Ihre Unterstützung!"

„Vielen Dank für Ihren Hinweis!"

„Vielen Dank für Ihre Information!"

„Wir danken Ihnen für Ihre Bemühungen."

„Danke, daß Sie sich so viel Mühe gemacht haben!"

13.
Wir möchten Sie bitten, uns mitzuteilen, ob Sie aufgrund Ihres Herstellungsprogramms einen geeigneten Werkstoff anbieten können.

Warum „möchten Sie bitten"? Einfach die Bitte aussprechen! Warum „uns mitzuteilen, ob ... " Einfach die Frage selbst stellen! Und „aufgrund Ihres Herstellungsprogramms" – aufgrund von was sonst? Also: Überflüssig.

Verbesserungsvorschlag: Können Sie uns einen geeigneten Werkstoff anbieten?

14.
Als Anlage erhalten Sie hiermit die Preislisten unserer Kreiselpumpen in vertikaler Bauart, zu Ihrer gefl. Bedienung.

„Als Anlage" – „hiermit": Verdoppelung! Die ... listen unserer Pumpen: Hier ist der zweite Fall unangebracht; das Verhältnis zwischen Pumpen und Listen muß durch ein Verhältniswort ausgedrückt werden. „Zu Ihrer gefl. Bedienung" – weg damit!

Verbesserungsvorschlag: „Mit diesem Brief erhalten Sie die Preislisten für unsere Kreiselpumpen in vertikaler Bauart."

15.
Hiermit teilen wir Ihnen mit, daß folgende Teile versandbereit sind.

Nur der Inhalt des Nebensatzes ist mitteilenswert.

Also: Folgende Teile sind versandbereit:

16.
Wir haben Ihr o.a. Schreiben erhalten und teilen Ihnen zu dem darin aufgeführten Sachverhalt folgendes mit:

Aufgabenlösung: Streichen Sie den ganzen Satz!

17.
Hierbei konnte festgestellt werden, daß die Fliese keine Haftung aufwies.

Der Anfang klingt so, als hätte man nicht eine schlechte, sondern eine gute Entdeckung gemacht: „konnte"! „Haftung aufweisen"? Kann eine Fliese nicht einfach haften oder nicht haften?

Verbesserungsvorschlag: Dabei haben wir festgestellt, daß die Fliese nicht haftet.

18.
Ihr Schreiben mit anliegender Anfrageliste haben wir dankend erhalten und wir überreichen Ihnen anbei unser Angebot No. D/4031.

Wir haben in dieser Offerte insgesamt 4 % Kommission einkalkuliert und bitten Sie höflichst, dieselbe weiterzureichen. Wir hoffen recht bald hierüber wieder von Ihnen zu hören, möchten Sie allerdings der guten Ordnung halber darauf aufmerksam machen, daß – wie Ihnen sicher bekannt ist – die Preise z.Zt. sehr ansteigen und wir natürlich eine Festofferte daher nicht abzugeben vermögen.

Gern hören wir wieder von Ihnen und zeichnen

Verbesserungsvorschlag:
Mit diesem Brief senden wir Ihnen unser freibleibendes Angebot D/4031. Wir haben 4 % Kommission einkalkuliert.

Bitte leiten Sie es schnell an den Interessenten weiter, und machen Sie ihm verständlich, daß ein Festangebot bei den zur Zeit ständig steigenden Preisen nicht möglich ist. Vielen Dank.

19.
Wir bitten um baldgefällige Lieferung eines Exemplares des vorbezeichneten Werkes gegen Rechnung.

Offenbar ist das Werk im Betreff bezeichnet. Wenn der Abstand zum Text so gering ist, dürfen wir „dieser, diese, dieses" benutzen und können damit die steifen Ausdrücke „vorbezeichnet", „obengenannt" oder „o.a." vermeiden.

Um die Rechnung muß man nicht bitten. Die kommt von selbst.

„Baldgefällige Lieferung“? Warum nicht „schnell liefern“?

Verbesserungsvorschlag: Bitte liefern Sie uns dieses Werk so schnell wie möglich.

20.
Wir möchten Sie hierdurch bitten, uns zu bescheinigen, daß bei einer eventuellen Lieferfristüberschreitung ab der 20. Kalenderwoche eine Konventionalstrafe von 0,6 % pro Woche in Abzug gebracht werden kann.

„Wir möchten Sie hierdurch . . . “ : Nein!

„In Abzug gebracht werden kann“ – abgezogen werden kann. – Läßt sich eine Strafe abziehen?

Verbesserungsvorschlag: Bitte bestätigen Sie uns, daß wir berechtigt sind, bei Überschreitung der Lieferfrist von der 20. Kalenderwoche an 0,6 % pro Woche abzuziehen.

7 Zusammenfassung: Das IDA-System

Was Sie bisher in diesem Buch gelesen haben, ist in den folgenden Stichworten des IDA-Systems zusammengefaßt.

I = Inhalt

- F = Faktenangabe
- G = Gedankenführung
- K = Kodierung

D = Darstellung

- V = Verständlichkeit
  - W = Wortwahl
  - S = Satzbau
  - T = Textaufbau
  - An = Anschaulichkeit
  - Ü = Übersichtlichkeit
- N = Normgerechtheit
  - R = Rechtschreibung
  - Z = Zeichensetzung
  - Gr = Grammatik
  - St = Stil
- L = Leseransprache
  - Ay = Anonymdarstellung
  - B = Belehrung
  - Dr = Drohung
  - E = Etikettefehler
  - Gö = Gönnerton
  - H = Herablassung
  - Im = Imponierton
  - Ir = Ironisierung
  - M = Monotonie
  - Ne = Negativdarstellung
  - P = Papierdeutsch
  - Re = Reklamejargon
  - Vo = Vorwurf

A = Aufwand

- El = Einleitungen ohne Informationswert
- Ka = Kanzleiausdrücke
- Sf = Schlußfloskeln
- Vd = Verdoppelungen
- Vr = Vorreiter
- Vs = Vorsilberei
- Wo = Wortmischungen

Seine Hauptteile sind I = Inhalt, D = Darstellung, A = Aufwand. Erinnern Sie sich an das Kapitel „4. Die Ziele der Textarbeitim Büro“?

Wir haben darin drei Aufgaben formuliert, die sich den Hauptteilen des IDA-Systems zuordnen lassen:

1. Durch einen Text informieren!	I = Inhalt
2. Durch einen Text wirken!	D = Darstellung
3. Den Text wirtschaftlich produzieren!	A = Aufwand

Wozu ist ein System, wozu ist dieses System gut?

Das Wichtigste: Es faßt eine große Stoffmenge in wenigen Stichworten so zusammen, daß die Stoffmenge übersichtlich wird, daß man ganz klar den roten Faden erkennt, der sich hindurchzieht.

Es ist immer wieder festzustellen, daß Lernwillige auf dem Gebiet des Formulierens schnell aufgeben, wenn sie sich einmal lesend in die vielen Grammatikregeln und Stilempfehlungen stürzen. Wer soll das alles behalten? Wie soll man immer an alles denken? Es scheint unmöglich zu sein. Sobald das Ganze aber durch Überschriften geordnet wird, die inhaltlich die täglichen Aufgaben spiegeln, schwindet die Verwirrung.

Ferner: Die Stichworte lassen sich als „Checkliste“, als „Durchprüfprogramm“, verwenden: sie geben ein Angebot an Kriterien, nach denen ein Text beurteilt werden soll.

Wer seine Texte mit Hilfe dieser Liste systematisch durchgeht, bekommt schnell heraus, welches seine häufigsten, seine typischen Fehler sind. Dann ist es ihm möglich, sich genau auf diese schwachen Stellen zu konzentrieren; er braucht nicht ständig zu versuchen, an a l l e Fehler zu denken. Ist die Zahl seiner typischen Fehler groß, etwa mehr als vier, empfiehlt es sich, sie noch einmal nach ihrer Schwere zu gliedern, zum Beispiel in Zweiergruppen, und immer nur an einer Gruppe zu arbeiten.

Nehmen wir an, jemand stellt folgende Fehler am häufigsten bei sich fest:

a) Kodierungsfehler	Fehlerkennzeichnung: K
b) Satzbaufehler	Fehlerkennzeichnung: S
c) Zeichensetzungsfehler	Fehlerkennzeichnung: Z
d) Schlechte Leseransprache Gönnerton	Fehlerkennzeichnung: Gö
e) Schlechte Leseransprache Papierdeutsch	Fehlerkennzeichnung: P
f) Schlußfloskeln	Fehlerkennzeichnung: Sf

Erste Frage: Welcher Fehler ist am schlimmsten? Antwort: K. Denn die wichtigste Forderung an unsere Texte lautet: Übereinstimmung zwischen Gemeintem und Formuliertem! Stimmen Meinung und Formulierung nicht überein oder nur ungenügend überein, klappt die Verständigung nicht; sie ist von vornherein blockiert.

Zweite Frage: Hängt ein anderer Fehler sehr eng damit zusammen? Antwort: Nein.

Dritte Frage: Wie schätzen Sie die Reihenfolge der anderen Hauptfehler ihrer Schwere nach ein? Antwort, zum Beispiel: S – P – Gö – Sf – Z.

Vierte Frage: Hängen mehrere dieser Fehler eng zusammen? Antwort: Ja, nämlich S, P und Sf.

Daraus läßt sich folgendes Übungsprogramm entwickeln:

1. und 2. Woche	Hauptaugenmerk auf K richten!
3. und 4. Woche	Hauptaugenmerk auf S, P und Sf richten!
5. und 6. Woche	Hauptaugenmerk auf Gö und Z richten!

Schließlich: Das IDA-System ist

in der hier dargestellten Form,
in einer veränderten Form,
in einer erweiterten Form,
in einer verkürzten Form

als Instrument zur Fehlerkennzeichnung bei eigenen oder fremden Texten verwendbar. Das System ist jeder Situation, jedem Ziel, jeder Textart anzupassen.

Beispielsweise kann das Kriterium „Aufwand“ für bestimmte Textarten so unbedeutend sein, daß man mit einem einzigen Buchstaben, mit A als Sammelbegriff, auskommt. Man kann sich aber auch deshalb auf A beschränken, weil diejenigen, die das Kennzeichnen lernen und in der Praxis anwenden sollen, nur wenig Einübungszeit haben und durch zu viele Kennzeichnungen nur verwirrt würden.

Ein System kurzer Kennzeichnungen könnte auch aus Zahlen bestehen. Die primitivste Form ist das Durchnumerieren von Fehlern. Ein Zahlen-Ordnungssystem – sehr viel besser – bestände aus mehrstelligen Zahlen; zum Beispiel ständen anstelle unserer Buchstaben I, D und A die Zahlen 1, 2 und 3; V wäre 2.1; S wäre 2.1.2; P wäre 2.3.11. Eine Zahlenkombination, vor allem in der Form eines Ordnungssystems, wäre genauso eindeutig wie unser Buchstabensystem. Sehr nachteilig wäre nur die Tatsache, daß es schwerfällt, den Zusammenhang 32 (Durchnumerierungs-Verfahren) oder 2.3.11 (Ordnungssystem) mit der Information „Papierdeutsch“ zu behalten. Buchstaben und Buchstabenkombinationen können dagegen Verständnisbrücken bilden. Wichtig ist dabei: Jeder Buchstabe darf als Einzelkennzeichnung nur einmal verwandt werden, jede Buchstabenkombination ebenfalls.

In ein- oder zweitägigen Korrespondenz-Seminaren hat sich folgende Kurzform des IDA-Systems besonders bewährt:

- I = Inhalt
  - K = Kodierung

(D = Darstellung)

- V = Verständlichkeit
  - W = Wortwahl
  - S = Satzbau
- N = Normgerechtheit
  - Z = Zeichensetzung
  - Gr = Grammatik
  - St = Stil
- L = Leseransprache
  - P = Papierdeutsch

A = Aufwand

Der Begriff „Darstellung“ ist nur eingefügt, damit man das System eindeutig erkennen kann; er wird nicht benutzt und steht daher in Klammern.

Die nur 12 Kennzeichnungen, für jeden schnell lernbar und behaltbar, treffen die häufigsten Fehlerarten in Geschäftsbriefen, Berichten, usw. Genaue Fehlerkennzeichnungen, die nicht enthalten sind, werden durch den vorhandenen Oberbegriff ersetzt. Beispiele:

Fehlererkennung: Gönnerton	Fehlerkennzeichnung: L
Fehlererkennung: Verstoß gegen DIN 5008	Fehlerkennzeichnung: N

Für Lehrer, die Texte nicht nur zu besprechen und zu verbessern, sondern auch zu bewerten haben: Zu diesem IDA-Kennzeichnungssystem steht auch ein Zensierungssystem zur Verfügung; die notwendigen Großversuche zur Sicherung der Angemessenheit und Ausgewogenheit sind allerdings noch nicht abgeschlossen.

8 Beispieltexte aus der Praxis – mit Fehlerkennzeichnungen

Unter „5. Beispieltexte aus der Praxis“ sind zehn Briefe wiedergegeben. Sieben dieser Briefe lassen viel zu wünschen übrig. Bitte schlagen Sie jetzt noch einmal Kapitel 3 auf, decken Sie den Rand ab, und versuchen Sie, die Fehler und Schwächen mit den Buchstaben des IDA-Systems zu kennzeichnen.

Haben Sie den Versuch gemacht? Gut, dann vergleichen Sie jetzt Ihre Fehlerkennzeichnungen mit denen, die am Rand angegeben sind!

Unsere Ergebnisse – und sicherlich auch Ihre – zeigen, daß zwei Fehler besonders häufig begangen werden. Am Rand finden Sie vor allem A = Aufwand, P = Papierdeutsch. Die Fehlerkennzeichnung P ist zugleich ein Hinweis darauf, daß auch der Verständlichkeitsgrad niedrig liegen wird. Warum? Sehr oft sind die Papierwörter und Papiersätze immerhin so verständlich, daß man nicht sofort daran denkt, auch ein V, ein W oder ein S an den Rand zu schreiben. Aber diese harmlos aussehenden Wörter täuschen; in ihrer Masse vermindern sie auch die Verständlichkeit, obwohl man geneigt ist, nicht an jeder Stelle gleich ein V-Zeichen anzubringen.

Einige Anmerkungen zu den Texten 3, 6 und 10.

Zu 3: Die Redakteurin einer Sprachzeitschrift gibt eine Sprachauskunft. Was fällt im Vergleich zu den übrigen Texten auf? Die Schreiberin kommt sofort zur Sache, sie informiert gründlich, sie formuliert lebendig. Achten Sie bitte auf Doppelpunkte, Fragezeichen, Ausrufezeichen, auf wörtliche Rede, auf Ausdrücke und Wendungen wie „riecht nach Aktenstaub“, „packt den Briefempfänger am Schlafittchen“, „nicht totzukriegen“. Dabei bleibt das dennoch alles seriös. Zum Vergleich: Sehen Sie sich Text 4 an! Da wolte auch jemand „locker“ schreiben. Aber man hat das Gefühl, ganz geglückt ist es ihm nicht: der Brief wirkt ein bißchen „aufgegagt“, gewollt frisch und munter.

Zu Text 6: Kürze ist hier Trumpf. Nein, nicht absolute Kürze: der Text umfaßt immerhin eine volle Seite. Aber wieviel Information steckt darin! Zahlreiche Doppelpunkte helfen, ganze Sätze einzusparen. Aber eben weil sich der Schreiber so kurz gefaßt hat, blieb noch Platz für einen einleitenden Danksatz und für einen persönlichen Schluß. – In der äußeren Gestaltung entspricht dieser Brief den neuen verbindlichen Schreibregeln (DIN 5008).

Text 10 wirkt zunächst verblüffend. Man möchte dauernd A und P an den Rand schreiben. Aber im fünften Absatz macht der Verfasser, Chef der Delalande GmbH, plötzlich eine Kehrtwendung, in dem Sinn: Alles bis hierher war nur Spaß. Wer‘s nicht kapiert hat, ist selbst schuld. Ich habe einmal vorgemacht, wie wir in unserem Haus nicht formulieren wollen. Und wer nun immer noch nicht verstanden hat, worauf es ankommt und worum es geht, ich befürchte, dem ist nicht zu helfen. – Die Geschäftsbriefe dieser Firma sind schätzungsweise nur ein Drittel so lang wie der Durchschnitt. Man bemüht sich, seinen Partnern klar, direkt, schnörkelfrei, lebendig und partnerorientiert zu antworten. Der Erfolg systematischer Gemeinschaftsarbeit. – „Einen solchen Chef müßte man haben", wird manch einer sagen. Eben.

9 Was wird im Büro eigentlich alles geschrieben?

Wenn wir an Schriftstücke denken, die im Büro entstehen, denken wir zugleich an Korrespondenz. „Briefe" heißt das große Thema. Aber überlegen wir: Was gibt es noch?

Zeugnisse.
Textprogramme.
Vordrucktexte (ein ebenso umfangreiches wie schwieriges Gebiet!)
Berichte natürlich:

> Geschäftsberichte, Lageberichte, Erfahrungsberichte, Vertreterberichte über Gespräche mit Kunden, Technische Berichte, Berichte über Veranstaltungen, Ausschußberichte, Protokolle (auch eine Berichtsart).

Gebrauchsanweisungen, Bedienungsanleitungen, Benutzungsvorschriften, Arbeitsrichtlinien, Arbeitsanweisungen . . .

Verträge.
Pressemitteilungen.
Werkzeitschriftartikel.
Fachaufsätze.
Werbetexte und „werbende" Texte aller Art.

Zu diesen Textarten hier einige Anmerkungen:

9.1 Briefe

Briefe = Geschäftsbriefe (Wirtschaft), = Briefe an den Bürger und an andere Behörden (Öffentliche Hand). Doch das ist längst noch nicht alles.

Vergessen wir nicht den internen Brief, der als „richtiger Brief" auftritt, aber auch als Kurzbrief oder als Aktennotiz. In vielen Firmen ist der interne Schriftverkehr genauso umfangreich wie die externe Korrespondenz.

Denken wir auch an das Telegramm und das Fernschreiben. Diese Mitteilungsarten sind verkürzte Briefe; sie erfordern, wenn sie ihren Zweck erfüllen sollen, treffsicheres Formulieren und eine gute Organisation.

Bei den „richtigen Briefen" dürfen wir auch einige Sondertypen nicht übersehen. Denken Sie an die Korrespondenz mit Persönlichkeiten des Öffentlichen Lebens, mit Wissenschaftlern, Journalisten, mit den Leitern und mit leitenden Mitarbeitern der verschiedensten Institutionen, von der Universität bis zum Deutschen Institut für Normen, vom Sportverein bis zum Bund der Steuerzahler, von der Gesellschaft für Deutsche Sprache bis zum Verband für Textverarbeitung, von Arbeitgeberverbänden bis zu den Gewerkschaften . . .

Schließlich seien jene Briefe erwähnt, die einem immer erst einzufallen pflegen, wenn sie dringend gebraucht werden – die persönlichen Briefe des Chefs: Einladungen, Zusagen, Absagen, Glückwünsche aller Art, Beileidsbriefe, Geschenk-Begleitbriefe, Briefe zu allgemeinen oder persönlichen Feiertagen.

Als Direktor einer großen Personalabteilung möchte ich meine Leitenden Mitarbeiter zu einer Party einladen. Wie schreibt „man" da? – Mein Vorgesetzter hat mir zu verstehen gegeben, daß er gern einmal meinen recht großen Obstgarten besichtigen und sich von mir einige Tips geben lassen würde. Ich muß ihn wohl einladen. Aber wie? – Geburt, Taufe, Verlobung, Hochzeit, Geburtstag, Jubiläum, Party, Beförderung, Ehrung, beruflicher Erfolg, aber auch Unglücksfall, Krankheit, Tod: es gibt „unheimlich" viele Anlässe, zu denen man einige passende Worte finden muß. Und da es gar nicht immer leicht ist, passende Worte zu finden, hat man im allgemeinen eine heftige Abneigung gegen solche Briefe. Sehen wir uns die Aufgabe deshalb etwas näher an!

Kann man diese ganze Schreiberei nicht einfach umgehen, indem man telefoniert? Manchmal geht's, meistens nicht. Bei bestimmten Anlässen ist es nun einmal üblich, schriftlich etwas von sich zu geben. Und bei anderen Anlässen, zum Beispiel Einladungen? – Da ist es oft sinnvoll. Eine telefonische Einladung, etwa zu einer Party, verlangt sofortiges Reagieren des Eingeladenen. Er kann sogleich zusagen (und bereut es später vielleicht); er kann sogleich absagen (findet aber in der Eile nicht die richtigen Worte und verletzt oder verärgert den Partner); er kann verzögern und seine Entscheidung hinausschieben (und erweckt den Eindruck, nach einer Ausrede zu suchen). Mit einem Brief wird man nicht in dieser Weise „überfallen". Man hat die Möglichkeit, sich die Antwort mit allem Für und Wider sorgfältig zu überlegen. Die Situation ist für beide Seiten günstiger.

Also: Oft kommt man um eine schriftliche Mitteilung nicht herum, weil sie üblich ist. Und oft ist eine schriftliche Mitteilung statt einer mündlichen günstiger. Was nun? Die Frage „Wie formuliert man sowas vernünftig?“ bleibt.

Bitte machen Sie sich zunächst von dem Gedanken frei, solche Briefe zu formulieren sei eine lästige Pflicht. Sehen Sie die Sache einmal von einer anderen Seite an: Haben wir nicht mit solchen Briefen Gelegenheit, Kontakte zu knüpfen, zu festigen, zu vertiefen?

Selbständige – Anwälte, Journalisten, Steuerberater, Einzelhändler, Unternehmensberater ... – wissen, wie wichtig es nicht zuletzt auch für ihr berufliches Fortkommen ist, am Rande des Berufsfeldes Verbindungen herzustellen und zu pflegen. PR-Abteilungen in großen Unternehmen wissen das natürlich nicht minder.

Wie bei allen Aufgaben im Leben: Die Abneigung schwindet, je mehr Sinn wir in der Sache sehen, je mehr Interesse wir ihr abgewinnen können.

Die Schwierigkeiten des Formulierens bestehen allerdings nach wie vor. Und man braucht sich gar nicht zu scheuen, das offen auszusprechen. Selbst welterfahrene Topmanager geraten gelegentlich ins Stottern, wenn sie plötzlich einen Beileidsbrief diktieren sollen. Die kompliziertesten Geschäftsbriefe bereiten ihnen kein Kopfzerbrechen. Aber ein Beileidsbrief, ein Glückwunsch, eine Einladung?

Hier einige Empfehlungen:

Wer einem anderen einen Brief schreibt, gibt – ob er will oder nicht – einen Einblick in sein Wesen. Er öffnet sich gegenüber dem Mitmenschen. Doch wir sollten das auch bewußt wollen. Wir haben schließlich keinen Grund, uns zu verstecken, wir stehen doch zu unserer Eigenart, zu unserem Ich. Oder? Wer immer nur abgedroschene Redensarten benutzt, sich in anonymen Floskeln ausdrückt, zeigt damit, daß er entweder nichts Eigenes hat oder nichts Eigenes erkennen lassen will.

Faustregel: Bemühen Sie sich um korrektes Deutsch. Selbstverständlich! Denken Sie aber daran, daß besonders ein persönlicher Brief „rote Backen“ haben muß. Hier gilt noch stärker als in der Berufskorrespondenz allgemein: Papierdeutsch ist Gift. Gift ist aber auch die unnatürliche Feierlichkeit, der Imponierton, die ganze gepflegte Großartigkeit, wie wir sie aus Festreden zur Genüge kennen. Schreiben Sie anschaulich und lebendig! Benutzen Sie dazu direkte Fragen und Bitten! Betonen Sie die menschliche Seite, gehen Sie auf besondere Situationen oder Interessen des Partners ein! In einem Wort: Verhalten Sie sich natürlich! Und glauben Sie nicht, Ihr Brief sei eine Art „Staatsaktion“.

Dazu ein paar Beispiele, die andeuten sollen, wie das gemeint ist:

Einladung zu einem Gartenfest

Sehr verehrte Frau Weimann,
sehr geehrter Herr Weimann,

am 10. September soll unser „Gartenfest rustikal“ steigen; würden Sie uns die Freude machen teilzunehmen? Auftakt mit einem Cocktail auf der Terrasse um 20 Uhr. Dann wird gegrillt, getanzt . . zwanglos und gemütlich. Bitte lassen Sie uns wissen, ob Sie dabeisein werden.

Mit den besten Grüßen
Ihre Karla und Friedrich Allemann

„Ende offen“ mit guten Geschäftsfreunden

Liebe Frau Seliger,
lieber Herr Seliger,

in unserem „gestreßten“ Berufsalltag fällt es vielen immer schwerer, sich in geselligem Kreis zu entspannen. Wer hat schon Zeit! Wer kann sich aufraffen! Aber auch alte Freundschaften bedürfen der Pflege, damit sie lebendig bleiben und nicht schließlich nur noch aus lauter Tradition bestehen.
Deshalb freuen wir uns sehr, wenn Sie am Sonnabend, dem 12. März, bei uns zu Abend essen. Ende offen. Außer Ihnen werden Wiesingers und Lehmanns mit von der Partie sein, die Sie ja ebenfalls seit langem gut kennen.
Werden Sie uns die Freude machen, den Abend bei uns zu verbringen?

Herzliche Grüße
Ihre Sigrid und Gustav Mahlmann

Einladung zum Essen vor einem Kongreßvortrag

Sehr geehrte Frau Heinrichs,
ich freue mich, daß wir uns auf dem diesjährigen Kongreß für Textverarbeitung in Köln sehen werden. Der Vortrag von Herrn Kruse ist am Donnerstag, dem 23.10., um 15 Uhr. Wenn es Ihnen recht ist, treffen wir uns um 12 Uhr vor dem Messerestaurant. Ich lade Sie zum Mittagessen ein und hoffe, Sie werden mir bei der Gelegenheit noch ein wenig über Ihre neuen Aufgaben in Ihrer Firma erzählen. Einverstanden?

Es grüßt Sie
Ihr Peter Rademacher

Vergnügter Abend mit leitenden Mitarbeitern

Sehr geehrter Herr Wirth,
nach der vielen Arbeit der letzten Wochen haben wir uns, meine ich, einen vergnügten Abend verdient – und unsere „besseren Hälften" auch, denn manchmal haben wir ihre Geduld schon auf eine harte Probe gestellt.
Ich hoffe, Sie und Ihre Frau werden dabeisein, wenn wir am Freitagabend, 14. September, einmal alle Berufsprobleme über Bord werfen und uns einige fröhliche Stunden machen.
Falls das Wetter schön ist, essen wir im Garten, so gegen halbsieben. Sonst wird das ganze nach drinnen verlagert. Für leibliche Genüsse ist gesorgt, gute Stimmung müssen Sie mitbringen.

Freundliche Grüße
Ihr Albert Tröger *

Sie sehen, es ist gar nicht so schwer. Auch Sie werden hin und wieder solche und ähnliche Briefe schreiben müssen, aus angenehmem oder betrüblichem Anlaß. Wenn Sie zwei Grundregeln beachten, kann gar nichts schiefgehen: 1. Versetzen Sie sich in die Lage des Empfängers! 2. Betrachten Sie Ihre Formulierarbeit als geistige Lockerungsübung – schreiben Sie natürlich!

9.2 Zeugnisse

Das Zeugnis ist aus mehreren Gründen ein besonderes Schriftstück, und diese Besonderheit macht das Formulieren zu einer schwierigen Aufgabe.

Geschäftsbriefe diktieren wir täglich. Wir haben ein festes Arbeitsgebiet, und deshalb dreht es sich in unseren Briefen im Grunde immer wieder um die gleichen Dinge. Ob wir diese Briefe nun gut oder schlecht formulieren, auf jeden Fall bekommen wir Routine und erfüllen die Aufgabe daher zügig und gelassen.

Anders ist das beim Zeugnis. Es wird nur ausgestellt, wenn jemand die Arbeitsgemeinschaft verläßt, sei es, um eine andere Aufgabe zu übernehmen, sei es, um sich ins Privatleben zurückzuziehen. Es ist klar: Was man selten zu tun hat, verlangt einem mehr ab als das Alltägliche. Erinnern wir uns an den „persönlichen Brief des Chefs"!

Hinzu kommt, daß der Zeugnisverfasser in dieser Arbeit meistens keinen Vorteil für sich sieht. Oft ist sogar das Gegenteil der Fall: Eine gu-

---

*Die Beispiele stammen aus dem Buch „Persönliche Briefe im Geschäftsleben" von Wolfgang Manekeller, verlag moderne industrie, München.

te Arbeitskraft verläßt seine Abteilung, und er hat die Mühe, eine neue zu suchen und einzuarbeiten. Kein Grund zu jubeln. Was keinen Vorteil verspricht, interessiert einen wenig, und was einen nicht interessiert, macht man gewöhnlich schlecht.

In der Regel hat der unfreiwillige Zeugnisautor mit einem weiteren Handicap zu kämpfen. Er soll in einer Viertelstunde einen ausscheidenden Mitarbeiter beurteilen, soll sagen, w a s er gearbeitet und w i e er gearbeitet hat.

Was kommt einem in den Sinn, wenn man sich vor diese Aufgabe gestellt sieht? Man fragt sich: „Wie war er (oder sie) nun eigentlich?"Man sucht seinen Gedächtnisspeicher nach Informationen ab. Was fällt einem ein? Wahrscheinlich das Mitarbeiterverhalten in der letzten Zeit, womöglich sogar erst seit der Kündigung Vielleicht hat der Mitarbeiter daraufhin jegliche Freude an seiner Arbeit verloren. Und genau das wird das Gedächtnis „abliefern". Wer sich die Mühe macht, ctwas gründlicher nachzuforschen, also die ganze Beurteilungszeit zu bedenken, gerät ins Grübeln. Wie soll man so schnell zusammenkramen, was sich in jahrelanger Arbeit entwickelt und erwiesen hat?! Die Ergebnisse werden mehr oder weniger zufällig sein.

Und damit hat man sich erst um den Inhalt gekümmert. Wie steht es mit der Form? Wie drückt man zutreffend und flüssig aus, was man da an Beurteilungsbruchstücken ermittelt hat? Wie macht man einen „runden" Text daraus?

Hier helfen einem gewisse Routineformulierungen wie:

1. „. . . hat sich stets bemüht, seinen Aufgaben gerecht zu werden."

2. „Wir waren mit . . . . Leistungen zufrieden."

3. „Wir waren mit . . . Leistungen voll zufrieden."

4. „Wir waren mit . . . Leistungen vollstens zufrieden."

Aber diese Formulierungshilfen aus dem Schatzkästlein routinierter Zeugnisverfasser haben sich allmählich als Scheinhilfen entpuppt. Davon abgesehen, daß sie abgegriffen sind, also dem Autor selbst nicht gerade ein gutes Zeugnis ausstellen, abgesehen davon sind sie ins Zwielicht geraten.

Es gibt Untersuchungen über Zeugnistexte, zum Beispiel von Gewerkschaftsseite. Das Resultat ging durch Fernsehen und Presse und verursachte Wirbel. Man glaubte nämlich herausgefunden zu haben, daß in viele scheinbar harmlos aussehende Formulierungen ein Geheimkode eingebaut ist.

Auf unsere vier Beispielsätze angewandt:

1. = Guter Wille, aber kein Können.
2. = Wir waren . . . Leistungen u n zufrieden.
3. = Befriedigende Leistungen.
4. = Leistung in Ordnung.

Das bedeutet: Wer mit strahlender Zuversicht ein Zeugnis vorweist, das die Formulierung 1 oder 2 enthält, wird sich häufig über Bewerbungsmißerfolge zu wundern haben. Oder darüber, daß man ihm nur ein geringes Gehalt zahlen will. – Und wer mit der Formulierung 3 daherkommt, wird es schwer haben, eine Position zu erhalten, die viel verlangt und entsprechend dotiert ist. Kann man denn mehr als voll zufriedenstellen? Sprachlich: nein. Nach ungeschriebenen Gesetzen: ja – nämlich „vollstens".

Ob die Behauptungen der Zeugnisuntersucher in allen Beziehungen stimmen – es soll versteckte Hinweise auf Gewerkschaftszugehörigkeit oder politische Zuverlässigkeit geben –, kann ich nicht beurteilen. Aber daß einige der üblichen Bewertungsformulierungen einen anderen als den normalen Sinn haben, erscheint mir als gesichert.

Ehe man sich darüber empört, muß man allerdings auch die Notlage erkennen, in der sich Zeugnisformulierer befinden. In Kurzform: Sie dürfen nichts Nachteiliges über den Zeugnisempfänger sagen, müssen aber bei der Wahrheit bleiben, damit der Nachfolge-Arbeitgeber, der dem Zeugnis vertraut, keinen Schaden erleidet. Beide Forderungen zu erfüllen ist nur mit Trick möglich. Und der Trick heißt: Formale Erfüllung, tatsächliche Nichterfüllung. Man sagt nichts Nachteiliges, gibt dem Leser aber mit bestimmten Formulierungen einen Wink. – Natürlich, oder zumindest höchstwahrscheinlich, sind solche Formulierungswinke nie abgesprochen worden; sie haben sich in der Praxis aus der beschriebenen Notlage heraus entwickelt.

Und nun? Wie soll denn ein Vorgesetzter oder ein Personalsachbearbeiter in dieser Situation Zeugnisse im Büro formulieren? Zwei Lösungen bieten sich an:

1. Lösung: So weitgehend wie möglich keine Routineformulierungen verwenden!

2. Lösung: Nur ins Zeugnis schreiben, was jemand gemacht hat. Das allerdings sehr viel genauer, als es gewöhnlich geschieht! Seine Leistung und sein Verhalten aber nicht bewerten! Dabei kommt natürlich dennoch eine Bewertung zustande: eine indirekte, rein sachbezogene Bewertung.

Lösung 2 wäre eine Radikallösung. Sie wird aber nicht realisierbar sein, weil dieses vernünftige Vorgehen wirklich eine allgemeine Verständigung und Absprache voraussetzte. Und wer einigt sich schon auf ein vernünftiges Vorgehen! Sie kann aber d e r Ausweg sein, wenn sich Zeugnisaussteller und Zeugnisempfänger über die Bewertung nicht zu einigen vermögen.

Im übrigen wird den armen Zeugnisverfassern nur der Weg 1 bleiben: durch sorgfältiges, sprachgewandtes Formulieren sowohl dem Zeugnisempfänger als auch den Tatsachen einigermaßen gerecht zu werden!

Diesen Weg zu gehen, das läßt sich zum Glück erleichtern. Wie? Indem man den Aufbau des Zeugnisses vorgibt und außerdem zu jedem Punkt zahlreiche Formulierungen zur Auswahl anbietet.

Dieses Zeugnisprogramm erinnert den Beurteiler zunächst einmal daran, was ein Zeugnis alles enthalten sollte, und es zeigt ihm zugleich eine sinnvolle Reihenfolge der Aussagen. Man kann diese Erinnerung allerdings auch einen Zwang nennen; und das ist gar nicht schlecht, denn es ist ein heilsamer Zwang zur Sorgfalt.

Ferner nimmt das Zeugnisprogramm dem Beurteiler das Formulieren ab. Er braucht nicht mehr – immer in Eile, versteht sich – mit Routine elegant erscheinende Formulierungen aus dem Ärmel zu schütteln, sondern darf das benutzen, was in gemeinsamer Arbeit gewissenhaft und nicht unter Zeitdruck im voraus formuliert worden ist.

Auf diese Weise ergibt sich etwas Merkwürdiges: Zeugnisse, die aus vorformulierten Textstücken – Textbausteinen – zusammengesetzt werden, sind meistens umfassender, besser formuliert und – individueller als Zeugnisse, die auf die übliche Weise entstehen. Wer ohne Textbausteine arbeitet, hat zwar jegliche Freiheit zu individueller Beurteilung und Formulierung, aber wie weit nutzt er diesen Spielraum, wie weit kann er ihn nutzen? Nur wenige haben die Zeit und sind fähig, ein inhaltlich und sprachlich vorbildliches Zeugnis zu gestalten. Und die übrigen? Sie halten sich stark überwiegend an die bewährten Nullachtfünfzehnregeln. Und damit erhalten die Zeugnisempfänger eine für ihr ganzes Leben wichtige Urkunde, die dennoch wenig wert ist.

Zusammengefaßt: Das aus einem Textprogramm entwickelte Zeugnis ist einem ohne dieses Hilfsmittel formulierten Zeugnis fast immer vorzuziehen. Der Qualitätsabstand zugunsten des „Programm-Zeugnisses" wird noch größer, wenn bestimmte Passagen frei formuliert werden dürfen, so daß der Text eine Kombination aus programmierten und aus frei formulierten Bausteinen ist. In einer solchen Kombination werden meistens die Tätigkeiten, die ein Zeugnisempfänger ausgeübt hat, frei beschrieben, während die Beurteilungen durch Textbausteinauswahl gegeben werden.

9.3 Textprogramme

Was sind Textprogramme? Textprogramme, die man in Texthandbüchern zusammenfaßt? Was ist Textprogrammierung, der Entstehungsweg des Textprogramms?

Ich zitiere aus dem „Handbuch der Textverarbeitung", Band 3: Textautomation" der GRT, Köln:

„Die Grundgedanken der Textprogrammierung . . . sind einfach:

1. Viele Sachbearbeitungsvorgänge wiederholen sich.
2. Zu den Sachbearbeitungsvorgängen gehörende Informationen wiederholen sich ebenfalls.
3. Wiederholt benötigte Informationen lassen sich ‚programmieren', das heißt, im voraus formulieren und adressieren.
4. Programmierte Texte – auch Textbausteine genannt, sind durch Diktat von Adressen und kurzen Einfügungen zu individuellen Briefen kombinierbar."

Soviel in Kurzform zur Textprogrammierung (Programmierung von Textbausteinen) und zum Adressendiktat (anstelle des Wort-für-Wort-Diktats). Eine solche Vereinfachung, Beschleunigung und Verbesserung auf der Diktatseite würde allerdings in vielen Fällen wenig nützen, weil die Schreibseite mit den daraus resultierenden erhöhten Schreibanforderungen nicht mitkommen könnte. Dieses Problem wird jedoch durch den Einsatz von Textautomaten für Textbaustein-Verarbeitung gelöst. Die vorformulierten Textbausteine werden im Automaten gespeichert und bei Bedarf in beliebigen Kombinationen, durch beliebige Einfügungen ergänzt, abgerufen, automatisch selektiert und automatisch geschrieben.

Ein Textprogramm mit ausführlicher Besprechung finden Sie in dem Duden-Taschenbuch 19 „Wie diktiert man im Büro?" auf den Seiten 34 bis 50.

9.4 Vordrucke

Das Vordruckwesen ist eine Spezialwissenschaft geworden, und es verdient auch, daß man sich so intensiv damit beschäftigt. Denn sicher ist: Vordrucke können viel Zeit und Geld sparen helfen.

Können! Und da liegt der Haken. Oft genug tun sie es nicht. Die beiden Hauptursachen: 1. Die Vordruckgestaltung ist schlecht. 2. Die Vordruckorganisation ist schlecht.

Vordruckgestaltung: Lange hat man immer wieder fabelhafte Vordrucke entworfen und gedruckt, die nur den einen Fehler hatten: sie waren schlecht zu beschriften. Waren sie für Handbeschriftung gedacht, reichte gewöhnlich an einigen Stellen der Platz nicht aus. Waren sie für Maschinenbeschriftung vorgesehen, stimmten die Zeilenabstände nicht, so daß die Schreiberin dauernd vertikale „Positionierungsmanöver" ausführen mußte (ungefähr so umständlich wie das Wort!). Außerdem kümmerte sich niemand darum, ob für mehrere Vordrucke im selben Unternehmen oder in derselben Abteilung die Spalten so bemessen wurden, daß weitgehend mit gleichen Tabulatorsprüngen gearbeitet werden konnte.

Zur Gestaltung gehört auch der Text. Wer formuliert Vordrucktexte? Irgendwer! Nebenbei. So sieht das dann oft auch aus. Sollte man nicht Texte, die wieder und wieder benutzt werden, sorgfältig von einem Könner formulieren lassen? Wer die Verwirrungen kennt, die Vordrucktexte schon ausgelöst haben, wird die Frage uneingeschränkt bejahen.

Vordruckorganisation: E i n e Stelle muß für alle Vordrucke verantwortlich sein. Gibt es eine solche Stelle nicht, werden Gestaltungsfehler an der Tagesordnung bleiben, werden veraltete Vordrucke nicht rechtzeitig und für alle bindend aus dem Verkehr gezogen, werden die Untergrundvordrucke weiter wuchern. Und das alles zusammen heißt, drastisch, aber treffend ausgedrückt: Die Erleichterung und Einsparung „Vordruck" wird zur Erschwerung und Verschwendung.

9.5 Berichte

In Berichten herrscht nicht das Persönliche, sondern das Sachliche vor. Das heißt aber nicht, daß Berichte in absoluter Anonymität versinken sollen.

Dieses „man" und „erfolgt" und „wird mitgeteilt" geht so weit, daß es hier und da für die Verständlichkeit gefährlich wird.

Ein Beispiel: In vielen Unternehmen gilt die Regel, daß jeder in der Wir-Form zu schreiben hat, selbstverständlich auch die Mitarbeiter im Außendienst. Und so schreibt dann ein Vertreter in seinen Besuchsbericht: „Wir haben 50 kg kostenlos für Versuchszwecke zugesagt." W i r haben das aber gar nicht getan, e r hat es getan. Nach einiger Zeit, wenn aus der Zentrale deswegen eine Reklamation kommt, weiß wahrscheinlich kein Mensch mehr, wer verantwortlich ist. Ob es um Lob oder um Tadel geht: es sollte immer zu erkennen sein, wer gehandelt oder nicht gehandelt hat.

Ein anderes Übel im Berichtswesen, neben der gepflegten Anonymität, ist die Weitschweifigkeit. Was passiert mit den vielen ellenlangen Berichten unserer „Firmenrepräsentanten", die Tag für Tag unterwegs sind? Sie werden entweder zähneknirschend überflogen oder überhaupt nicht gelesen. Die Außendienstmitarbeiter wundern sich oft, daß auf diese oder jene Information hin aus dem Stammhaus keine Reaktion folgt. Da gibt es nichts zu wundern. Was einer nicht oder nicht mit vollem Bewußtsein gelesen hat, darauf kann er auch nicht reagieren.

Nun muß man aber auch die Innendienstler verstehen. Sie stöhnen berechtigt über die wachsende und wachsende Papierflut. Und ihre Klage, daß so viel Überflüssiges in den Berichten stehe, trifft ja zu. Von der Berichtssprache ganz zu schweigen!

Fragt man dann wiederum die andere Seite, die Verfasser, warum sie sich eigentlich nach anstrengenden Reisetagen die Mühe machten, so furchtbar lange Texte zu diktieren, bekommt man oft die Antwort, das werde erwartet. Wer nicht ausführlich berichte, so glauben die armen Opfer, gelte als faul. D e s h a l b werden oft zwei Seiten diktiert, obwohl der Satz „Situation unverändert" genügt hätte.

Man kann auf dem Gebiet des Berichtswesens in allen seinen Formen, wie unser Beispiel zeigt, nur etwas erreichen, wenn man „von oben" klare Richtlinien gibt. Und diese Richtlinien sollten vernünftig sein.

Wenn jemand weiß, daß er nicht mit endlosen Detaildarstellungen, sondern nur durch prägnante, übersichtliche Kurzberichte Eindruck machen kann, wird er den Teufel tun, sich – müde, wie er ist – mehrere Seiten statt einer halben Seite abzuringen.

Gerade bei Besuchsberichten, aber auch bei anderen Berichtsformen, sollten wir noch einen anderen Gedanken erwägen. Vermutlich sind für den Außendienstmitarbeiter zahlreiche kleine Beobachtungen am Rande von Bedeutung, mit denen der Innendienstler überhaupt nichts anfangen kann: ein Lächeln, ein Achselzucken, eine kleine Bemerkung in Richtung Nachbar oder Konkurrenz, eine Tonveränderung . . . Und es mag wichtig sein, solche Nebensächlichkeiten, die für ihn keine sind, festzuhalten.

Daraus könnte sich ergeben: Zwei Berichte diktieren – einen für sich selbst, einen für die Zentrale. Dabei kann der längere Bericht für die eigene Aktentasche die „Schmuddelvorlage" für den prägnanten, übersichtlichen offiziellen Bericht sein. Vorschlag: Den ausführlichen Bericht unterwegs sofort runterdiktieren. Wirklich runterdiktieren! So, wie's einem einfällt! Das genügt zur eigenen Gedächtnisauffrischung beim nächsten Besuch. Und alles, was für den offiziellen Bericht erforderlich ist, habe ich damit zugleich festgehalten; es kann mir nicht mehr „entwischen". Ich muß es nicht unbedingt abends noch loswerden, weil ich befürchte, am nächsten Tag die Hälfte vergessen zu haben.

Vorsichtshalber ein Hinweis in diesem Zusammenhang: Zum Festhalten der Informationen an Ort und Stelle benutzt man heute eins der vorzüglichen Taschendiktiergeräte. Es muß schnell, leicht und sicher zu handhaben sein, gute Tonqualität bieten, damit die Schreiberinnen keine Ohnmachtsanfälle bekommen, und sein Tonträger sollte ohne Wechseln der Wiedergabe-Anlage in der Zentrale verarbeitbar sein.

Viele tippen ihre Berichte auch selbst. Nichts dagegen einzuwenden, – wenn sie maschinenschreiben können. Die Tipparbeit eines qualifizierten Außendienstlers nach einem Dreifingersuchsystem ist pure Verschwendung.

9.6 Anweisungen, Anleitungen, Vorschriften

Wie verarbeitet man bestimmte Farbstoffe oder Emails? Wie bringt man bestimmte Reparaturen zustande? Wie füllt man bestimmte Formulare aus? Und wie formuliert man Anleitungen, die zu befolgen man nicht erzwingen kann?

Sie sehen, es geht um inhaltliche Richtigkeit, Verständlichkeit, Überzeugungskraft – I, V, L. (s. IDA-System).

Der amerikanische Sprachforscher Benjamin Lee Whorf (1897 bis 1941), von Haus aus Chemie-Ingenieur, berichtet in seinem Buch „Sprache – Denken – Wirklichkeit", wie „Sprachunfälle" zu Betriebsunfällen werden können. Zum Beispiel: Die Bezeichnung „leere Benzintonnen" signalisiert Gefahrlosigkeit. Tatsächlich können sie noch gefährlicher als volle sein: weil sie explosive Dämpfe enthalten. Physikalisch ist die Situation hochgefährlich, sprachlich wirkt sie harmlos. – In einer Brennerei für Methylakohol bestand die Isolierung der Destillierkolben aus einer Masse, die aus Kalkstein hergestellt war und in der Brennerei „gerührter Kalkstein" genannt wurde. Die Silbe „stein" suggerierte Unbrennbarkeit. Tatsächlich griff das Feuer unter einem der Destilliergefäße auf den Kalkstein über, der heftig brannte. Die essigsauren Dämpfe aus den Destillen hatten den Kalkstein (Kalziumkarbonat) in Kalziumazetat verwandelt. – Auch „Bleibruch" ist eine irreführende Bezeichnung, wenn es sich um Bleiplatten alter Radio-Kondensatoren handelt, zwischen denen sich noch Parafinpapier befindet. Das Paraffin geht schnell in Flammen auf.

Übereinstimmung zwischen Sache und sprachlichem Ausdruck!

Ein anderes Problem, ein schlimmes Problem, ist die Verständlichkeit. Wie viele Hausfrauen – und auch ihre Männer – mögen schon über die unglücklich formulierten Bedienungsanleitungen für die verschiedensten Geräte gestöhnt haben! Und erst die Anleitungen für das Zusammenfügen von Möbeln aus Bausätzen!

Das dritte Problem kommt am besten in der Frage zum Ausdruck: Wie sag' ich's dem, der folgen soll?

Stellen Sie sich vor: Es ist beschlossen worden, eine Schriftgutanalyse machen zu lassen. Dazu muß das Schriftgut zunächst lückenlos und in bestimmter Weise gekennzeichnet erfaßt werden. Die Schreibkräfte wittern hinter dieser Erfassung irgendetwas Unangenehmes. Wenn man nicht informiert ist, neigt man zum Mogeln, sogar wenn man nicht weiß, ob die Mogelei in der für einen selbst günstigen Richtung wirkt. – Was ist in solchen Situationen zu tun? Man muß allen Beteiligten vorher sagen, genau sagen, was es mit der Aktion auf sich hat und wie sie ablaufen soll, und man muß ihnen die Einzelheiten des Ablaufs außerdem schriftlich geben. Nur wer sich jederzeit auf einfache Weise mit Hilfe eines Merkblattes orientieren kann, wird sich vernünftig verhalten und sinnvoll mitarbeiten.

Aber stellen Sie sich nun auch bitte vor: Da muß ein ganz auf Sachlichkeit eingestellter Organisator plötzlich einen Brief an Kollegen verfassen, mit dem er eine ungewöhnliche, vielleicht umstrittene Maßnahme „verkaufen" soll. Ob er das immer kann? Mit welchem Aufwand an Zeit und Energie!?

Bedenken wir, daß es auch dort, wo jemand befehlen darf, mit dem Befehlen allein nicht getan ist. Wenn sich Mitarbeiter falsch angesprochen fühlen und außerdem vom Sinn einer Sache nicht überzeugt worden sind, wird es ihnen fast immer gelingen, die Sache zu Fall zu bringen – und wenn es zu ihrem eigenen Schaden geschieht!

Es lohnt sich also bestimmt, über die Formulierungen von Anweisungen, Anleitungen und Vorschriften etwas länger nachzudenken.

9.7 Verträge

Daß man mit Verträgen vorsichtig sein muß, daß es auf jede Formulierung, oft auf eine Formulierungsnuance ankommt, ist allgemein bekannt. Und warum gibt es dennoch so viele Streitigkeiten gerade um Verträge? Weil Wissen noch nicht gleich Können ist.

Ein guter Rat zur Textgestaltung: Zumindest bei der Formulierung wichtiger Verträge sollten die notwendigen Fachleute durch einen sprachlich besonders Geschulten oder Begabten ergänzt werden. Hat man eine solche Kraft unter den Fachleuten selbst: um so besser!

Eine Empfehlung zum Schreiben von Verträgen: Wer viele Verträge oder vertragsähnliche Texte schwierigen und wichtigen Inhalts zu Papier zu bringen hat, sollte prüfen oder prüfen lassen, ob sich nicht der Einsatz einer Textbearbeitungsmaschine lohnt. Während die Maschinenschreiberin die erste Fassung eines Textes schreibt, wird der Text zugleich gespeichert. Bei späteren Änderungen – und die kommen bestimmt – braucht sie nur die Korrekturstellen neu zu bearbeiten; alles andere schreibt der Automat mit 900 bis 1800 Zeichen/min, je nach Typ, fehlerfrei ohne menschliche Hilfe.

9.8 Pressemitteilungen

Die Inhalte von Pressemitteilungen sind fast immer fachlicher Art. Entweder es dreht sich um geschäftliche Dinge oder um technische Sachverhalte.

Damit hier nicht die übelsten Pannen passieren, muß der Pressemann oder die Pressefrau eng mit den jeweiligen Fachleuten zusammenarbeiten. Und diese Zusammenarbeit erfordert überdurchschnittliche Formulierfähigkeit beim Pressemitarbeiter, denn erstens kann man nicht alles, was Kaufleute und Techniker formulieren, auf den freien Markt schicken, und zweitens muß man mit Umformulierungen durch die empfangenden Journalisten rechnen. Ganz klar: Je schwerer der Pressetext verständlich ist, um so häufiger passieren Pannen. Und die sind – so sagt die Erfahrung – oft nicht von Pappe.

9.9 Fachaufsätze

Viele Unternehmen hätten der „Welt" noch mehr zu sagen, als in Pressenotizen Platz hat. Sogar Wichtigeres. Und so mancher kluge Fachmann erreicht nur deshalb nicht seine berechtigte Geltung, weil niemand auf ihn aufmerksam wird.

Bedeutende Firmen haben erfahren und bewiesen, daß die Ausarbeitung von Fachaufsätzen im eigenen Haus kein unrationeller Luxus, sondern eine lohnende Aufgabe ist. Welches sind die Vorteile?

1. Ganz allgemein: Indirekte Werbung, auch und gerade, wenn die Fachaufsätze von jeglicher Werbung freigehalten werden. Der „geistige Rang" eines Unternehmens kommt allmählich ins Gespräch.

2. Handfeste Information über Anlagen, die man gebaut, oder Verfahren, die man entwickelt hat. Dem entsprechen Beschreibungs- und Problemaufsatz.

   Die Leser werden mit der Zeit aufmerksam, sie hören hin, sie betrachten auch Anzeigen, Prospekte und sonstige Werbedrucksachen, die aus diesem Haus kommen, mit anderen Augen.

3. Weiterverwertung von Fachaufsätzen: Abdruck in Auslandsausgaben der Fachzeitschriften, in denen sie zuerst veröffentlicht werden. – Sonderdrucke mit dezent werbendem Deckblatt (billig, der Satz steht ja!).

4. Ansporn zur Leistung für die Mitarbeiter; die Möglichkeit, auch einen breiteren Kreis wissen zu lassen, was man kann. Honorar der Zeitschrift und Firmenprämie sind auch nicht zu verachten.
5. Wissensvermittlung im eigenen Haus.
6. Das Wichtigste: Wer einen Fachaufsatz schreibt, beherrscht hinterher sein Fachgebiet besser.

In diesem Zusammenhang sind auch Artikel für Werkzeitschriften, Kundenzeitschriften und ähnliche Publikationen zu sehen. Auch hier lassen sich Fachaufsätze nützlich für den Verfasser, das Unternehmen und die Leser unterbringen. Dazu natürlich alle Darstellungsformen, die wir in den Zeitungen finden: von der Glosse bis zum Bericht, von der Erläuterung wichtiger Fachausdrücke der Wirtschaft bis zur Sportreportage, von der Buchkritik bis zur Landschaftsschilderung, vom Schwank bis zum Gedicht.

Werkzeitschriften führen meistens ein merkwürdiges Dasein, und damit auch ihre Mitarbeiter. In ruhigen, guten Zeiten nimmt die Unternehmensleitung kaum von ihnen Notiz. Wenn's aber in irgendeiner Weise brenzlig wird, muß die Werkzeitschrift den Feuerwehrmann spielen. Einige Firmen sehen das heute schon anders – mit Erfolg.

9.10 Werbetexte und „werbende Texte" aller Art

Werbetexte zu schreiben, das ist eine Spezialaufgabe. Und deshalb: Zumindest wenn es um die Texte kostspieliger Anzeigen, Prospekte, Fernsehspots und ähnliches geht, sollte man diese Aufgabe auch Spezialisten überlassen. Sie sind teuer, aber das Do-it-yourself-Verfahren ist auf diesem Gebiet noch um ein Vielfaches teurer. Man merkt es nur erst später, oft zu spät.

Fragen wir uns dagegen, welche Aufgaben – von diesen Spitzenerzeugnissen abgesehen – sonst noch mit Werbung zu tun haben, werbende Elemente enthalten müssen, wenn sie erfolgreich sein sollen, so kommt dabei mehr heraus, als man vermutet. Die Frage „Wer schreibt werbende Texte?" beantwortet das Buch „besser texten – mehr verkaufen" (Hans Holzmann Verlag, Bad Wörishofen) so:

„Mitarbeiterinnen und Mitarbeiter:
.der Presseabteilung
.der Werkzeitschrift-Redaktion
.der Personalabteilung
.des betrieblichen Vorschlagswesens
.der Sozialabteilung
.des Ausbildungswesens
.der Lohn- und Gehälterabteilung

.der Betriebskrankenkasse
.der betrieblichen Pensions- und Sterbekasse
.der Verkehrsabteilung
.der Abteilung für Unfallschutz
.der Verkaufsförderung und des Kundendienstes

Es geht also um Textgestaltung in Pressearbeit, Personalführung und Verkauf. Wer schreibt Texte in diesen Bereichen, die nur zum Teil Werbetexte im üblichen Sinne sind, aber dennoch Fingerspitzen- und Sprachgefühl verlangen?

10 Weiterbildung

Wenn Sie bis hierher gelesen haben, ist Ihnen klar, wie sich die Textgestaltung auf Kosten und Erfolg auswirkt. Aber von der Erkenntnis bis zur Veränderung ist ein langer Weg. Welche Widerstände stehen in den Firmen und Behörden der sprachlichen Weiterbildung entgegen? Welche Ziele sind mit vertretbarem Aufwand erreichbar, also vernünftig? Welche Mittel bieten sich für die Weiterbildung an?

10.1 Was steht einer sprachlichen Weiterbildung im Weg?

1. „Ich habe schließlich Deutsch gelernt!"

Wer eine gute Ausbildung in Schulen, Fachschulen, Universitäten, in der Praxis von Verwaltung, Handel oder Industrie erfolgreich abgeschlossen hat, darf sich für eine Fachkraft halten und für einen, im üblichen Sinn, gebildeten Menschen. Beide Bezeichnungen schließen ein, daß man seine Muttersprache genau und wirkungsvoll zu handhaben weiß. Die Behauptung, daß jemand nicht richtig Deutsch könne, gilt deshalb als Beleidigung.

Das ist – soweit damit nicht Elementarkenntnisse gemeint sind – um so merkwürdiger, als die ähnliche Aussage, jemand sei mathematisch unwissend oder unbegabt, den so Beurteilten kaum aus dem Häuschen bringt, vorausgesetzt, daß sein Beruf nicht gerade ausgeprägte Mathematikkenntnisse verlangt. Hat er aber nicht genausolange, nein, sogar viel länger Mathematikunterricht als Deutschunterricht gehabt? Der Deutschunterricht im engen Sinne der Sprachschulung wird gewöhnlich in der 8. oder 9. Klasse weitgehend abgeschlossen. Dann genießt oder „genießt" man fast nur noch Literaturunterricht, schreibt Problem- und Besinnungsaufsätze, analysiert und interpretiert die hohen Gedanken der Weltliteratur. In der Mathematik dagegen bleibt man bei der Sache, die Hauptschwierigkeiten kommen erst. Warum reagieren die meisten trotzdem so heftig auf die Feststellung, im Deutschen nicht sattelfest zu sein? Erstens sicherlich deshalb, weil das Versäumnis der Schule auf diesem Gebiet nicht erkannt wird. Zweitens, weil man offenbar ahnt, daß die Sprache mehr mit der ganzen Person zu tun hat als Mathematik oder Chemie oder Geschichte. Wenn sich jemand der Beurteilung gegenübersieht, er habe nur schwache Physikkenntnisse, so glaubt er, sein Fachwissen sei kritisiert worden. Bei ähnlicher Aussage über seine Deutschkenntnisse fühlt er sich dagegen als Person schlecht eingestuft.

Wir benutzen unsere Sprache Tag für Tag ziemlich problemlos und schließen daraus, daß wir mit ihr auf vertrautem Fuß leben. Solange uns nichts Ungewöhnliches abverlangt wird, merken wir nicht, auf welchem Stand der Sprachbeherrschung wir uns wirklich befinden, was wir können und was uns fehlt. Wer einmal eine Stunde lang im Grammatik-Duden liest, wird erstaunt wahrnehmen, wieviel er von seinem Schulwissen vergessen hat und wieviel in seinem Schulwissen nie enthalten gewesen ist. Und wer darüber hinaus aus Büchern erfährt, was große Geister über die Sprache gedacht haben, entdeckt manchmal neue Horizonte und Abgründe, wo er zuvor nur Gemeinplätze gesehen hat.

Deutsch lernt man nicht wie das kleine oder das große Einmaleins. Deutsch ist ein Dauerfach. Und wer es ablehnt, sich in diesem Fach weiterzubilden, wird mancherlei private und berufliche Fehlschläge hinnehmen müssen, deren Ursachen im sprachlichen Bereich liegen – wenn er das auch nicht merkt und deshalb viele andere Begründungen dafür sucht und findet.

2. „Der Inhalt ist entscheidend, nicht die Form!“

So hört man es immer wieder von jenen, die unsere und ihre Sprache für nichts anderes als ein Vehikel der Meinungen halten. In diesem Zusammenhang: siehe „4.3 Übereinstimmung zwischen Informationsabsicht und Text“.

Schon eher leuchtet den Sprachmuffeln ein, daß der Inhalt zwar für die Sache, die Form jedoch für den Erfolg wichtig ist. Es mag sein, daß eine Gruppe von Konstrukteuren ein Auto gebaut hat, das alle anderen Wagen weit übertrifft: in der Motorleistung, Haltbarkeit, Sicherheit. Diese Tatsache kann man Interessenten in holpriger, ungeschickter sprachlicher Form erklären, und dem ausgesprochenen Fachmann wird das wenig ausmachen: der objektive Sachverhalt überzeugt ihn. Aber wer ist schon so eindeutig Fachmann? Wahrscheinlich würde die Herstellerfirma trotz ihres überragenden Fabrikats einen Reinfall erleben, denn den Laien, Halb- und Viertellaien genügt es durchaus nicht, daß ihnen die Daten und Fakten in irgendeiner Form vorgesetzt werden: Die schlechte Form verbaut ihnen die Sicht auf den Inhalt, so daß sie den Inhalt weder angemessen erkennen noch würdigen können. Die gute Form ist also keineswegs schmückendes Beiwerk, das man anbringen oder weglassen darf, ja, das sogar stört, sondern sie fördert zuerst einmal die Klarheit.

Der Mensch will mit seiner Sprache in der Regel mehr als nur etwas darstellen: er will wirken, andere sollen etwas tun oder unterlassen. Auch im Geschäftsbrief ist es wichtig und oft entscheidend, w i e man den Partner informiert. Je schwieriger oder unangeneher die Situation, desto ausschlaggebender wird dieses Wie. Und trotzdem, wer nimmt es schon ernst! Viel zu wenige. Und wenn diese wenigen gelegentlich bei anderen eine schlechte Ausdrucksweise beanstanden, so lautet die Antwort oft: „Ach was, man weiß schon, was gemeint ist." Werner Staib schreibt dazu in seinen „Deutschen Sprachbriefen" (Bosch-Schriftenreihe): „Dies ist erstens das Eingeständnis, daß irgend etwas faul ist; zweitens ist es die denkbar schlechteste Entschuldigung. Ein Ochse weiß auch, was gemeint ist, wenn man ‚hüst' oder ‚hott' zu ihm sagt. Wer so bescheidene Anforderungen an seine Schreibweise stellt, daß er zufrieden ist, wenn der Leser weiß, was gemeint ist, der soll das Schreiben lieber bleiben lassen."

3. Überhebliche Kollegen

Werner Staib empfiehlt, die Entschuldigung „man weiß schon, was gemeint ist" nie auszusprechen und auch bei anderen nicht gelten zu lassen. Er wußte aber auch: „Es gibt kaum ein sichereres Mittel, sich unbeliebt zu machen, als die Leute zum Denken zu zwingen, denn das Denken ist den meisten unbequem."

Ein Unternehmen gibt seinen Mitarbeiterinnen und Mitarbeitern die Möglichkeit, kostenlos, vielleicht sogar innerhalb der Arbeitszeit, an einem Korrespondenzkursus teilzunehmen. Wer meldet sich? Dort, wo psychologische Vorarbeit geleistet ist, wo eine allgemein lernwillige Einstellung herrscht, wird man sich zu einem solchen Kursus geradezu drängen. Dort aber, wo Weiterbildung nicht üblich oder selbstverständlich ist, wird der Willige oft genug zu seinem, vielleicht älteren, Kollegen schielen und sich fragen: „Wie wird der das aufnehmen, wenn ich mich anmelde? Wird er nicht befürchten, ich wolle ihn übertreffen, alles besser wissen, ‚radfahren'? Wird er nicht ironisch über mich lächeln und etwa sagen ‚Diese Lehrgänge – alles Quatsch, reine Theorie! Auf die Praxis kommt es an, auf sonst gar nichts!'?"

Noch problematischer wird die Situation für den, der bereits an einem Kursus teilgenommen hat. Er hat vieles eingesehen, ihm ist ein Licht aufgegangen, er möchte nun alles richtig und wirkungsvoller machen. Dagegen werden seine nicht geschulten Kollegen wenig einzuwenden haben, denn sie merken es kaum. Zum Glück und zugleich leider bringt ein Kursusteilnehmer gewöhnlich auch die Absicht mit, seine Kollegen an den Früchten der Erkenntnis teilhaben zu lassen. Er versucht, ihnen seine neuen Einsichten zu vermitteln und deren Anerkennung zu erreichen. Mag er seine Lektion noch so gut gelernt haben, die anderen werden ihm meistens Widerstand entgegensetzen.

Bei Einführung der Textprogrammierung habe ich einmal erlebt, wie dieses Verhalten des „gelehrigen Schülers" nicht nur ihn selbst unbeliebt machte, sondern auch die Sache und den „Lehrer" in Schwierigkeiten brachte. Mein „bester Mann" in der Abteilung war 150prozentig, sein Augenmerk war allein auf die Sache gerichtet, für die Gedanken und Gefühle seiner „rückständigen" Kollegen war er blind und taub. Ich hatte schließlich alle Hände voll zu tun, ihn aus der „Schußlinie" herauszuhalten: damit er nicht verletzt wurde und damit ich meine Wirkungsmöglichkeit behielt.

Wer jemanden schult, sollte ihn eindringlich darauf aufmerksam machen, daß er sich zunächst ausschließlich darum zu bemühen habe, seine eigenen Leistungen zu steigern, daß er sich nicht mit missionarischem Eifer auf andere stürzen dürfe, daß er im Grunde anzuerkennende Kollegenbelehrung mit großer Zurückhaltung und viel Taktgefühl versuchen müsse. Nur so kann er der Sache und sich selber nützen.

4. Unbeeinflußbare Vorgesetzte

Allzu kritische und dabei gefühlsbetont reagierende Kollegen können Schwierigkeiten bereiten, unbeeinflußbare Vorgesetzte geben Rätsel auf. Immer wieder kommt zum Beispiel folgendes vor: Ein Sachbearbeiter hat in einem Kursus gelernt, sich aus Kostengründen und um der Klarheit willen kurz auszudrücken, allen Ballast abzuwerfen. Er schreibt seinem Kunden in einer heiklen Angelegenheit einen halbseitigen Brief, in dem er jedes Wort genau abgewogen hat. Der Vorgesetzte: „Daraus hätten Sie aber auch ein bißchen mehr machen können." Gegenargumente gelten nicht. Also? Der Sachbearbeiter walzt seinen Halbseitenbrief zu einem Zweiseitenbrief aus, und der Vorgesetzte ist zufrieden: „Na sehen Sie, es geht doch. Man muß sich nur ein bißchen Mühe geben." Wenn mir solche Erfahrungen von Seminarteilnehmern erzählt werden, weiß ich, daß sie im allgemeinen weder erfunden noch übertrieben sind: ich habe früher ähnliches erlebt.

Wie kommt dergleichen zustande? Vorgesetzter wird man hauptsächlich, weil man sein Fach besser versteht als andere, zum Beispiel, weil man ein kenntnisreicherer, aktiverer, einfallsreicherer Kaufmann ist. Briefstil? Man hat immer so geschrieben, wie es üblich war, vielleicht war man grammatisch etwas sattelfester oder formulierte etwas flüssiger. Das heißt jedoch: Der geschulte Sachbearbeiter wird manchmal rationeller und wirkungsvoller diktieren als sein in dieser Richtung nicht geschulter Vorgesetzter. Das allein wäre nicht schlimm. Unglücklich verläuft die Entwicklung erst, wenn der Vorgesetzte meint, als Vorgesetzter müsse er eben alles besser wissen und besser können. In solchem Irrtum befangen, kann er nicht zulassen, daß einer seiner Mitarbeiter die von der Tradition festgefügten und von ihm hochgehaltenen Briefgepflogenheiten durchbricht und dann noch behauptet, seine Schreibweise sei sinnvoller.

Ein Patentrezept für diese Lage gibt es nicht. Wo keine konstruktive, einsichtige Lösung gefunden wird, ist der Vorgesetzte verärgert, und der enttäuschte Mitarbeiter geht entweder über kurz oder lang oder fügt sich resignierend. Sicher ist allerdings: Ein Unternehmen, das zuerst seine Führungskräfte mit den Formen zeitgemäßer Textgestaltung und Textverarbeitung vertraut macht, wird auf diesem Gebiet sehr viel schneller, leichter und reibungsloser zu den notwendigen Rationalisierungen gelangen als jedes andere Unternehmen, das ausschließlich seine Auszubildenden, seine jungen und gelegentlich auch älteren Mitarbeiter schulen läßt, dabei aber die Führungskräfte wie gefährliche Klippen umschifft.

Welche Mängel gilt es zu beheben?

1. Verkümmerte Kreativität

Kinder haben meistens ein reges Mitteilungsbedürfnis, ohne daß sie ihre Mitteilungen schon in korrekte Formen zu bringen vermögen. Dadurch, daß die Schule ihre Mitteilungen überwiegend einseitig und ziemlich schematisch nach „richtig“ und „falsch“ beurteilt, wird dieses Mitteilungsbedürfnis von Anfang an gehemmt. Die Lernenden befürchten bei jeder Information, die sie geben, sie könnten etwas falsch machen, und gerade die Gewissenhaften unter ihnen versuchen deshalb stets, sich eng an die Norm zu halten und zu klammern. Dieses Bemühen, das sich zunächst auf die Form sprachlicher Äußerungen bezieht, trifft später auch den Inhalt, denn sie merken recht schnell, daß es, beispielsweise im Aufsatz, auch darauf ankommt, des Lehrers Meinungen zum Thema wiederzugeben, wenn man sich eine gute Zensur sichern will. Nur wenige sind so ausgeprägt originell und so selbstbewußt oder auch trotzig, daß sie sich entweder nicht beeindrucken lassen oder den Deutschunterricht nach den üblichen Regeln mitspielen, sich außerhalb der Schule jedoch ihr ursprüngliches Denken und Formulieren bewahren.

Allerdings, wie lange können sie das durchhalten, wenn sie kaufmännischer Sachbearbeiter werden und sich in ihrer Geschäftskorrespondenz wiederum nach strengen Vorbildern und Meinungen, denen sie nicht zustimmen, dennoch zu richten haben? Sie diktieren dann ihre „Schreiben" bald genauso eintönig und mit denselben Floskeln wie ihre Umgebung, und nur in ihren Privatbriefen blitzt gelegentlich noch etwas von ihrer verkümmerten Begabung und Eigenständigkeit auf.

Wer einfallsreiche, mitdenkende Kräfte in seiner Firma haben will, muß die verkümmerten Talente behutsam neu zu wecken versuchen.

2. Unzureichende Disziplin

Das merkwürdigste an der übertriebenen Falsch-Richtig-Lehrmethode: es kommt nicht einmal viel dabei heraus. Mit der Rechtschreibung mag es noch klappen. Aber die Fähigkeiten, grammatisch korrekt, mit den vorgeschriebenen Satzzeichen und in sinnvollen Sätzen präzise zu formulieren, sind so wenig entwickelt, daß die in der Schule Gedrillten trotzdem rasch in Verlegenheit und Unsicherheit geraten, wenn auch nur etwas gehobene Anforderungen gestellt werden. Woran liegt das? Daran, daß dieses Falsch-Richtig-Training nicht einmal konsequent betrieben wird. Die Schuldisziplin, mit zu geringer oder gar keiner Ermunterung zum eigenen Stil, bleibt auf halbem Weg stehen, so daß am Ende weder Ausdrucksbeweglichkeit noch sprachliche Disziplin vorhanden ist. Dummheit oder Faulheit der Schüler? Nein, falsche Denkansätze der Lehrenden! Wenn jemand nach seiner Ausbildungszeit richtig und klar und lebendig formuliert, so kann er es trotz dieser Ausbildung. Die Ausnahmen sind nur vereinzelte, traurig stimmende Beweise dafür, daß es auch anders geht – wenn ein Lehrender selbst aus der Reihe tanzt.

Vorschläge für die Praxis

1. Was ist erreichbar?

Es ist an der Tagesordnung, nützt aber gar nichts, daß Firmenverantwortliche beklagen, die meisten hätten in der Schule zu wenig gelernt, vor allem in den Fächern „Deutsch" und „Rechnen". Sie müssen mit den gebotenen Kenntnissen auskommen oder – selbst etwas tun, um sie zu verbessern. In vielen Unternehmen hat man längst eingesehen, daß Schulung auf Firmenkosten immer noch billiger ist, als ohne Schulung unrationell zu arbeiten und Geschäfte zu verlieren. In schönem Glauben an eine fast unbegrenzte Bildungsfähigkeit des Menschen kann man sich dabei allerdings übernehmen, und der folgende „Kater" schließt die Gefahr ein, daß man nun gleich alles aufgibt und ins Gegenextrem der Resignation verfällt.

Um die Bildungswilligen nicht zu überfordern und um eigenen Enttäuschungen vorzubeugen, ist es daher wichtig, sich vor jeder Bemühung zu fragen: Was läßt sich mit welchen Mitteln und in welcher Zeit erreichen, welche Ziele sind vernünftig gesteckt? Wenn jemand in mittleren Jahren die ersten bedenklichen Alterserscheinungen bemerkt und sich daraufhin erschreckt in sportliche Leistungsabenteuer stürzt, so ist das in seinem Wert fragwürdig, es kann sogar gefährlich sein. Nur wer bescheiden beginnt und sich allmählich steigert, gelangt zu dauerhaftem Erfolg.

Ähnliches gilt für die sprachliche Weiterbildung. Es ist unsinnig, aus Durchschnittskorrespondenten, in deren Sprachausbildung viel gesündigt worden ist, in wenigen Trainingstagen feinempfindende Stilisten, scharfsinnige Formulierkünstler und psychologisch versierte Werbetexter machen zu wollen.

Besonders das Zauberwort „Psychologie" erscheint mir auch in der Sprachausbildung für Korrespondenten zu arg strapaziert. Manche Stilpädagogen erwecken den Eindruck, als habe man im Berufsalltag fast nur Werbebriefe zu diktieren. Richtig ist dagegen: Die Masse unserer Briefe dient der sachlichen Information über Waren- und Leistungsqualitäten, Preise, Zahlungsbedingungen, Liefertermine. Ich halte es für Unfug, jede dieser eng sachbezogenen Auskünfte zu einem raffiniert ausgeklügelten Werbebrief stilisieren zu wollen. Was wir brauchen und was realisierbar ist, sind kurz, klar, in sinnvoller Reihenfolge aufgebaute Aussagen in einer lebendigen Sprache. Darin sind zugleich, unaufdringlich, werbende Elemente enthalten. Das übertriebene Streben nach psychologischem Raffinement – noch dazu ohne die ausgeprägte Fähigkeit, die Absicht ausbalanciert in Sprache zu übersetzen – verursacht Pannen und provoziert Meinungsverschiedenheiten im eigenen Haus.

Ich empfehle deshalb für die sprachliche Ausbildung und Weiterbildung als Vorbereitung: „Lockerungsübungen", um anerzogene Hemmungen zu überwinden und Freude an sprachlicher Arbeit zu wecken. Dann:

a) „Entrümpelungsübungen", um die übliche büro-„mäßige" Ausdrucksweise zu mildern, um den Ballast der Floskeln, Wiederholungen und Wortaufblähungen loszuwerden, um im Sinn einer Ausdrucksökonomie Inhalt und Form in ein angemessenes Verhältnis zu bringen und so den Arbeitsaufwand beim Diktieren, Schreiben und Lesen zu senken.

b) Übungen zur Verständlichkeit, Lebendigkeit und Klarheit, um dem Briefempfänger schnelles und richtiges Aufnehmen der Informationen zu ermöglichen.

c) Von diesen Ansätzen her läßt sich die Aufmerksamkeit des Korrespondenten betont auf die Interessen des Geschäftspartners lenken, die er berücksichtigen muß, um seine Ziele erreichen zu können. Aber noch einmal: Bleiben wir dabei auf dem Teppich! Wir brauchen nicht in einem Schnellkursus die Tiefenpsychologie zu bemühen. Der Laie meint zwar im ersten Staunen, ihm täten sich neue Welten auf, aber wie soll er dieses Staunen in Briefwirklichkeit übertragen? Es genügt uns und verspricht mehr Aussicht auf Nutzen, wenn wir ihm die Situation des Empfängers seiner Nachrichten aus psychologischer Sicht vor Augen führen und ihn so bewegen, einige wenige Grundregeln zu beherzigen.

2. Ausbildungsmöglichkeiten

Wenn wir die Ausbildungsziele vernünftig gesteckt haben, gilt es zu bedenken, mit welchen Mitteln sie zu erreichen sind. Ein Firmenchef, oder ein Personalleiter, der den einen oder anderen gelegentlich zu einem Seminar schickt, pflegt nur etwas zur eigenen Gewissensberuhigung zu tun.

Bücher

Eins der billigsten Schulungsmittel ist immer noch das Buch. Außerdem: Es lehrt unaufdringlich, liegt jederzeit bereit, wiederholt seine Informationen geduldig, bis man sie verstanden hat, bietet den Stoff geordnet, klug aufgebaut, in lebendiger Darstellung. Einige dieser Vorzüge treffen natürlich nur auf gute Bücher zu, und zwei Nachteile sind in keinem Fall zu übersehen: Erstens, zum Buch greift nur der Aufgeschlossene, der Einsichtige. Viele, denen es gut bekäme, fassen es gar nicht erst an. Zweitens, das relativ billige Buch kann sich als teuer erweisen, wenn man nicht zwei oder drei oder zehn, sondern 200 oder 3000 mit seinem Inhalt bekanntmachen will. Der geringe Einzelpreis weicht einem beachtlichen Gesamtpreis.

Was ist zu raten? Unter den angebotenen Büchern mit dem gesuchten Thema sorgfältig das auswählen, das Nutzen verspricht! Möglichst viele, durch Rundschreiben oder Werkzeitschrift, auf das Buch hinweisen und so zum Kauf aus eigener Tasche anregen! Das Buch in mehreren Exemplaren für die Firmen- oder Abteilungsbücherei anschaffen und auch das bekanntmachen! Das Buch denen, für deren Arbeit es besonders wichtig ist oder die besonders lernwillig sind, auf Firmenkosten schenken.

Broschüren

Einen Ausweg aus der Preisklemme bieten entsprechende Taschenbücher und Broschüren, die nur etwa ein Viertel des Buchpreises kosten. Auch hier ist die Qualität gründlich zu prüfen. Mit 50 oder 60 Seiten freundlichen Zuredens ist nichts gewonnen, mit ein paar elegant und witzig vorgetragenen Binsenwahrheiten auch nicht. Die Broschüre muß straff gegliedert sein und in knapper, lebendiger Sprache das Wesentliche so herausschälen, daß der Leser dieses Wissen auch wirklich in die Praxis umzusetzen vermag.

Zeitschriften

Fachzeitschriften für Korrespondenzgestaltung haben, neben einigen Nachteilen, ganz gewiß einen großen Vorteil: sie geben immer wieder, in regelmäßigen Abständen, einen neuen Anstoß. (Die einzige Publikation auf dem Markt, die sich ganz diesem Thema widmet, ist die „Korrespondenz".) Zu sichtbarem Erfolg verhelfen sie meistens nur, wenn sie nicht als Umlaufexemplare eingesetzt werden, sondern jeder sein eigenes Heft erhält, das ihm stets zur Verfügung steht und in dem er auch nach Herzenslust „malen" darf.

Das persönliche Zeitschriftenexemplar kann natürlich wiederum eine teure Sache werden. Deshalb bringen ein paar Firmen eigene Sprachblätter für ihre Werksangehörigen heraus. Wohl dem, der Autoren dafür hat!

Seminare

Wer nur wenige Korrespondenten beschäftigt, sollte sie auf betriebsexterne mehrtägige Seminare schicken. Für Firmen mit vielen zu schulenden Sachbearbeitern empfiehlt sich dagegen das betriebsinterne Seminar.

Die Gefahr solcher Veranstaltungen besteht darin, daß jemand meinen kann, damit sei nun die Arbeit geleistet. Diese Ansicht ist falsch. Wenn die Teilnehmer das Thema nach Seminarende ein für allemal „los" sind, ändert sich am alten Korrespondenzstil überhaupt nichts. Entweder nach etwa einem halben Jahr eine kurze Wiederholungsschulung durchführen, oder das Gelernte durch Bücher, Broschüren, Zeitschriften wachhalten und ausbauen. Am besten beides! Die Kombination mehrerer preisgünstiger, aber erstklassiger Schulungsmittel bietet die besten Aussichten auf dauerhaften Erfolg.

11 Der Textbearbeiter

Wenn Sie bedenken, wo überall Texte zu gestalten sind, die mehr als nur durchschnittliches Sprachwissen und Sprachkönnen erfordern – vom Werbetext bis zum Fachaufsatz –, werden Sie dem Gedanken zustimmen: In jedem größeren Arbeitsbereich muß eine Stelle verfügbar sein, die solche Sprachaufgaben erfüllen kann. Mit „verfügbar" sein, meine ich, daß sie eine Dienstleistungsstelle für die anderen ist.

Da ich früher als Angestellter mittlerer und großer Unternehmen selbst zweimal in eine solche Aufgabe inoffiziell hineingewachsen war, habe ich 1963 darüber einen Artikel in der Beilage „Organisations-Praxis" der Fachzeitschrift „Wirtschafts-Praxis" veröffentlicht. Ich sprach damals vom „Industrielektor". Heute sind Bezeichnungen wie „Sprachberater", „Betriebslinguist" und „Betriebsredakteur" im Gespräch.

Gleichgültig, wie eine solche Fachkraft einmal genannt werden wird: daß sie Zukunft hat, davon bin ich überzeugt. In diesem Rahmen möchte ich vom „Textbearbeiter" (TBa) sprechen. Der Begriff der Textbearbeitung ist uns schon aus dem technischen Zweig der Textverarbeitung (=Organisation und Abwicklung aller textorientierten Informationsaufgaben) geläufig. „Textbearbeitung" bedeutet „Verändern gespeicherter Texte im Speicher" (Korrekturschreiben), nachdem der Autor die Vorfassungen dieser Texte korrigiert oder redigiert hat. Der für die technische Realisation geprägte Begriff „Textbearbeitung" läßt sich auch auf die geistige Realisation beziehen, zumal erst beide Vorgänge zusammen das gewünschte Ergebnis liefern. Demnach kann man den Korrektor oder Redakteur der gespeicherten Texte „Textbearbeiter" nennen.

Allerdings soll dieser Begriff noch in einer anderen Weise verstanden werden. Wir haben herausgefunden, daß viele Stellen – alle, die besondere Texte zu formulieren haben – sprachlich-fachliche Hilfe gut gebrauchen könnten. Das bedeutet, der Textbearbeiter wird, zumindest als Regel, nicht selbst Texte entwerfen, sondern sich mit Texten, die andere mehr oder weniger grob entworfen haben, auseinandersetzen, sie „weiterbearbeiten" müssen, immer natürlich im Zusammenwirken mit dem, der sie verfaßt oder wenigstens skizziert hat, mit der Fachkraft auf dem jeweiligen Gebiet. Das kann ein Jurist, ein Personalfachmann, ein Chemiker, Ingenieur, Anwendungstechniker, Werbefachmann . . . sein.

Eine weitere Aufgabe des Textbearbeiters wäre es, als Informationsstelle zu Sprachproblemen zu arbeiten. Bei Zweifelsfragen in einem Brief oder irgendeinem sonstigen Schriftstück wendet man sich an diese Stelle.

Der Textbearbeiter kann auch für die innerbetriebliche sprachliche Schulung herangezogen werden; er kann an der Beurteilung von Bewerbungen mitwirken; und er sollte Kontakt zu allen externen Einrichtungen halten, die sich mit Sprachfragen und damit verknüpften Normungsfragen beschäftigen.

Ein reichhaltiges Aufgabengebiet!

Zu beantworten bleibt noch die Frage: Wo soll der Textbearbeiter in der Betriebsstruktur angesiedelt werden?

Die moderne Textverarbeitung bietet uns eine ideale Lösung. Ich sagte schon: Der Textbearbeiter hat eine Dienstleistungsfunktion. Das gilt auch für die Abteilung Textverarbeitung. Es liegt nahe, den Textbearbeiter dem Bereich Textverarbeitung zuzordnen, zumal unter „Textverarbeitung" heute allgemein auch das Konzipieren und Formulieren von Texten verstanden wird.

Hinzu kommt, daß auch die Textprogrammierung (s. „9.3. Textprogramme") eine weitere lohnende, oft sehr umfangreiche Aufgabe für den Textbearbeiter sein könnte. Auch diese Tätigkeit läßt die Berufsbezeichnung „Textbearbeiter" zu: der Textprogrammierer formuliert zwar häufig die Textprogramme selbst, bekommt aber zumindest das Grundmaterial dafür von den Sachbearbeitern geliefert.

Unsere Skizze auf Seite 276 zeigt uns einen dynamischen Ablauf des gesamten Textverarbeitungsgeschehens. Die Leitung (L) stellt den sachbearbeitenden und texterarbeitenden Stellen (SB + TE) Aufgaben, meistens in der Form allgemeiner Richtlinien – ein Soll. SB und TE liefern durch ihre Texterarbeitung ein Soll für die Textverarbeitung (TV). Die Leistung der Textverarbeitung, das Ist, fließt in der Form schriftlicher Informationen an den Empfang (E).

TV-Soll und TV-Ist werden außerdem ständig an eine Vergleichsstelle im Rahmen der Textverarbeitung geleitet. Ergibt der Vergleich „Soll ist nicht gleich Ist", gelangt dieses alarmierende Resultat an die TV-Leitung. Sie reguliert das Ungleichgewicht. Kann sie das nicht mit eigenen Mitteln, bringt sie die Kommunikation mit der Sachbearbeitung (SB) und/oder der Organisation (ORG) und/oder der Leitung (L) in Gang, so daß gemeinsam Maßnahmen ergriffen werden können, die das Gleichgewicht wieder herstellen. Wir sprechen hier von programmierter Regulation.

Daneben gibt es nun einen anderen Kreislauf. Vom Empfang (E) laufen Reaktionen zur Sachbearbeitung (SB) und/oder zur Leitung (L). Hier wird die angestrebte mit der wirklichen Reaktion verglichen. Die Feststellung „Soll nicht gleich Ist" muß zu einer Veränderung der Texte führen. Um eine günstige Veränderung der Texte zu erreichen, kann und sollte nun der Textbearbeiter (TBa) eingeschaltet werden.

Eine für viele Fälle mögliche und in jedem Fall die bessere Lösung ist: Der Textbearbeiter wird von den textentwickelnden Stellen schon eingeschaltet, bevor die Texte das Haus verlassen. Das Ergebnis wird sein, daß sehr viel weniger negative Reaktionen kommen, daß mit weniger Aufwand wirkungsvollere Texte erarbeitet werden.

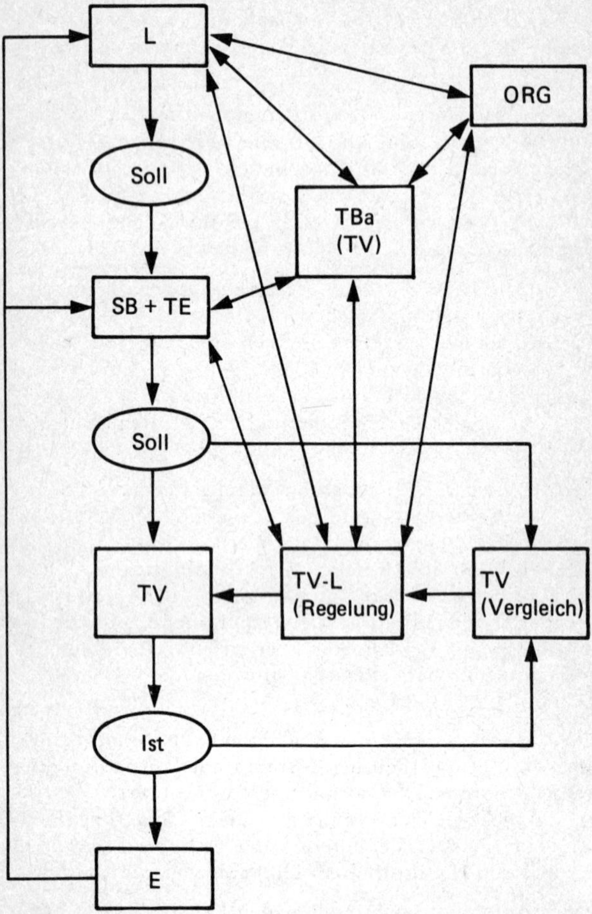
L
ORG
Soll
TBa
(TV)
SB + TE
Soll
TV
TV-L
(Regelung)
TV
(Vergleich)
Ist
E

STICHWORTREGISTER

D

E

F

G

H

I

K

L

M

N

O

P

R

S

Die Duden-Bibliothek für den Schüler

Das farbige Duden-Schülerlexikon

Ein Nachschlagewerk für jeden Schüler

2., neu bearbeitete Auflage. Herausgegeben und bearbeitet von der Lexikonredaktion des Bibliographischen Instituts unter der Leitung von Gisela Preuß.

768 Seiten mit 10000 Stichwörtern und etwa 60 Großartikeln. Rund 1100 Photos, Zeichnungen und Graphiken im Text, davon 600 farbig. 30 ganzseitige Farbtafeln. 10 zum Teil farbige Karten. Format 14,5 x 22 cm.

Das Duden-Schülerlexikon jetzt farbig! Die Neuauflage dieses handlichen Lexikons, das speziell auf die Bedürfnisse und Wünsche von Jungen und Mädchen abgestimmt ist, wurde in allen Teilen sorgfältig überarbeitet und auf den neuesten Stand gebracht. Überholtes Wissensgut wurde ausgeschieden, neue, aktuelle Begriffe aufgenommen. Das Material wurde wiederum unter pädagogischen Gesichtspunkten ausgewählt. Die Bebilderung wurde einer gründlichen Revision unterzogen und den Bedürfnissen der Zeit entsprechend weitgehend farbig gestaltet. Von den rund 1100 Photos, Zeichnungen und Graphiken im Text wurden 600 farbig wiedergegeben, 30 ganzseitige Farbtafeln sowie 10 zum Teil farbige Karten ergänzen in anschaulicher Weise das Bildmaterial.

Bibliographisches Institut
Mannheim/Wien/Zürich

Ein Meyer-Nachschlagewerk aus der Reihe Wie funktioniert das?

Wie funktioniert das? Der moderne Staat

Herausgegeben von den Fachredaktionen des Bibliographischen Instituts. Bearbeitet von Richard Bartlsperger, Hans Boldt und Dieter C. Umbach.

748 Seiten mit 360 zweifarbigen Schautafeln sowie einem ausführlichen Register.

»Wie funktioniert die Gewaltenteilung, die Sozialversicherung, die Nato?«
»Wer ist zuständig für Enteignung, Adoption, Ladenschlußgesetz?«
»An wen muß man sich wenden für eine Baugenehmigung, für Wohnungsgeld, für die Umschulung seiner Tochter?« In strikter Gegenüberstellung von Text und Bild werden Aufbau und Arbeitsweise von Ministerien, Behörden, Gerichten, von wichtigen staatlichen, kirchlichen und privaten Institutionen dargestellt.

Die zweifarbigen Schautafeln erschließen organisatorische Zusammenhänge, zeigen exemplarische Verfahrensabläufe, machen Kompetenzen und Verantwortung sichtbar; die jeweils in sich abgeschlossenen Texte erklären den Bezug des Details zum Ganzen und seine Bedeutung für den Bürger; zur Orientierung im komplizierten System des modernen Staats, als Hilfe bei der Verfolgung öffentlicher und privater Interessen.

Bibliographisches Institut
Mannheim/Wien/Zürich

Wie funktioniert das?
Die Umwelt des Menschen
Tausendfach Antwort in Text und Bild. Allgemeinverständliche und fundierte Erklärungen zu allen Bereichen dieses lebenswichtigen Themas – von der Atmosphäre bis zur Müllverbrennung, vom Naturschutz bis zum Atomkraftwerk.
Kraftwerk
NEU!
Ein Meyer-Nachschlagewerk